本书受到中国人民大学2021年度“中央高校建设世界一流大学（学科）和特色发展引导专项资金”支持

基于知识图谱的学科主题演化分析与预测

霍朝光　著

清华大学出版社
北　京

内容简介

学科主题演化分析是对学科主题历史演化路径和演化模式的解析，学科主题预测是对学科主题未来变化情况和变化趋势的预测，基于这两个研究维度，本书在现有大型知识库的基础上融合了文献大数据，以生物医学与生命科学领域 PubMed Central 全集数据和 MeSH 知识库为例，构建了动态计量知识图谱，通过知识关联、数据关联的形式，利用文本表示学习、网络表示学习等深度学习算法，提取学科主题的动态演化特征，基于"无监督深度学习＋有监督机器学习"的模式，提升对学科主题演化规律的解析和热度的预测。

图书在版编目(CIP)数据

基于知识图谱的学科主题演化分析与预测/霍朝光著. —北京：清华大学出版社，2021.11
(2023.1 重印)
ISBN 978-7-302-59523-6

Ⅰ.①基… Ⅱ.①霍… Ⅲ.①机器学习－研究 Ⅳ.①TP181

中国版本图书馆 CIP 数据核字(2021)第 230758 号

责任编辑：孙　宇
封面设计：吴　晋
责任校对：李建庄
责任印制：朱雨萌

出版发行：清华大学出版社
网　　址：http://www.tup.com.cn，http://www.wqbook.com
地　　址：北京清华大学学研大厦 A 座　　**邮　　编**：100084
社 总 机：010-83470000　　**邮　　购**：010-62786544
投稿与读者服务：010-62776969，c-service@tup.tsinghua.edu.cn
质量反馈：010-62772015，zhiliang@tup.tsinghua.edu.cn
印 装 者：涿州市般润文化传播有限公司
经　　销：全国新华书店
开　　本：170mm×240mm　　**印　　张**：13.25　　**字　　数**：234 千字
版　　次：2021 年 12 月第 1 版　　**印　　次**：2023 年 1 月第 4 次印刷
定　　价：98.00 元

产品编号：094055-01

序
Preface

学科主题演化是指以词语为表征、蕴含学科核心知识点的学科主题在时间和空间维度上的发展变化。尤其是在大数据时代，随着数据驱动和知识驱动对学科范式的革新，如何进一步将文献大数据融入领域知识大图中，对于学科全局视角的知识演化分析具有重要价值，对于如何提升科学预测准确率也值得进一步探索。

学科主题在时间维度上的发展变化，迫切需要成熟的量化指标，例如根据下载量、被引量、被引率、学者影响力、期刊影响力等量化数据，构建的新颖性、成熟性、受关注程度、流行程度等指标，各有其适用性，但同时也具有一定的争议。既然是量化的数据分析，必然不能再完全依仗人工的时间演化和路径演化分析。

学科主题在空间维度上的发展变化，不仅会从小众变成大众，从不受关注到成为研究热点，而且学科之间的主题是在不断交叉融合，学科主题从一个领域引进、迁徙到另外一个学科，也会发生合并、重组、分裂。单从文献大数据来看，对于关系比较密切的学科，其历史关系或关联是相对比较密集，主要表现为学科之间的文献引证、学者之间的交流合作以及对不同学科选题的研究、机构部门之间的组合等，对于这些具有密切关系的学科主题的分析和预测相对来说是比较有依据的。但是，对于关系比较稀疏甚至暂无任何交集的学科，对其知识之间的演化分析和预测则比较困难。尤其是对于交叉学科而言，迫切需要跨越学科阻隔，打破传统学科界限，进行多学科知识演化分析和预测。

同时，学科主题的演化，无论在时间维度上，还是在空间维度，都不单单是学科主题自身的事，不是单一的特征和规律所能刻画和表征的，学科主题演化是学科整体发展、学术共同体协同进步的产物，学科主题这一表象变化的背后，是学术界千丝万缕关系的涌现，是科学研究量变到质变的飞越。

本书围绕以上问题进行了探索，相关研究和规律总结对于揭示学科发展具有参考价值。综合来看，本书在三个方面取得了进展并具有一定特色。

其一，将 PubMed Central 全集数据与 MeSH 知识库融合，构建了知识图谱。PubMed Central 作为 PubMed 的核心组成部分，MeSH 作为生物医学与生命科学领域的重要知识库和权威词表，两者皆涵盖微生物学、动物学、细胞学、生态学、生物化学、生物信息学、解剖学、精神病学、人类学、药学等所有生物医学和生命科学领域的学科，将其以知识图谱的形式融合在一起，对于开展学科整体和跨学科知识演化具有重要意义。

其二，该书在构建的知识图谱基础上，有效整合了学科主题的网络结构特征和内容特征，增强了主题之间的语义关联和结构关联，促进了对语义信息的利用，同时在复杂的知识图谱上，通过自动学习间接潜在路径的方式，规避了网络稀疏问题对学科主题演化分析的影响。

其三，通过学术共同体协同演化的方式，从知识图谱中挖掘学科主题热度变化的特征和因素，把时间因素和空间因素糅合在一起，通过潜在的、间接的、细小的特征一叶知秋、见微知著，在一定程度上提升了预测准确率。这种研究思路对于科学预测具有较强的借鉴意义，当然，在这方面还有很多值得探究的有趣问题。

复杂网络领域的著名学者巴拉巴西曾经指出“人类行为93%是可以预测的”。那么对于密切依赖人类选择、探索、合作和研究行为的不同学科主题，其未来的演化必然自有其韵律，也必然是可以预测的。虽然预测难度较大，但是秉持科学可知论，只要掌握足够多的历史和前提，未来科学研究的趋势和内容势必可以一步步得到揭秘，本书在此方面做了有益的探索，但仍有较大改进空间。

霍朝光博士学术思想敏锐，是一位刻苦勤奋、勇于探索的青年学者，在武汉大学攻读博士学位期间，选择学科主题演化分析与预测这一难题开展研究，并以此撰写博士学位论文。本书是在他的博士论文基础上完成的，付梓之际，嘱我做序，遂写下上述读后感想。

教授，武汉大学信息管理学院

2021年9月于珞珈山

前言 Foreword

自 20 世纪 50 年代以来，科研产出与日俱增，新兴学科层出不穷，学科之间的体系结构愈发复杂。大数据时代，如何基于数据驱动、知识驱动双动力，创新科学预测模式，已经成为情报学、信息科学、管理学等研究的重要命题之一。尤其是如何从海量文献数据中识别学科主题的演化模式和演化规律，并用以指导科学知识发现，预见学科之美，更是情报学研究的重中之重。

学科主题演化是指以词语为表征的学科主题在时间维度上的发展变化和新陈代谢过程，不仅包括学科主题随着时间的发展自身状态的演化，还包括学科主题同其他实体之间关系的演化，即学科主题状态演化和学科主题关系演化。其中学科主题状态演化强调学科主题经历的产生、发展、成熟、衰退、灭亡等生命过程，代表着新旧知识的更替；学科主题关系演化强调学科主题之间扩散、引进、迁徙、合并、分裂、收缩等关系变化，代表了知识的交叉融合。

学科主题演化分析强调对学科主题历史演化路径和演化模式的解析，学科主题预测强调对学科主题未来变化情况和变化趋势的预测，基于这两个研究视角，本书构建了计量知识图谱，在现有大型知识库的基础上融合了文献大数据，通过知识关联、数据关联的形式，提升对学科主题演化规律的解析和热度的预测，主要贡献在于：

1. 在同名作者消歧方面，本书抓住生物医学与生命科学领域作者研究比较集中的特点，提出采用 Doc2vec 深度表示学习方法对作者的名字、文章题目、关键词、摘要、引文、合作者、邮箱、国家、位置、职称以及机构等附属信息进行特征学习，根据作者姓名出现的频次将姓名分为 9 个档次，在特征学习基础上利用支持向量机方法分别进行消歧，有效规避了利用作者邮箱、作者机构进行姓名消歧的弊端和不足，同时该方法通过简洁有效的特征学习进行机器学习模型训练，提升了消歧的效率。

2. 构建了动态计量知识图谱。本书在梳理知识地图、概念地图、科学知识图谱、知识网络、多模知识网络等概念的基础上，明确计量知识图谱是一种基于知识图谱技术的面向计量相关研究和应用的垂直领域知识图谱。以生物医学与生命科学领域 PMC 的全部数据为例，解析 MeSH 知识库，完成计量相关实体的抽取、消歧等，利用 lucene 信息检索技术将计量实体与 MeSH 关联在一起，构建了新型的包含 34 个时间片的动态计量知识图谱。从理论上拓展了以往的科学知识图谱研究，将文献计量研究从一模网络、二模网络、异构网络等拓展到知识图谱层面，其丰富的实体和复杂的关系更完整、更有效地表征了计量研究中存在的真实复杂情况，进一步丰富了领域知识图谱。通过借鉴信息检索技术来构建实体关联，能够有效提升知识图谱的构建效率，促进计量领域相关知识图谱的构建，促进计量分析。

3. 在动态计量知识图谱基础上，整合学科主题的网络结构特征和内容特征进行演化分析。本书在具有 34 个时间片的动态计量知识图谱基础上，面向主题分别利用 Node2vec 和 Doc2vec 对计量知识图谱中主题节点在每个时间片上的网络结构和文本内容进行深度表示学习，有效整合了主题在计量知识图谱中的网络结构特征和内容特征，增强了主题之间的语义关联和结构关联，促进主题挖掘中对语义信息的利用，同时在复杂的知识图谱背景中，对稀疏多维的主题节点进行表示并分析，能够更加有效地挖掘包含语义和结构关系的主题演化动态，以及主题集群之间的交叉融合情况。

4. 借助动态计量知识图谱挖掘主题演化过程的相关特征，辅助对学科主题热度的预测。本书在对动态计量知识图谱深度表示学习的基础上，借助 Max pooling、Min pooling、Sum pooling 等池化方法，挖掘学科主题的演化特征，并结合主题自身的演化时间序列，利用 SVM、ARIMA 等对学科主题热度进行预测，检验了动态计量知识图谱相对于静态计量知识图谱对主题热度预测的优势，以及特征对主题热度预测的作用。

本书系在我的博士论文基础上完成的，感谢我的导师武汉大学马费成教授的指导，马老师在我的科研道路上循序善诱、解疑答惑、一丝不苟、精益求精、草木恩泽，细心指导我的科研发展和人生规划，感谢我的人生导师马老师。感谢印第安纳大学布鲁明顿校区(Indiana University Bloomington)刘晓钟教授在访学期间的支持和对本研究的大力指导，感谢陆伟教授、孙建军教授、夏立新教授、查先进教授等给予本研究的大量修改建议。感谢南京大学张斌副教授、武汉大学董克副教授等在前期研究中给予的宝贵建议，感谢司湘云博士、戴怡清硕士在作者姓名消歧时做出的标注等工作。在课题研究过程，尤其是本书成稿过程中，参考了许多学者的论著，他们的成果为本书提供了丰富的素材和理论支撑，书中都以参考文献的形式进行了标注，如有不慎遗漏，亦表示特别的歉意。

本成果受到中国人民大学 2021 年度“中央高校建设世界一流大学(学科)和特色发展引导专项资金”支持。

霍朝光

2021 年 9 月于中国人民大学

目录

Contents

1.1 研究背景与意义

1.1.1 研究背景

自20世纪50年代以来科研产出与日俱增，新兴学科层出不穷，学科或领域之间的体系结构也愈发复杂，获取有效科研信息并提供科技信息服务成为科学情报分析的重中之重，探测新兴趋势或新兴主题已然成为情报学前沿课题，尤其是随着科学文献数据的增长，如何从海量文献数据中识别出学科主题的变化模式和变化规律并用以指导科学研究是文献计量研究的关键①②。学科主题演化揭示了主题随着时间所发生的产生、发展、成熟、衰退、灭亡等过程，亦或是扩散、引进、迁徙、合并、分裂、收缩等活动③。学科主题演化广义上是指某学科或研究领域在时间维度上的发展变化过程，狭义上是指学科或研究领域主题词的动态演变过程。对于学者，主题演化有助于其对某个学科或领域的理解和把握，有助于理顺学科发展的来龙去脉，有助于把握一个学科或领域的热点和难点，有助于理解学科或领域之间的

① 程齐凯，王晓光.一种基于共词网络社区的科研主题演化分析框架[J]. 图书情报工作，2013(8)：91-96.

② Chen B，Tsutsui S，Ding Y，et al. Understanding the topic evolution in a scientific domain：An exploratory study for the field of information retrieval[J]. Journal of Informetrics，2017，11(4)：1175-1189.

③ 马费成，刘向，陈潇俊，等.知识网络的演化(Ⅰ)：增长与老化动态[J]. 情报学报，2011，30(8)：787-795.

交叉融合，有助于对学科未来趋势的掌握。对于国家和政府，对主题演化的把握有助于其在项目立项方面的把握并合理提供资金，有助于其宏观决策与管理。

学科主题作为知识网络中的一份子，就像生物体一样有其生老病亡，伴随某种机制的作用，知识有增长也有老化，有其生命周期和发展规律。例如1962年库恩(Kuhn)在《科学革命结构》一书中论述到科学可以划分为前科学、常规科学、科学革命三个阶段[①]。王孟杨(Wang)和柴立和(Chai)[②]在其基础上将科学领域发展划分为前革命和革命阶段(pre-revolution and revolution)、形成和前常规科学阶段(forming or pre-normal science)、前常规科学和常规科学阶段(pre-normal or normal science)、后常规科学和下一次前革命阶段(post-normal science or next pre-revolution)四个阶段，并用K指标(0.25-0、1-0.75、0.75-0.5、0.5-0.25、0.25-0、1-0.75)界定一个学科和领域所处的发展阶段。Zhai[③]等人则以LAD为主题，通过探讨其在计算机科学、物理科学、健康科学、社会科学、生命科学等不同学科之间的扩散与演化，将主题的演化过程划分为验证与评价、应用、改进、扩展和衰落五个阶段。把握学科与主题的演化规律是促进科学革命、创新的关键。

基于共词、引文、共引等网络以及LDA等主题模型方面的学科主题演化研究的不足。学科主题的发展革新受时代背景的影响，从工业革命到信息革命再到人工智能，学科主题即科学前沿和重点，随着时间的变化学科主题的量变促生了科学革命的质变，科学宏观容易把握，学科主题细节难以控制。学科主题来源于科学论文，科学论文由学者或科学家等著述，科学论文多发表在科学期刊杂志上，科学论文之间有引用关系，作者之间有合作关系，学科主题的演化并不单单是共词网络、引文网络、共引网络所能表示，客观的学科主题通常是由主观的作者推动和发展的，单纯的论文之间的关系并不能充分揭示主题演化的内在机制和规律，主题的演化可能是由于某些作者之间的合作所导致，主题在各个学科领域的扩散也有可能是不同学科之间作者之间的合作所致，期刊对自身的定位和对主题的筛选势必也会引导学科主题的发展，相反主题的发展也会反过来影响期刊对自身定位和选题的要求。好的期刊对某一主题的推动和偏好极有可能带动这一学科主题的发展，甚至引致学者或科学家研究领域的转变。反应在引文、共词等网络以及主题模型

---

① Kuhn T. The Structure of Scientific Revolution Chicago Press[M]//The good life in the scientific revolution: University of Chicago Press, 1999: 821-824.

② Wang M, Chai L. Three new bibliometric indicators/approaches derived from keyword analysis[J]. Scientometrics, 2018, 116(2), 721-750.

③ Zhai Y, Ding Y, Wang F. Measuring the diffusion of an innovation: A citation analysis[J]. Journal of the Association for Information Science and Technology, 2018, 69(3): 368-379.

中的主题变化是显性的，但是作者、期刊、国家、社会等复杂的作用机制却是隐性的，正是通过这种隐性机制大家把各自对学科、领域、主题发展的认知反应到主题演化这一现象中，但是单纯地以显性的变化来分析主题演化规律和机制势必是片面的，并且单纯地构建引文、共引、耦合等同构网络也是不贴合实际的，复杂的主题、论文、作者、期刊等关系才有可能诠释主题演化的一二。

LDA、LSA、CTM 等主题模型只是文本主题词的一个概率分布，并没有涉及主题词之间的关系、句子之间的关系等其他文本语义信息①。并且，作者有社区之分，主题也有群落之别②。主题作为知识网络中的个体通过复杂的关系相互作用很有可能形成集群，并且主题的发展通常都是与其他主题相互影响的结果，例如深度网络表示学习 Node2vec 这一学科主题来源于文本表示学习 word2vec 的提出，纸质文档管理却是随着电子文档的发展逐渐被取代，网络计量逐渐转焦到替代计量，主题之间就像集群中的个体一样有相互促进互利共生、寄生和竞争等关系，从知识网络中挖掘出主题集群才能更加真实地解释同一集群内主题之间的关系和变化。

知识图谱与图数据库的发展为主题演化分析带来新的技术手段。知识图谱的发展与应用为计量实体的表示提供基础，只有构建计量知识图谱，将更多的有关主题的、文献的等实体纳入进来才更有可能解释主题或文献在各个方面的关联以及关联规律。医学领域知识图谱主要是利用基因本体(Gene Ontology)、人类细胞表型本体(Human Phenotype Ontology)、疾病本体(Disease Ontology)等已有的本体库以及 MeSH、UMLS 等知识库构建的。MeSH 知识库是由美国国立医学图书馆(National Library of Medicine，NLM)编制的权威主题词表，原本主要应用于对生物医学与生命科学和健康相关的信息文档的索引、分类、查询，但是 MeSH 采用的概念(concept)、术语(term)、描述词(descriptor)的三层上下文分级结构使其不同于以往的知识库，例如对于描述词氧氟沙星(Ofloxacin)，其既归属于主概念氧氟沙星(Ofloxacin and Ofloxacine)，又隶属于概念盐酸氧氟沙星(Ofloxacin Hydrochloride)，还隶属于该药物进入市场前在实验阶段的称呼 Ru-43280，这样的结构将同一实体在不同阶段的称呼、代号等全部关联在一起，并且其树状层级结构将相关概念按照等级、归属等关系分别表示为根节点、叶子节点等密切整合在一

① Niu L Q, Dai X Y. Topic2Vec: learning distributed representations of topics[J]. arXiv preprint arXiv: 1506.08422, 2015: 193-196.

② 张敏，霍朝光，霍帆帆，等.国际信息可视化知识族群：演化、聚类及迁徙研究[J].情报科学，2016，34(4)：13-17.

起，是宝贵的医学知识库[①]。也有学者将其视为医学领域的本体和语义词典，通过概念之间的同义词、术语、描述词等语义关系和树状层次体系计算实体之间的语义相似度。MeSH 专业医学知识库为医学文献的挖掘提供了基础，因此本书拟在此知识库的基础上将计量实体和关系引进来构建医学领域的计量知识图谱。

与此同时，文本表示、网络表示、知识图谱表示等表示学习方法的发展为主题演化和预测带来新的契机。有效的文本表示、知识图谱表示等深度表示学习方法才是利用知识图谱整合复杂关联综合语义关系的关键。近年来随着深度学习的发展，从 Word2vec 的提出开始，一系列基于 Word2vec 思想的表示学习模型提出，例如 Node2vec、Edge2vec[②]、Paragraph2vec[③]、Video2vec[④]、Wave2vec[⑤]、Code2vec、Mol2vec[⑥]、Atom2vec[⑦]、Server2vec、Sequence2vec[⑧]、Onto2vec[⑨]、RDF2vec[⑩]、Category2vec、Cite2vec[⑪]、Event2vec[⑫]、Metapath2vec[⑬] 等，涉及文本、网络、图像、

---

① Winnenburg R, Bodenreider O. Desiderata for an authoritative Representation of MeSH in RDF [C]//AMIA Annual Symposium Proceedings. American Medical Informatics Association, 2014: 1218-1227.

② Sohrab M G, Nakata T, Miwa M, et al. EDGE2VEC: Edge Representations for Large-Scale Scalable Hierarchical Learning[J]. Computación y Sistemas, 2017,21(4): 569-579.

③ Gupta M, Varma V. Doc2sent2vec: A novel two-phase approach for learning document representation [C]//Proceedings of the 39th International ACM SIGIR conference on Research and Development in Information Retrieval. ACM, 2016: 809-812.

④ Habibian A, Mensink T, Snoek C G M. Video2vec embeddings recognize events when examples are scarce[J]. IEEE transactions on pattern analysis and machine intelligence, 2017, 39(10): 2089-2103.

⑤ Yuan Y, Xun G, Suo Q, et al. Wave2vec: Learning deep representations for biosignals[C]//2017 IEEE International Conference on Data Mining (ICDM). IEEE, 2017: 1159-1164.

⑥ Jaeger S, Fulle S, Turk S. Mol2vec: Unsupervised machine learning approach with chemical intuition[J]. Journal of chemical information and modeling, 2018, 58(1): 27-35.

⑦ Zhou Q, Tang P, Liu S, et al. Learning atoms for materials discovery[J]. Proceedings of the National Academy of Sciences, 2018,115(28): 1-7.

⑧ Dai H, Umarov R, Kuwahara H, et al. Sequence2vec: a novel embedding approach for modeling transcription factor binding affinity landscape[J]. Bioinformatics, 2017, 33(22): 3575-3583.

⑨ Smaili F Z, Gao X, Hoehndorf R. Onto2vec: joint vector-based representation of biological entities and their ontology-based annotations[J]. Bioinformatics, 2018, 34(13): 52-60.

⑩ Ristoski P, Rosati J, Di Noia T, et al. RDF2Vec: RDF graph embeddings and their applications[J]. Semantic Web, 2018,10(4): 721-752.

⑪ Berger M, McDonough K, Seversky L M. cite2vec: Citation-driven document exploration via word embeddings[J]. IEEE transactions on visualization and computer graphics, 2017, 23(1): 691-700.

⑫ Setty V, Hose K. Event2Vec: Neural Embeddings for News Events[C]//The 41st International ACM SIGIR Conference on Research & Development in Information Retrieval. ACM, 2018: 1013-1016.

⑬ Dong Y, Chawla N V, Swami A. metapath2vec: Scalable representation learning for heterogeneous networks[C]//Proceedings of the 23rd ACM SIGKDD international conference on knowledge discovery and data mining. ACM, 2017: 135-144.

视频、服务器、App、本体、RDF、媒体事件、物理原子、交通、医学等众多对象和领域。构建计量知识图谱并加以表示学习成为计量领域深度挖掘的必然趋势。

1.1.2 研究意义

本书构建的计量知识图谱将从理论上拓展以往的科学知识图谱研究，将计量研究从一模网络、二模网络、异构网络等拓展到知识图谱层面，其丰富的实体和复杂的关系更完整更有效地表征了计量研究中存在的真实复杂情况，进一步丰富领域知识图谱。在实践方面本书拟采用作者特征学习的消歧方法提升姓名消歧的准确性和效率，同时本书拟借鉴信息检索技术来构建实体关联，提升知识图谱的构建效率，促进计量领域相关知识图谱的构建，促进相关领域的计量分析。

本书在知识图谱表示学习和文本表示学习的基础上进行主题集群识别以及主题演化分析，从理论上能够有效改善主题挖掘中缺乏语义信息所带来的不足，增强主题之间的语义关联和结构关联，促进主题挖掘中对语义信息的利用，从实践上本书所进行的表示学习能够提升主题挖掘的效率，在复杂的知识图谱背景中对稀疏多维的主题节点进行表示并分析，能够更加有效地挖掘包含语义和结构关系的主题演化动态以及主题集群之间的交叉融合情况。

本书在知识图谱表示学习的基础上挖掘主题演化特征，并结合时间序列模型以及机器学习等方法对主题的热度进行预测，从理论上可以拓展主题预测方面的研究，将依托个人知识背景和认知的定性主题预测研究扩展到以主题热度为指标通过挖掘主题特征的动态量化研究上，本书拟采用的深度表示学习方法可以丰富主题特征挖掘工作，将这些相关特征作为主题演化的有效特征用于后续科学研究。实践上，本书拟提高主题预测的精度，检验 paper、author、venue、topic 等特征对主题热度变化的作用，以及时间序列长度对主题热度预测的有效性。利用该方法预测主题未来的热度对把握领域热点以及学科前沿可能具有一定的参考价值，对主题集群内主题的发展以及学科之间的交叉融合、创新可能具有一定的指导意义。

1.2 国内外研究现状

1.2.1 主题模型研究

主题模型是一个重要的文本挖掘模型，从最初(Hofmann)提出的PLSA(Probabilistic Latent Semantic Analysis)模型[①]和(David)[②]等人提出的LDA(Latet Dirichlet Allocation)模型，学者不断从各个方面扩展、融入新的因素到这个主题基础模型中，例如DTM(Dynamic Topic Model)[③]模型和CTDTM(Continuous Time Dynamic Topic Model)[④⑤]将时间因素纳入进来用以追踪主题的变化，同时考虑到各个主题之间的关联性，David(2005)与Jonathan(2009)等人分别提出CTM(Correlated Topic Model)和RTM(Relational Topic Model)模型，以及围绕作者主题分布的作者主题模型ATM(Author-Topic Model)[⑥]，在主题挖掘模型的基础上进行排名的RankTopic模型，以及考虑地理位置因素的主题模型，主题模型在文本挖掘领域层出不穷[⑦⑧]。主题模型主要针对文本进行挖掘，从文本中获得主题词的概率分布以及时间维度上的变化，但没有涉及主题的位置以及主

---

① Hofmann T. Probabilistic latent semantic indexing[C]//International ACM SIGIR Conference on Research and Development in Information Retrieval. ACM，1999：50-57.

② Blei D M，Ng A Y，Jordan M I. Latent dirichlet allocation[J]. Journal of Machine Learning Research，2012(3)：993-1022.

③ Wang C，Blei D，Heckerman D. Continuous Time Dynamic Topic Models[C]//Proc. Conference on Uncertainty in Artificial Intelligence. 2012：579-586.

④ Blei D M，Lafferty J D. Correlated topic models[C]//International Conference on Neural Information Processing Systems. MIT Press，2005：147-154.

⑤ Mei Q，Cai D，Zhang D，et al. Topic modeling with network regularization[C]//International Conference on World Wide Web，WWW 2008，Beijing，China，April. DBLP，2008：101-110.

⑥ Duan D，Li Y，Li R，et al. RankTopic：Ranking Based Topic Modeling[C]//IEEE，International Conference on Data Mining. IEEE，2013：211-220.

⑦ Hong L，Ahmed A，Gurumurthy S，et al. Discovering geographical topics in the twitter stream[C]//International Conference on World Wide Web. ACM，2012：769-778.

⑧ Cobo M J，López-Herrera A G，Herrera-Viedma E，et al. Science mapping software tools：Review，analysis，and cooperative study among tools[J]. Journal of the Association for Information Science & Technology，2014，62(7)：1382-1402.

题的上下文,其对文本的语义考虑相对较少。

1.2.2 主题演化研究

主题演化即检测和追踪(topic detection and tracking)主题出现、发展、融合、成熟、扩散、衰落等现象。以往的主题演化研究主要围绕共词网络、引文网络与共被引网络、LDA主题模型等三个方面展开。

基于共词网络的主题演化研究。关键词共现网络是检测科学文献主题的比较成熟的方法。ThemeRiver、Bibexcel、CiteSpace、Sci2[①]、Network workbench、VOSviewer、SciMAT等软件在此方面的应用,以及Wang等人研发的NEViewer均基于共词网络[②③]。例如Shen (2018)[④]等人在移动健康(mHealth)领域2704篇文献记录关键词共现网络的基础上,通过层次聚类分析(Hierarchical cluster analysis),以时间柱状图(Temporal bar graph)的形式展示了移动健康领域研究主题的聚类分布和时间分布。Wang和Chai[⑤]在共词网络的基础上提出了三个计量指标,即K指标(唯一关键词数/所有关键词数 unique keywords/total keywords)用以量化某个学科领域发展处于的阶段、I指标(中介中心度聚类系数/度betweenness/degree)用以衡量主题节点作为种子节点潜在的增长趋势、C指标(聚类系数 clustering coefficient)用以衡量主题节点的成长环境适宜度。

基于引文或共被引的主题演化研究。引文分析是挖掘某个知识体系知识结构和动态演化的重要方法,早在1981年,White和Griffith[⑥]就通过作者共引分析(ACA)对IS领域的知识体系进行分析,开创了共引分析的先河,并逐渐成为引文

---

① Börner K, Chen C, Boyack K W. Visualizing knowledge domains[J]. Annual Review of Information Science & Technology, 2003, 37(1): 179-255.

② Wang X, Cheng Q, Lu W. Analyzing evolution of research topics with NEViewer: a new method based on dynamic co-word networks[J]. Scientometrics, 2014, 101(2): 1253-1271.

③ Ji L, Liu C, Huang L, et al. The evolution of Resources Conservation and Recycling over the past 30 years: A bibliometric overview[J]. Resources Conservation & Recycling, 2018(134): 34-43.

④ Shen L, Xiong B, Li W, et al. Visualizing Collaboration Characteristics and Topic Burst on International Mobile Health Research: Bibliometric Analysis[J]. Jmir Mhealth & Uhealth, 2018, 6(6): 120-135.

⑤ Wang M, Chai L. Three new bibliometric indicators/approaches derived from keyword analysis[J]. Scientometrics, 2018, 116(2): 721-750.

⑥ White H D, Griffith B C. Author cocitation: A literature measure of intellectual structure[J]. Journal of the American Society for information Science, 1981, 32(3): 163-171.

分析重要的研究方向。在引文分析方面的研究，最早的是 Garfield 开展的引文分析[①]以及研发的 HistCite 软件[②]，以及 Lucio-Arias 和 Leydesdorff [③]采用主路径分析法（main-path analysis）分析科学研究领域的结构脉络，之后比较有代表性的就是 Chaomei Chen[④] 团队研发的 CiteSpace[⑤⑥]。尽管受引用模式与引用动机不同，存在趋向引用专家权威或引用不全、丢失等情况影响而给引文分析带来偏差，但是引文目前仍然是追踪知识扩散的有效方法[⑦]。引文网络是揭示知识传播和扩散的有力工具，能够有效展示知识主题之间的促进或影响关系以及学科之间的知识流动与传播情况，在引文网络研究中主要存在无权重网络和有权重网络。在无权重网络中将所有的引用关系视为同等重要，即有和没有两种情况。在有权重网络中，即将引用关系区别对待[⑧]，一篇文章虽然引用一定数量的论文，但是其所引用的论文对该论文的影响却不一定完全相同，有些是在方法方面引用，有些是文献综述方面的引用，有些是佐证前人的观点，有些是反驳前人的观点，主题比较相关的参考文献可能对论文的影响更大一些，被引论文与施引论文之间如果语义比较相近可能被引论文对施引论文的作用更大一些[⑨⑩]。

---

① Garfield E. The use of citation data in writing the history of science[J]. Technical Report Philadelphia Institute of Scientific Information, 1964(4): 1-96.

② Garfield E, Pudovkin A I. The HistCite system for mapping and bibliometric analysis of the output of searches using the ISI Web of Knowledge[C]//Proceedings of the 67th annual meeting of the American society for information science and technology, 2004, 83: 1-42.

③ Diana Lucio-Arias, Loet Leydesdorff. Main-path analysis and path-dependent transitions in HistCite™-based historiograms[J]. Journal of the Association for Information Science & Technology, 2008, 59(12): 1948-1962.

④ Chen C. CiteSpace Ⅱ: Detecting and visualizing emerging trends and transient patterns in scientific literature[J]. Journal of the Association for Information Science & Technology, 2010, 57(3): 359-377.

⑤ Macroberts M H, Macroberts B R. Problems of citation analysis[J]. Scientometrics, 1996, 36(3): 435-444.

⑥ White H D, McCain K W. Visualizing a discipline: An author co-citation analysis of information science, 1972-1995[J]. Journal of the American society for information science, 1998, 49(4): 327-355.

⑦ Kim H J, Jeong Y K, Song M. Content- and proximity-based author co-citation analysis using citation sentences[J]. Journal of Informetrics, 2016, 10(4): 954-966.

⑧ Liu J S, Lu L Y Y. An integrated approach for main path analysis: Development of the Hirsch index as an example[J]. Journal of the Association for Information Science & Technology, 2014, 63(3): 528-542.

⑨ Wu Q, Zhang C, Hong Q, et al. Topic evolution based on LDA and HMM and its application in stem cell research[J]. Journal of Information Science, 2014, 40(5): 611-620.

⑩ Zhu X, Turney P, Lemire D, et al. Measuring academic influence: Not all citations are equal[J]. Journal of the Association for Information Science & Technology, 2015, 66(2): 408-427.

基于LDA主题模型的主题演化。Wu[①]等人在LDA的基础上结合隐马尔科夫模型(HMM)借助主题在不同聚类中出现的概率构建两个转移概率矩阵来预测主题在不同聚类中未来演化的趋势。Zhu[②]等人以信息科学期刊为例,首先通过对所有文档进行LDA主题挖掘,得出主题关键词以及其在各文档中的概率分布,再分别对各个具体时间片上的文档进行LDA关键词主题分布挖掘,通过计算不同时间片上的主题相似性以及关键词分布来分析主题的具体演化情况。结合话题具有的内容和外在特征两个方面定义话题热度计算方法,得到话题热度时间序列,然后采用EEMD技术对该热度时间序列进行离散分解,利用神经网络对各部分进行预测建模进而汇总得到话题的预测结果。引文主题模型(CTM),引文-主题概率模型在获得文献中主题关键词分布的同时获得其主题间的引文分布,将基于引文的知识扩散过程摄入进来以考虑主题在创新扩散过程对另一个主题的影响[③]。也有学者对共引、共词和概率主题模型进行对比,发现相对于主题的识别和追踪,HDP(Hierarchical Dirichlet Process)模型比传统的共被引或共词网络分析方法更为灵敏和可靠。

1.2.3 主题预测研究

在主题预测方面的研究,主要围绕定性和定量两个角度展开。从定性角度展开的研究一般多在主题演化的基础上指出未来主题的趋势,都是结合对主题和学科发展环境的认知所表达的一种主观看法,具体包括通过演化轨迹的走势情况,预判主题未来会以何种状态发展以及保持什么样的活跃度,从主题的具体含义预判某一主题什么时候会与其他主题进行交叉、融合等。例如隗玲[④⑤]等人借助NEview工具对情报学科主题的共词网络进行社区划分,以冲积图的形式展示主题

---

① Zhu M, Zhang X, Wang H. A LDA Based Model for Topic Evolution: Evidence from Information Science Journals[C]//International Conference on Modeling, Simulation and Optimization Technologies and Applications. 2017,58: 49-54.

② 叶春蕾,冷伏海.基于引文—主题概率模型的科技文献主题识别方法研究[J].情报理论与实践,2013, 36(9): 100-103.

③ Ding W, Chen C. Dynamic topic detection and tracking: A comparison of HDP, C-word, and cocitation methods[J]. Journal of the Association for Information Science & Technology, 2014, 65(10): 2084-2097.

④ 隗玲,许海云,胡正银,等.学科主题演化路径的多模式识别与预测——一个情报学学科主题演化案例[J].图书情报工作,2016,60(13): 71-81.

⑤ 朱东华,万冬,汪雪锋,等.科学基金资助主题的演化路径分析与预测——以科技管理与政策学科为例[J].北京理工大学学报(社会科学版),2018,20(2): 51-57.

的状态，此类研究都需要结合自身以及专家意见对学科和主题的认知预判主题社区未来的扩张、收缩、合并、发展、消亡等情况。也有学者利用主题新颖度、发文量指标、被引量指标形成新兴主题的探测曲线并根据新兴主题与基线主题的趋势预测主题的走势[①]。

从定量角度展开的主题预测研究主要包括根据主题状态、链路预测、LDA 模型、被引量、主题之间协同发展的关系、基金项目等方面。主题定量预测往往需要首先定义主题的热度，例如茅利锋[②]等人（2016）依据主题热度将主题划分为热门主题、普通主题、冷门主题三个状态，从而依据马尔科夫模型构建三个状态之间的转移概率矩阵，但是其预测的结果只是主题大致的在三个状态之间的变化，并且其选择的主题只有 20 个。当然，也有将主题预测问题转化为网络链路预测问题展开研究，通过构建主题共现网络，从网络角度预测未来主题之间共现的可能性，例如宫雪和崔雷[③]（2018）以医学主题词共词网络为例，通过计算公共近邻、最短路径等值将对主题的预测转化为分类问题，利用朴素贝叶斯、SMO、J48 决策树等算法进行分类预测。但是此种分析方法只能在已有主题节点之间预测其有和无的关系，其未来共现的强度以及某一主题的热度仍然无从得知。借助 LDA 主题模型展开的预测研究，主要是在 LDA 主题模型方面给文本加上时间戳，在计算文本主题词的概率分布时注意文本所分布的时间区，进而可以观测主题随着时间的变化，但是这种预测的前提是拥有主题某一时间的文本数据。

利用被引量或主题之间协同发展的关系进行预测。Wang[④] 等人则通过观察引文的动态变化，将引文历史数据标准化以预测在未来某一段时间内出版物的被引量。作为一种社会性文化，出版界有其独特的模式驱动着其引文的动态变化，而出版物本身有其爆发和消退的过程。Szántó-Várnagy[⑤] 认为科学出版中的主题与关键词并不仅仅是时间因素可以预测的，一些主题是热点中的一份子，但是正像其迅速发展的过程一样，其消退的过程也很迅速，但是有些主题却在此知识背景中有着复杂的交互活动并保持着比较稳定的状态，因此对于某些主题的预测可以借助

---

① 范云满，马建霞.基于 LDA 与新兴主题特征分析的新兴主题探测研究[J].情报学报，2014，33(7)：698-711.

② 茅利锋，张伟.基于隐含狄利克雷模型的文献主题演化预测[J].计算机技术与发展，2016，26(9)：34-38.

③ 宫雪，崔雷.基于医学主题词共现网络的链接预测研究[J].情报杂志，2018，37(1)：66-71.

④ Wang D，Song C，Barabási A. Quantifying Long-Term Scientific Impact[J]. Science，2013，342(6154)：127-132.

⑤ Szántó-Várnagy A，Farkas I J. Forecasting turning trends in knowledge networks[J]. Physica A Statistical Mechanics & Its Applications，2018(507)：110-122.

其与这部分稳定主题之间的关系来进行预测，主题关键词容易跟随其他关键词，当某一主题中的相似关键词不断出现或增长时主题就会跟随增长，相反当没有相似关键词出现或增长时主题也会消退败落，一系列主题就是一个有权重、无方向的网络，主题之间相互影响没有方向，但影响关系有强弱。

也有学者通过对基金项目数据的处理分析来探测前沿主题，利用主题的资助时间、资助金额和中心性指标探测未来前沿主题①。关于以往的学科主题演化预测研究，学者多从定性的视角结合自身知识结构指出未来某些主题可能成为研究的重点。即使通过划分时间片构建了主题或学科的动态演化图，也只是在主题发展大概趋势图上阐述未来主题的走势。虽然有根据主题频次、发文量、引用量、影响因子等提出的主题热度衡量指标，但是由于主题演化的不规律和较短的历史时间序列数据，主题的预测不能单单从其自身挖掘，还需要从其他方面挖掘特征，从侧面映射主题的走势提高主题预测的精度，以量化的方式对主题演化进行预测。

1.2.4 知识图谱

知识图谱不同于科学知识图谱，知识图谱（Knowledge Graph）本质上是一种语义网（semantic network）的知识库②，旨在描述客观世界中的实体、概念、事件、属性以及这些因素之间的联系，其中实体和概念用于指代客观世界中的具体事物，例如地名、任务、国家、电影、产品、疾病、药物、专业术语等，实体与实体之间或概念之间以某种形式的关系联系在一起并在知识图谱中以语义谓词的形式体现出来。20 世纪 50 年代末发展起来的语义网基于图数据库存储数据知识有效地促进了机器翻译、问答系统和自然语言处理等，进入 21 世纪后这种语义网进一步发展成为语义 Web，并以 W3C 标准 RDF 组织，在此基础上涌现了一系列通用和领域知识库，例如 Freebase③、DBpedia④、Yago、WordNet⑤ 等。

知识图谱的构建、融合、推理、更新、管理等囊括了知识表示、信息检索、机器学习、数据挖掘、自然语言处理、语义网、图数据库等一系列技术。不断有学者尝试构

---

① 王效岳，刘自强，白如江，等. 基于基金项目数据的研究前沿主题探测方法[J]. 图书情报工作，2017，61(13)：87-98.

② 漆桂林，高桓，吴天星. 知识图谱研究进展[J]. 情报工程，2017，3(1)：4-25.

③ Freebase. [EB/OL]. [2021-7-8]. https://en.wikipedia.org/wiki/Freebase.

④ DBpedia. [EB/OL]. [2021-7-8]. https://wiki.dbpedia.org.

⑤ WordNet. [EB/OL]. [2021-7-8]. https://wordnet.princeton.edu.

建相关知识图谱进行分析，例如化学知识图谱[①]、医学知识图谱[②]、地理知识图谱[③]、工艺知识图谱[④]、甲状腺知识图谱[⑤]、bug 知识图谱[⑥]、企业知识图谱[⑦]、教育学科知识图谱[⑧]、装备-标准知识图谱等[⑨]。除了通用知识图谱的发展外，各个领域的垂直领域知识图谱也在不断构建和完善。

知识图谱中丰富的语义为开展相应知识服务提供了核心基础。例如可以利用中医药知识图谱实现知识自动问答，将知识图谱数据同推理技术结合起来辅助医疗诊断[⑩]。吴玺煜[⑪]等人(2018)借助 Freebase 中电影本体的语义信息向用户进行协同过滤电影推荐，研究表明知识图谱中的语义信息不仅解决了推荐的冷启动问题，还有效提高了推荐的精度和性能。陈煜森[⑫](2018)则通过将关于用户的实体词与知识图谱关联在一起，从而将用户同知识图谱关联在一起，利用知识图谱的语义计算用户之间的关联程度。

知识图谱丰富的语义不仅可以用来进行自身的补全，而且还是进行知识推理的关键。虽然知识图谱对海量信息和语义具有较强的表达能力，但是在知识图谱中仍然有大量的冗余和丢失的信息，例如在 Freebase 中就有 71%的人缺失出生地信息，75%的人缺失国籍信息[⑬]。而利用知识图谱本身的语义信息可以有效对相

---

① 钟亮.面向百度百科的化学知识图谱构建方法研究[J]. 软件导刊，2017，16(8)：168-170.

② 袁凯琦，邓扬，陈道源，等.医学知识图谱构建技术与研究进展[J]. 计算机应用研究，2018，35(7)：15-22.

③ 蒋秉川，万刚，许剑，等.多源异构数据的大规模地理知识图谱构建[J].测绘学报，2018，47(8)：1051-1061.

④ 李秀玲，张树生，黄瑞，等.基于工艺知识图谱的异构 CAM 模型结构化建模方法[J].计算机辅助设计与图形学学报，2018，30(7)：1342-1355.

⑤ 马晨浩.基于甲状腺知识图谱的自动问答系统的设计与实现[J].智能计算机与应用，2018，8(3)：102-107.

⑥ 孙小兵，王璐，王经纬，等.基于知识图谱的 bug 问题探索性搜索方法[J]. 电子学报，2018，46(7)：1578-1583.

⑦ 孙晨，付英男，程文亮，等.面向企业知识图谱构建的中文实体关系抽取[J].华东师范大学学报(自然科学版)，2018，34(3)：55-66.

⑧ 杨玉基，许斌，胡家威，等.一种准确而高效的领域知识图谱构建方法[J]. 软件学报，2018，29(10)：39-55.

⑨ 尹亮，何明利，谢文波，等.装备-标准知识图谱的过程建模研究[J].计算机科学，2018(45)：502-505.

⑩ 阮彤，孙程琳，王昊奋，等.中医药知识图谱构建与应用[J].医学信息学杂志，2016，37(4)：8-13.

⑪ 吴玺煜，陈启买，刘海，等.基于知识图谱表示学习的协同过滤推荐算法[J].计算机工程，2018，44(2)：226-232.

⑫ 陈煜森.基于表示学习的网络文本谣言的传播预测[D]. 武汉：武汉大学，2018.

⑬ 翟社平，郭琳，高山，等.一种采用贝叶斯推理的知识图谱补全方法[J].小型微型计算机系统，2018，39(5)：995-999.

似的实体进行融合，补全实体间的链路关系[①]。基于知识图谱的知识推理强调根据已有的知识推理出新的知识，或者利用推理识别和纠正错误的知识[②③]。例如基于传统规则的推理方法、基于本体的推理方法、基于转移的表示推理、基于张量或矩阵分解的表示推理、基于空间分布的表示推理、基于神经网络的推理、面向多元关系的推理、融合多源信息与多种方法的知识推理、混合推理、多步推理、基于小样本学习的知识推理以及动态知识推理等[④]。

1.2.5 表示学习

表示学习主要是指通过机器学习将研究对象的语义信息表示为稠密低维实值向量。本书涉及的表示学习模型主要有文本表示学习、网络表示学习、知识图谱表示学习等。

传统的文本表示方法主要有向量空间模型(Vector Space Model，VSM)、语言模型(Language Model)、词袋模型(Bag-of-Words，BoW)等[⑤⑥]。向量空间模型(VSM)将文本表示成一个向量，向量的每一个维度都代表文本的一个特征，其特征由词或者字组成，任何文本在经过分词处理后都可以表示为$(W_{1j},W_{2j},\cdots,W_{nj})$向量，$W_{ij}$则是每一个特征的权重，相关的权重算法主要有 TF-IDF、布尔函数、频度函数等[⑦]。VSM 模型只是将文本在词语单元的基础上进行向量化，但是其割裂了词语之间的语义关系，并存在高维、稀疏等问题。语言模型则是对于给定的文本序列为其产生单词概率分布，例如 N-gram 语言模型则考虑当前词的概率与前 n 个词的关系，相对于向量空间模型开始考虑词语的上下文信息具有一定的语义。

---

① 王子涵，邵明光，刘国军，等.基于实体相似度信息的知识图谱补全算法[J].计算机应用，2018，38(11)：3089-3093.

② Kompridis N. So we need something else for reason to mean[J]. International journal of philosophical studies，2000，8(3)：271-295.

③ Tari L. Knowledge inference[J]. Encyclopedia of Systems Biology，2013：1074-1078.

④ 官赛萍，靳小龙，贾岩涛，等.面向知识图谱的知识推理研究进展[J].软件学报，2018，29(10)：2966-2994.

⑤ Salton G，Yu C T. On the construction of effective vocabularies for information retrieval[J]. Acm Sigplan Notices，1975，10(1)：48-60.

⑥ Ponte J M，Croft W B. A Language Modeling Approach to Information Retrieval[C]//ACM SIGIR Forum. ACM，2017：202-208.

⑦ Le Q，Mikolov T. Distributed representations of sentences and documents[C]//International Conference on International Conference on Machine Learning. JMLR.org，2014：2-1188.

随着深度学习的发展，文本表示学习涌现出 Word2vec、paragraph2vec、Paper2vec[①]、Text2arff[②]、Topic2vec、Acr2vec[③] 等。Word2vec 是 Mikolov 等人于 2013 年提出的词向量学习模型，通过 CBOW 和 Skip-gram 模型分别利用词语前后的 c 个词预测当前词和利用当前词预测前后 c 个词，进行神经网络训练以求出所有词的词向量。Paragraph2vec 是在 word2vec 的基础上增加了文档向量，在给定段落或者文档 ID 后继续采用类似 word2vec 中 CBOW 模型和 Skip-gram 模型的 DM(distributed Memory)和 DBOW(Distributed Bag of Words)模型，在给定上下文和段落向量的情况下预测单词的概率。Paper2vec 借鉴 paragraph2vec 的思想，将学术引文网络中的论文作为节点，将其全文内容作为节点的属性，在学习网络结构信息的同时考虑节点的内容属性。Topic2vec 改变了 LDA 主题模型中的主题词概率分布，采用词嵌套（word embedding）的方式进行主题表示。Acr2vec 是针对 acronyms 缩略词设计的，由于在社交媒体中有很多缩略词，对缩略词的学习能够有效地理解缩略词的情感有助于社交媒体中的情感分析。

网络表示学习的基本思想就是将节点映射到一个稠密低维的向量空间中，并在映射过程中尽量保持图的结构信息[④]。传统的图表示学习主要有基于图的方法和基于优化的方法。其中基于图的方法多构建图的相似矩阵、邻接矩阵或拉普拉斯矩阵等输入矩阵，然后将矩阵进行降维以进行表示，例如非线性降维算法 LLE (locally linear embedding)[⑤]、基于流行假设的 Laplacian Eigenmaps[⑥]、针对有向图的 DGE[⑦]、社团检测 Social dimensions[⑧] 等。基于优化的图表示学习通常设定明确

---

① Ganguly S, Pudi V. Paper2vec: Combining graph and text information for scientific paper representation[C]//European Conference on Information Retrieval. Springer, Cham, 2017: 383-395.

② Can E, Amasyalı M F. Text2arff: A text representation library [C]//Signal Processing and Communication Application Conference (SIU), 2016 24th. IEEE, 2016: 197-200.

③ Zhang Z, Luo S, Ma S. Acr2Vec: Learning Acronym Representations in Twitter[C]//International Joint Conference on Rough Sets. Springer, Cham, 2017: 280-288.

④ Roweis S T, Saul L K. Nonlinear Dimensionality Reduction by Locally Linear Embedding[J]. Science, 2000, 290(5500): 2323-2326.

⑤ Belkin M, Niyogi P. Laplacian eigenmaps and spectral techniques for embedding and clustering[J]. Advances in Neural Information Processing Systems, 2001, 14(6): 585-591.

⑥ Chen M, Yang Q, Tang X. Directed graph embedding [C]//International Joint Conference on Artifical Intelligence. Morgan Kaufmann Publishers Inc. 2007: 2707-2712.

⑦ Tang L, Liu H. Relational learning via latent social dimensions[C]//ACM SIGKDD International Conference on Knowledge Discovery and Data Mining, Paris, France, June 28-July. DBLP, 2009: 817-826.

⑧ Perozzi B, Al-Rfou R, Skiena S. Deepwalk: Online learning of social representations [C]// Proceedings of the 20th ACM SIGKDD international conference on Knowledge discovery and data mining. ACM, 2014: 701-710.

的目标函数以半监督或领域相关的方式对目标函数进行优化，例如 LSHM 等算法。

近年来随着深度学习的发展，基于深度学习的网络表示学习方法主要有 DeepWalk、Node2vec、LINE、Edge2VEC 等。DeepWalk 通过随机游走的方法在图上进行随机游走并生成游走的节点序列，然后通过 skip-gram 模型对节点进行表示进而完成对图的学习，其思想等同于自然语言处理领域中的词表示学习①②。Node2vec 在 DeepWalk 的基础上通过控制随机游走的深度和广度来确保随机游走节点序列生成的质量，然后同 DeepWalk 一样通过 skip-gram 模型进行学习以得到图的低维向量表示③。LINE 则通过分别计算图中节点的一阶相似性（first-order）和二阶相似性（second-order）以得到图的两种向量表示并加以拼接对图进行学习，其思想源于节点的一阶相似性（即相连的节点是相似的）和二阶相似性（共同邻居越多两个节点越相似，共同邻居数量决定节点之间的相似性）④。Edge2vec 和 Topology2vec 则分别针对大规模深度层级网络结构和网络拓扑结构进行学习，以获得其边和拓扑结构的特征⑤⑥。

DeepWalk、Node2vec、LINE、Edge2vec 都是针对同构网络（homogeneous network），其将关系或节点视为同一类型进行处理，对于异构网络深度表示学习，主要有 PTE、Metapath2vec、Esim、HIN2vec、TransPath 等。PTE（predictive text embedding）根据边的类型将异构网络解析为二分网络，通过定义节点类型之间的状态概率并使之尽量与真实的分布相同来完成对包含各种节点的异构文本网络学习⑦。Metapath2vec 则基于 meta-path 进行随机游走以生成异构邻居序列并利用

① Mikolov T, Sutskever I, Chen K, et al. Distributed representations of words and phrases and their compositionality[J]. Advances in Neural Information Processing Systems, 2013(26): 3111-3119.

② Grover A, Leskovec J. node2vec: Scalable feature learning for networks[C]//Proceedings of the 22nd ACM SIGKDD international conference on Knowledge discovery and data mining. ACM, 2016: 855-864.

③ Tang J, Qu M, Wang M, et al. Line: Large-scale information network embedding[C]//Proceedings of the 24th international conference on world wide web. International World Wide Web Conferences Steering Committee, 2015: 1067-1077.

④ Sohrab M G, Nakata T, Miwa M, et al. EDGE2VEC: Edge Representations for Large-Scale Scalable Hierarchical Learning[J]. Computación y Sistemas, 2017, 21(4): 569-579.

⑤ Tang J, Qu M, Mei Q. PTE: Predictive Text Embedding through Large-scale Heterogeneous Text Networks[C]//ACM SIGKDD International Conference on Knowledge Discovery and Data Mining. ACM, 2015: 1165-1174.

⑥ Xie Z, Hu L, Zhao K, et al. Topology2Vec: Topology Representation Learning for Data Center Networking[J]. IEEE Access, 2018(6): 33840-33848.

⑦ Swami A. metapath2vec: Scalable Representation Learning for Heterogeneous Networks[C]//ACM SIGKDD International Conference on Knowledge Discovery and Data Mining. ACM, 2017: 135-144.

异构 skip-gram 模型进行处理最大化异构网络中的网络可能性①。Esim 模型也是采用 meta-path 导向的样本生成策略,但是其目标函数界定却不是较优。HIN2vec 则利用哈达马乘积(Hadamard multiplication)和 meta-path 进行嵌入学习,但其只针对短路径的 meta-path,对于长路径 meta-path 并不适用②。TransPath 模型仍然基于 meta-path,但是其吸纳了知识图谱中的翻译模型将路径看作从头实体到尾实体的翻译,并设定了用户导向的 meta-path 样本生成策略以充分发挥用户的偏好作用③。

对于异构网络表示学习也有学者注意到不仅仅要学习其网络拓扑结构信息,还要注意其内容信息。例如 Link-PLSA-LAD、RTM、PLANE 等④⑤,其中 Link-PLSA-LAD 强调在论文内容集合生成过程中的引用关系,RTM 则强调在 LDA 建模过程中链接关系的处理即存在联系的节点主题分布应该相似,PLANE 则强调对主题和节点进行二维表示,并借助降维对主题与节点进行整合。LaHNet (Labeling Heterogeneous Network)则尝试将不同类型的节点全部映射到共同的潜在空间以解决节点之间 label 的信息和图拓扑结构信息。

传统的知识图谱表示学习方法主要有距离模型、单层神经网络模型、能量模型、双线性模型、张量神经网络模型、矩阵分解模型等。在距离模型中主要将知识进行结构表示(structured embedding, SE),每个实体用 d 维向量表示然后投影到对应空间中通过计算向量距离反应实体之间存在的关系⑥;单层神经网络(single layer model, SLM)则是在 SE 的基础上改进了实体与关系在投影时的语义联

---

① Fu T Y, Lee W C, Lei Z. HIN2Vec: Explore Meta-paths in Heterogeneous Information Networks for Representation Learning[C]//ACM, 2017: 1797-1806.

② Fang Y, Zhao X, Tan Z, et al. TransPath: Representation Learning for Heterogeneous Information Networks via Translation Mechanism[J]. IEEE Access, 2018, 6(99): 20712-20721.

③ Nallapati R M, Ahmed A, Xing E P, et al. Joint latent topic models for text and citations[C]// ACM SIGKDD International Conference on Knowledge Discovery and Data Mining, Las Vegas, Nevada, Usa, August. DBLP, 2008: 542-550.

④ Chang J, Blei D M. Relational Topic Models for Document Networks[C]//of Conf. on Ai and Statistics, 2009: 81-88.

⑤ Bordes A, Weston J, Collobert R, et al. Learning Structured Embeddings of Knowledge Bases[C]// AAAI Conference on Artificial Intelligence, AAAI 2011, San Francisco, California, Usa, August. DBLP, 2011: 301-306.

⑥ Socher R, Chen D, Manning C D, et al. Reasoning with neural tensor networks for knowledge base completion[C]//International Conference on Neural Information Processing Systems. Curran Associates Inc. 2013: 926-934.

系[①];能量模型(semantic matching energy,SME)则在SE的基础上通过定义若干个投影矩阵来刻画实体与关系的内在联系[②];双线性模型(latent factor model,LFM)则是利用关系的双线性变换实体与关系之间的二阶关系来刻画实体与关系之间的语义关系[③];矩阵分解模型则是采用矩阵分解进行知识表示学习,例如RESACL模型[④];张量神经网络模型(neural tensor network,NTN)则是采用双线性张量取代传统神经网络中的线性变换,但是此方法却不适用于大规模的稀疏知识图谱[⑤]。

知识图谱表示学习Trans*翻译模型研究。随着表示学习在自然语言处理领域的发展,2013年Mikolov(米科洛夫)发现词向量空间具有平移不变的特性进而可以获取词之间的语义关系并提出了word2vec词表示模型。受此启发,Borders等人提出了TransE模型,自此一系列Trans*翻译模型涌现,并成为大型知识图谱表示学习的参考方法。TransE模型将知识图谱中的关系看作是实体间的平移向量,对于每一个RDF三元组(h,r,t),r的关系向量$\boldsymbol{l}_r$都是实体头向量$\boldsymbol{l}_h$到尾实体向量$\boldsymbol{l}_t$的翻译,即$\boldsymbol{l}_h+\boldsymbol{l}_r\approx\boldsymbol{l}_t$。虽然TransE模型在WordNet和Freebase等数据集上的测试效果较好,但是TransE模型只能处理一对一关系,在处理复杂关系时还比较欠缺,例如对于一对多(一个头实体对应多个尾实体)、多对一(多个头实体对应一个尾实体)、多对多(多个头实体对应多个尾实体)等关系。TransH[⑥]模型通过让实体在不同的关系下有不同的表示来解决TransE模型的缺点,但是其

① Bordes A, Glorot X, Weston J, et al. A semantic matching energy function for learning with multi-relational data[J]. Machine Learning, 2014, 94(2): 233-259.

② Jenatton R, Roux N L, Bordes A, et al. A latent factor model for highly multi-relational data[C]//International Conference on Neural Information Processing Systems. Curran Associates Inc. 2012: 3167-3175.

③ Nickel M, Tresp V, Kriegel H P. Factorizing YAGO: Scalable Machine Learning for Linked Data[C]//WWW. ACM, 2012: 271-280.

④ Bordes A, Usunier N, Garcia-Duran A, et al. Translating Embeddings for Modeling Multi-relational Data[C]//International Conference on Neural Information Processing Systems. Curran Associates Inc, 2013: 2787-2795.

⑤ Socher R, Chen D, Manning C D, et al. Reasoning with neural tensor networks for knowledge base completion[C]//International Conference on Neural Information Processing Systems. Curran Associates Inc, 2013: 926-934.

⑥ Wang Z, Zhang J, Feng J, et al. Knowledge graph embedding by translating on hyperplanes[C]//Twenty-Eighth AAAI Conference on Artificial Intelligence. AAAI Press, 2014: 1112-1119.

仍存在将实体和关系映射在同一语义空间的缺点①。TransR② 模型则改进了 TransE 模型和 TransH 模型，让实体和关系分别在实体空间和关系空间建模并在关系空间进行翻译③，但是 TransR 仍存在参数多、计算复杂等缺点。TransD 模型则尝试利用两个投影向量构建投影矩阵来解决 TransR 的复杂度高问题④。TransSparse 模型则针对不同复杂度的关系使用不同稀疏程度的矩阵防止关系过拟合或欠拟合问题⑤。KG2E 模型则使用高斯嵌入(gaussian embedding)来进行表示学习⑥。TransG 则采用高斯混合模型去描述实体之间的关系，并利用贝叶斯无参无限混合嵌套模型(gaussian nonparametric infinite mixture embedding model)发现多重语义关系来学习知识图谱中的多种语义关系⑦，同时还有 CTransR⑧ 等翻译的方法。上述模型几乎全部针对的是具有直接关系的实体对，面对实体之间的间接关系，例如对于实体对<h,t>，两个实体之间可能没有直接关系，从实体 h 到实体 t 可能需要走过一系列实体 $E=\{e_1,e_2,e_3,\cdots,e_n\}$ 和一系列关系 $R=\{r_1,r_2,r_3,\cdots,r_n\}$，对于这种长距离的间接关系 Alshahrani⑨ 等人提出 TransP 模型使用 LSTM(long short-term memory)抽取长距离的实体路径信息以对知识图谱中的直接和间接关系进行学习。对于知识图谱的学习，也有学者采用网络表示学习的方式，通过改进 DeepWalk 输入知识图谱从节点和关系随机进行游走，学习知识图谱的特征来进行边和节点的预测，以及通过图游走(Graph walk)和 Weffeer-

① Nickel M, Tresp V, Kriegel H P. A three-way model for collective learning on multi-relational data [C]//International Conference on International Conference on Machine Learning. Omnipress, 2011: 809-816.

② Lin Y, Liu Z, Zhu X, et al. Learning entity and relation embeddings for knowledge graph completion [C]//Twenty-Ninth AAAI Conference on Artificial Intelligence. AAAI Press, 2015: 2181-2187.

③ Ji G, He S, Xu L, et al. Knowledge Graph Embedding via Dynamic Mapping Matrix[C]//Meeting of the Association for Computational Linguistics and the, International Joint Conference on Natural Language Processing, 2015: 687-696.

④ Shi J, Gao H, Qi G, et al. Knowledge Graph Embedding with Triple Context[C]//ACM, 2017: 2299-2302.

⑤ He S, Liu K, Ji G, et al. Learning to Represent Knowledge Graphs with Gaussian Embedding[C]// Proceeding of the 24th ACM international on conference on information and knowledge Management, 2015: 623-632.

⑥ Xiao H, Huang M, Hao Y, et al. TransG: A Generative Mixture Model for Knowledge Graph Embedding[J]. Computer Science, 2016,7(10): 2316-2325.

⑦ Han X, Huang M, Yu H, et al. TransG: A generative mixture model for knowledge graph embedding. arXiv preprint arXiv: 1509.05488 (2015).

⑧ Zeng P, Tan Q, Meng X, et al. Modeling Complex Relationship Paths for Knowledge Graph Completion[J]. IEICE Transactions on Information and Systems, 2018(5): 1393-1400.

⑨ Alshahrani M, Khan M A, Maddouri O, et al. Neuro-symbolic representation learning on biological knowledge graphs[J]. Bioinformatics, 2017,33(17): 2723-2730.

Lehman 子树 RDF 图核(Weisfeiler-Lehman Subtree RDF graph kernels)从整个 RDF 生成序列并借助语言模型思想所提出的 RDF2vec①。

1.2.6 现状述评

通过上述梳理可以发现,对学科主题演化模式和演化规律探析是促进学科进展、推动知识创新的关键,是情报学领域研究的重点。对学者而言,学科主题演化是其把握学科发展来龙去脉、学科或领域热点和难点的有力工具,是其理解学科或领域之间交叉融合、追逐学科未来前沿和趋势的关键。对于国家和政府而言,学科主题演化和预测研究对其开展科学立项、合理提供资金等宏观决策与管理工作意义也较为深刻。

但是,在以往的主题演化研究方面多限于基于共词、引文、共被引等网络以及 LDA 等主题模型的研究范式,共词网络、引文网络以及共被引网络都是从主题与作者、期刊、论文以及其他主题的复杂关系中抽象出来的一部分,脱离了主题所在的真实背景和环境。主题的演化并不单单是主题本身主动的变化,还有可能是来自于其他客观或主观的因素所致,因此只有更加贴合实际情况、更加全面具体的、比较能够代表主题所处背景的计量知识图谱才能有效综合各方面的影响全面揭示主题的演化规律。LDA 主题模型虽然相对共词网络、引文网络等灵敏和可靠些,但是其对主题的语义信息把握还比较微弱,虽然关注了词语在段落中的概率分布,但是对主题全面的语义表示还比较不足。因此只有具有更为丰富语义的计量知识图谱才能更加全面地涵盖主题的特征。

在学科主题预测方面,虽然有学者分别从定性和定量的角度尝试开展预测研究,但是已有的定性主题预测研究,都是结合对主题和学科发展环境的认知所表达的一种主观看法,通过分析主题演化轨迹的走势情况预判主题未来会以何种状态发展以及保持什么样的活跃度,以及从主题的具体含义来预判主题之间的交叉融合,其研究完全依靠于专家或学者对领域发展状况的个人主观认知和知识积累。在定量方面的主题预测研究,虽然有将主题根据其状态的划分将对主题的预测转换为对状态变化的估计以及将主题的预测转化为链路预测问题,但是这种预测也只是在主题发展大概趋势图上阐述未来主题的走势,或者只能在已有主题节点之间预测其有和无的关系,其未来共现的强度以及主题的热度仍然无从得知。而加上时间戳的 LDA 主题模型虽然在计算文本主题词的概率分布时注意到文本所分

① Ristoski P, Paulheim H. RDF2Vec: RDF Graph Embeddings for Data Mining[M]//The Semantic Web - ISWC 2016. Springer International Publishing, 2016: 498-514.

布的时间区和主题随着时间的变化，但是这种预测的前提是拥有该主题在某一时间点上的文本数据。虽然有根据主题频次、发文量、引用量、影响因子等提出的主题热度衡量指标，但是由于主题演化的不规律和较短的历史时间序列数据，主题的预测不能单单从其自身挖掘，还需要从其他方面挖掘特征，从侧面映射主题的走势提高主题预测的精度，以量化的方式对主题演化进行预测。

因此，对于学科主题演化规律的探析和预测势必需要借助知识图谱、图数据库等技术工具构建更为贴合实际的计量知识图谱，借助知识图谱丰富的语义和结构，用文本表示学习、网络表示学习等方法识别主题集群，探析主题的演化规律，在主题演化的时间序列上，挖掘主题演化的特征，利用机器学习和时间序列模型完成对学科主题热度的预测。

1.3 研究内容与方法

1.3.1 目标与内容

本书研究的目标是将计量实体和关系纳入 MeSH 知识库中，从而利用知识图谱技术构建一种面向计量相关研究和应用的垂直领域知识图谱，即计量知识图谱(Bibliographic Knowledge Graph)，从计量学角度充分利用知识图谱中的丰富语义和复杂关系，从而更好地分析学科之间、知识之间的结构变化以及发展趋势，同时以年为单位采用时间切片的方式，以 MeSH 作为该计量知识图谱的基础，以 500 多万 PMC 生物医学与生命科学文献数据为样本，构建一个动态的计量知识图谱(Dynamic Bibliographic Knowledge Graph)。将热度作为学科主题演化和预测的指标和依据，借鉴引文网络和 PageRank 思想计算学科主题、论文、期刊、作者等计量实体的热度，通过对计量知识图谱网络结构的表示学习和学科主题文本内容的表示学习，整合文本语义特征和拓扑结构特征进行学科主题集群识别，分析学科主题以及学科主题集群的演化情况，同时在计量知识图谱表示学习的基础上，分别利用不同类型的池化模型对学科主题的特征进行挖掘，在学科主题自身演化时间序列数据的基础上，不断加入特征的时间序列数据，从而对学科主题未来热度的变化情况进行预测，具体研究技术路线如图 1-1 所示。

研究内容主要包括以下五个方面：

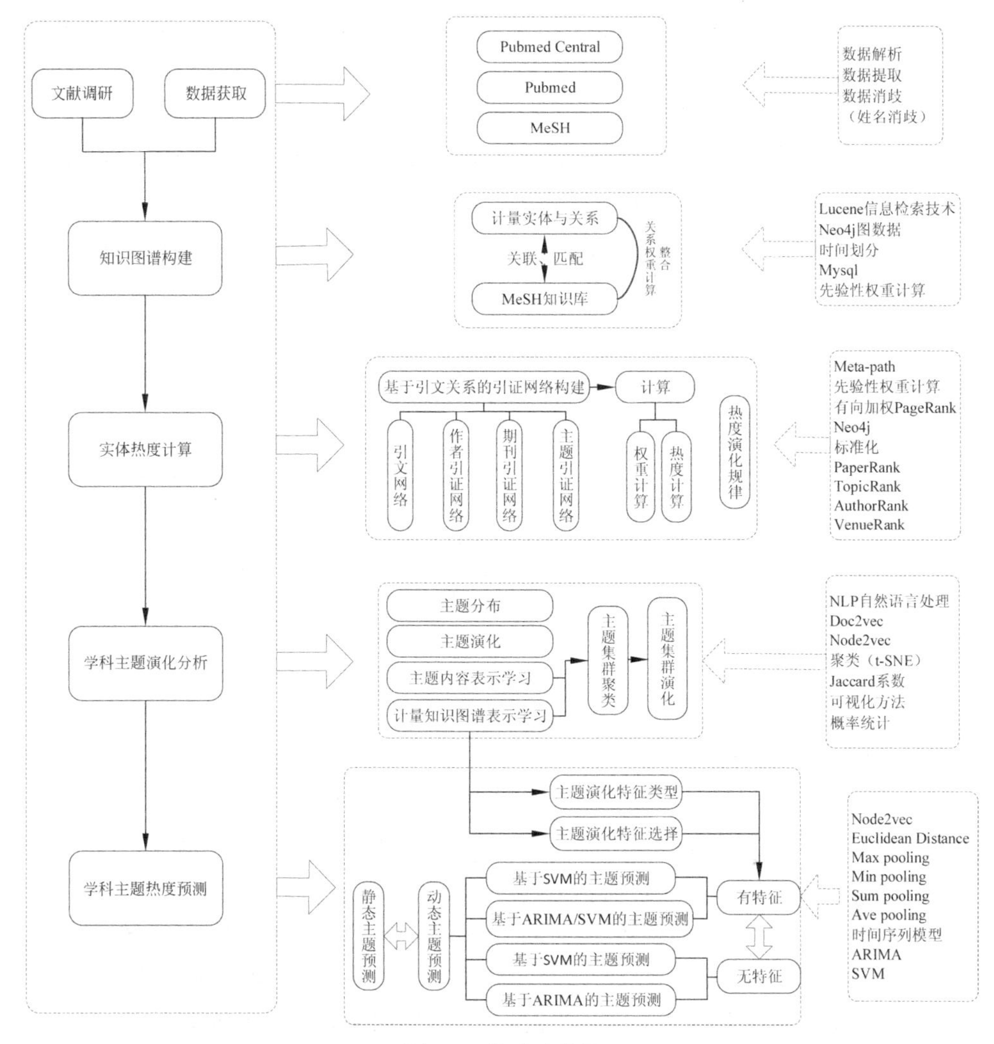

图 1-1　技术路线图

(1) 动态计量知识图谱的构建

计量知识图谱不同于科学知识图谱和知识图谱，计量知识图谱是科学知识图谱和知识图谱的整合，因此本书动态计量知识图谱的构建主要包括计量实体的抽取和消歧以及关系的构建、MeSH 知识库中实体和关系的解析、计量实体与 MeSH 实体的匹配三部分。

1) 计量实体抽取与关系构建

在文献计量网络中，根据论文、作者、期刊、主题等之间的关系，借鉴以往研究中对其的定义和命名，构建包含作者(Author)、论文(Paper)、期刊(Venue)、主题

(Topic)四类实体和合作(Co-author)、被写(Written by)、相关(Relevant)、发表于(Published at)、引用(Cites)五种关系的异构文献计量网络①，具体如图1-2所示。在学科主题方面本书参考以往研究经验，以Pubmed为每篇文章人为标注的比较能够准确概括文章主题的MeSH主题词为文章的研究主题，通过对下载的全文PubMed Central的XML格式数据进行解析、提取、消歧等处理，匹配PubMed人工标注的主题词，利用python、mysql、neo4j等构建具有时间属性的计量实体异构网络。

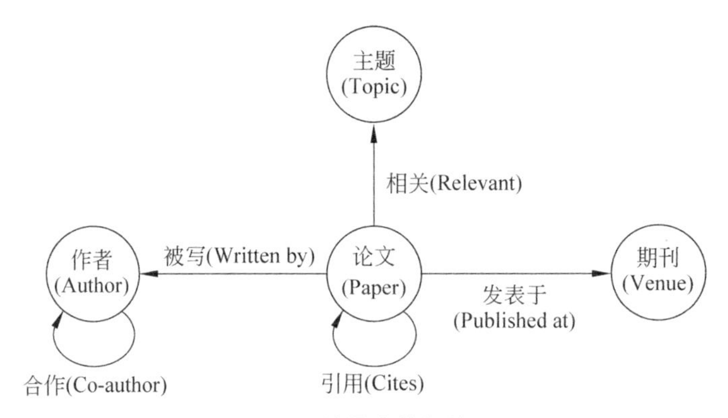

图1-2　计量实体与关系

2）MeSH知识库解析

将RDF格式的MeSH导入neo4j进行解析，MeSH主要包含有369629个MeSH概念(MeSH Concept)，697881个MeSH术语(MeSH Term)，28470个MeSH描述词(MeSH Descriptor)，242666个MeSH补充概念(MeSH Supplementary Concept Record)，80个MeSH类(MeSH Qualifier)，609354个MeSH描述与类对(MeSH Qualifier Pair)等，共8种实体，各概念与术语、描述词、补充概念等之间以其语义关系连在一起，各概念之间又以树状形式关联在一起，是生物医学与生命科学领域比较权威的知识库。

3）计量实体与MeSH关联匹配

本书将选取论文的标题、关键词、摘要文本等信息，并以此为基础构建lucene全文检索引擎，利用信息检索技术将论文与MeSH中的MeSH概念、MeSH术语、MeSH描述词、MeSH补充概念等匹配在一起，并依据先验概率分配关系权重，依据计量实体paper本身带有的时间属性将此知识图谱以年为单位，构建具有34个时间片的动态计量知识图谱，如图1-3所示(详图请见附录A)。

---

① 冯亚宁，焦梦映，段会龙，等.一种基于MeSH主题词的临床.组学关系挖掘方法[J].生物化学与生物物理进展，2015(8)：770-779.

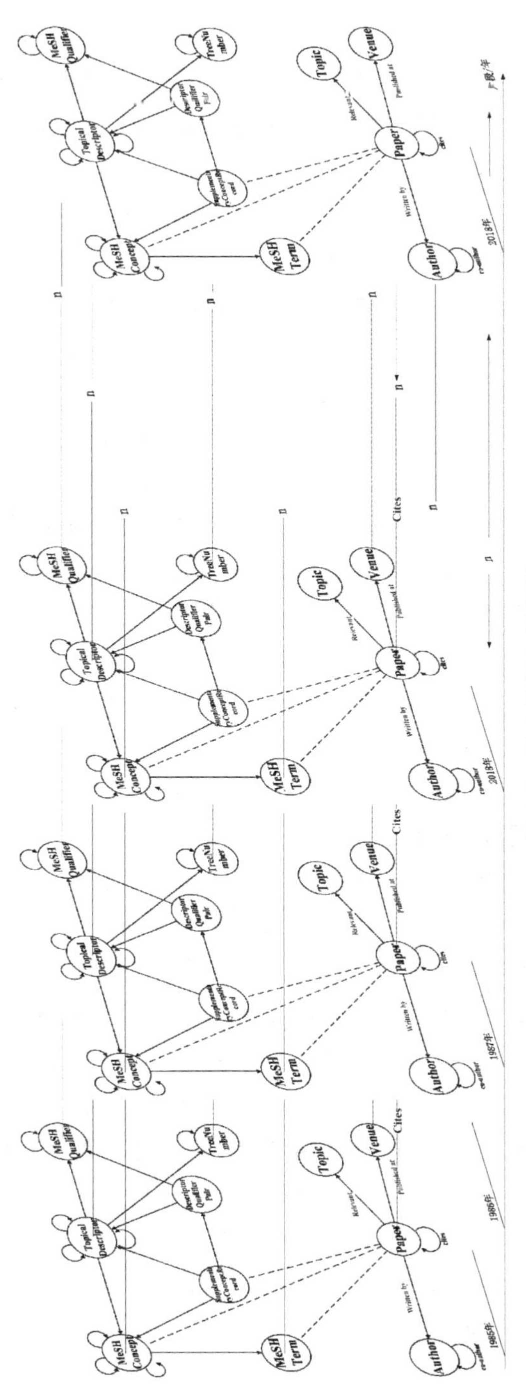

图 1-3　动态计量知识图谱

（2）计量实体热度计算

论文、作者、期刊、主题等计量实体的热度是科学评价研究的依据和指标，反应了其被关注和认可的程度，反应了其演化的状态，本书利用引证网络客观地衡量计量实体的热度，在兼顾引证数量的基础上强调引证的质量，通过其在整体网络中的排名对其热度进行计算，依据论文的引用关系定义 Meta-path 路径分别构建引文网络、作者引证网络、期刊引证网络、主题引证网络五种同构网络，依次利用有向加权的 PaperRank、AuthorRank、VenueRank、TopicRank 计算论文、作者、期刊和学科主题分别在 34 个时间片上的热度值，并分析各种计量实体热度值的变化规律。

（3）主题演化分析

在学科主题方面，本书以 PubMed 人工标注的 MeSH 主题词为主题，随着时间的变化主题本身的热度会发生变化，物以类聚人以群分，主题也像个体一样归属于一定的群体，即主题集群，因此依据主题之间的结构关系和语义关系，可以对主题进行聚类和集群识别，进而分析随着时间的变化主题集群的出生、生长、发展、成熟、扩展、消退等变化规律以及主题集群之间的融合、分裂等规律。不同于以往共词网络、引文网络等基于网络的聚类分析，本书借助深度表示学习方法对包含主题的计量知识图谱进行表示学习，借助知识图谱本身的实体关系以和计量实体间的关系完成主题在计量知识图谱上的网络结构表征，借助 Doc2vec 完成主题在内容上的语义表征，综合网络结构关系和语义关系进行主题集群识别，根据 Jaccard 系数追踪主题集群的前后演化情况。

（4）主题热度预测

随着时间的变化，主题热度会发生变化，例如主题的生长、成熟、消退，主题的热度会由初步缓慢增长到快速增长再到保持在峰顶，再到热度慢慢降低，甚至可能过几年后热度再度飙升起来，某一学科主题的发展不仅是宏观科技发展的需要，更是相关领域其他基础学科的推动，例如神经网络在 20 世纪 50 年代时 Rosenblatt 设计了感知机，将神经网络应用于文字识别、声音识别以及学习记忆等研究中，神经网络学习达到顶峰，但是 60 年代末期随着人们研究兴趣的消退神经网络研究进入了低潮，直至 80 年代 Hopfield 在《Proceedings of the National Academy of Sciences of the United States of America》上发表的《Neural Networks and Physical Systems with Emergent Collective Computational Abilities》《Neurons with graded response have collective computational properties like those of two-state neurons》[①][②]两篇关于人工神经网络研究的论文才引起学科巨大反响，并再次将神经网络研究带入高潮[③]。

学科主题自身热度的变化虽然是个时间序列，但是并没有太多周期、规律可循，但是正如神经网络研究的起落一样，Hopfield 和美国科学院院刊成为此主题未来热度变化的推动者，因此从神经网络该主题的作者、期刊特征入手可以提升未来主题热度预测的准确率。如果某领域的专家在权威期刊发表关于某一个主题的研究，那么此主题研究未来极有可能受到广泛学者关注并快速发展，相反当研究某一主题的权威专家都转移研究兴趣不再研究该主题，并且该主题周围也不再有新的权威或者有影响力的学者关注，那么此主题未来的热度极有可能进入低谷，当然如果某一不知名学者仍然默默关注着此主题，未来如果此学者一跃成为领域的权威或者获得较大影响力，那么此主题仍有再度成为研究热点的可能。科学研究主题或方向成就科学家，科学家推动学科主题的发展。如图 1-4 所示，期刊、论文以及其他主题的作用类似。

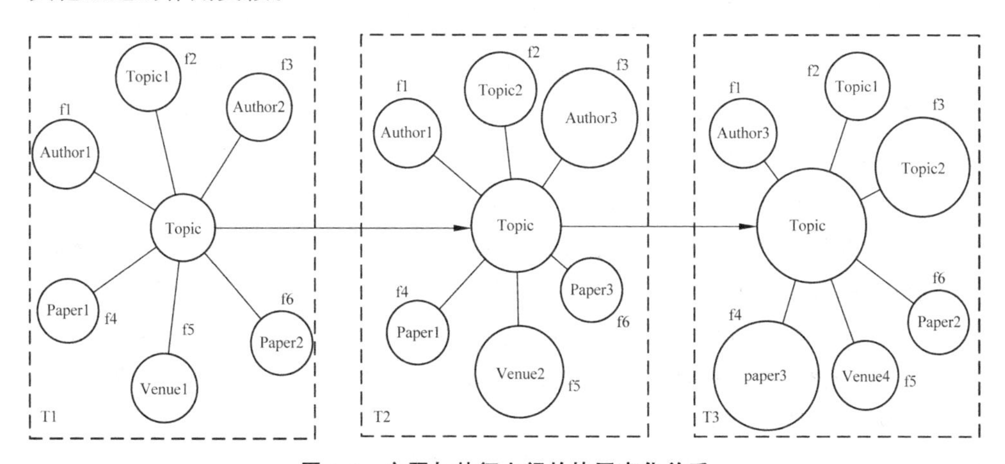

图 1-4　主题与特征之间的协同变化关系

因此本书通过对计量知识图谱进行深度表示学习，挖掘出主题在 Paper、Author、Venue、Topic 等方面的特征，利用 SVM 模型对比分析静态的和动态的主

① Hopfield J J. Neurons with graded response have collective computational properties like those of two-state neurons.[J]. Proceedings of the National Academy of Sciences of the United States of America, 1984, 81(10): 3088-3092.

② Hopfield J J. Neural Networks and Physical Systems with Emergent Collective Computational Abilities[J]. Proceedings of the National Academy of Sciences of the United States of America, 1982, 79(8): 2554-2558.

③ 吴淑燕，许涛.PageRank 算法的原理简介[J]. 图书情报工作，2003(2): 55-60.

题预测效果,以及随着时间序列的增长预测误差的变化,同时在此过程中又分别加上主题的相关特征,检验特征对主题预测的作用。并且,整合 ARIMA 模型和 SVM 模型,在主题自身时间序列的发展的基础上加入特征,分析主题依据自身发展预测的效果,检验特征对主题预测的作用。

1.3.2 研究方法

(1) PageRank、Meta-path 以及 Neo4j 等图数据库技术

PageRank 算法最早是谷歌借鉴传统引文分析思想,在其搜索引擎中对网页重要性排名的算法,该算法假设网页的重要性和质量可以通过其他网页对其超文本链接的数量来衡量[①]。如果网页 A 有指向 B 网页的链接,即在 A 看来 B 是重要的,B 获得了 A 对他的一个贡献值,该值大小取决于 A 本身的重要程度,A 越重要,B 获得的贡献值越大,即 B 就越重要。依据网页的相互指向,迭代计算其分值,最终可得每个网页的重要值,并进行排序。其计算公式如公式 1 所示：PR(p)表示网页 p 的页面级别;Ti 表示指向页面 p 的其他网页;C(Ti)表示网页 Ti 向外指出的链接数目;Ti 为其他网页给予网页 p 的 PR 值;d 为随机到一个网页的概率,介于 0 到 1 之间,通常设定为 0.85[②③]。Meta-path 是由 Sun[④] 等人提出,对于文献计量异构网络其包含论文、作者、期刊、主题等学术实体以及引用、合作、发表等多用关系,对于此异构网络 Sun 等人通过人工选择路径可以将异构网络转化为同构网络进行处理,并可以通过 Meta-path 筛选出具有某种间接关系的学术实体,在本书拟采用 Meta-path 从知识图谱中抽取相应的关系以便进行同构网络计算。Neo4j 是目前比较流行的图数据库,由 Neo Technology 公司推出、运营和维护,图数据库在处理复杂、互联接、低结构化等图形问题时非常高效、准确,其扩展性较强,经常被用于大规模复杂网络和知识图谱的存储、管理和分析。

(2) Lucene 等信息检索技术

Lucene 是一种全文检索引擎架构和开发工具包,由于其优异的索引结构、高

---

① 李稚楹,杨武,谢治军. PageRank 算法研究综述[J]. 计算机科学, 2011(10): 185-188.

② Sun Y, Barber R, Gupta M, et al. Co-author Relationship Prediction in Heterogeneous Bibliographic Networks[C]//International Conference on Advances in Social Networks Analysis and Mining. IEEE, 2011: 121-128.

③ Fiala D, Tutoky G. PageRank-based prediction of award-winning researchers and the impact of citations[J]. Journal of Informetrics, 2017, 11(4): 1044-1068.

④ Sun Y, Norick B, Han J, et al. Integrating meta-path selection with user-guided object clustering in heterogeneous information networks[C]//ACM, 2012: 1348-1356.

性能、可伸缩、易使用和开源等特点被广泛用来构建全文搜索应用系统。本书拟在文献摘要、标题、用户关键词的基础上建立索引库，用 MeSH 概念、补充概念、术语等进行检索，完成异构网络到 MeSH 知识库的匹配、关联。

（3）表示学习

本书拟用到的表示学习方法主要有文本表示学习、网络表示学习、知识图谱表示学习等。其中 Node2vec 是依据文本表示（word2vec）思想提出的一种网络表示（network embedding）方法，用以解决网络结构高维、稀疏性所带来的复杂问题，其核心就是引入潜在变量对全局关系和结构建模，将网络信息转化为低维、稠密的实数向量[①②]。类似的网络表示方法有 DeepWalk。不同于 DeepWalk 的均匀随机游走，node2vec 引入了跳转概率参数 p 和参数 q 来控制随机序列生成过程中的广度优先采样和深度优先采样策略，通过半监督网络形式学习并获得最优的参数 p 值和 q 值，使广度优先和深度优先达到一个最佳的平衡，均衡网络的局部信息和全局信息[③]。Doc2vec 是在 word2vec 的基础上增加了文档向量，在给定段落或者文档 ID 后继续采用类似 word2vec 中 CBOW 模型和 Skip-gram 模型的 DM（distributed Memory）和 DBOW（Distributed Bag of Words）模型，在给定上下文和段落向量的情况下预测单词的概率，在给定段落向量的情况下预测段落中单词的随机概率，在训练出每一篇文本的向量同时全面理解文本的语义特征。在众多表示学习模型中，Node2vec 在网络采样时比较能够兼顾深度和广度两方面，Doc2vec 在段落或文档表示学习时也比较具有优势，因此本书拟采用 Node2vec、Doc2vec 对计量知识图谱进行深度表示学习，尝试对计量知识图谱中复杂的语义和结构进行有针对性的表示。

（4）聚类

在聚类方面本书拟采用 K-means、DBSCAN、t-sne 等算法。K-means 算法通过选择一些中心点然后计算其他节点到中心点的距离来划分节点的归属。DBSCAN 则是基于密度的聚类算法，通过设定计算半径和最小点来判断某一个节点是否为中心节点或者为噪音节点，其可视化图形是簇状的，无需判断事先设定簇的数量，随着距离半径自动归类生成。

（5）时间序列模型

本书拟采用支持向量机、ARIMA 等时间序列模型进行主题热度预测。支持

---

① Grover A, Leskovec J. node2vec: Scalable feature learning for networks[C]//Proceedings of the 22nd ACM SIGKDD international conference on Knowledge discovery and data mining. ACM, 2016: 855-864.

② 涂存超，杨成，刘知远，等.网络表示学习综述[J].中国科学：信息科学，2017，47(8)：980-996.

③ 奉国和. SVM 分类核函数及参数选择比较[J]. 计算机工程与应用，2011，47(3)：123-124.

向量机(SVM)是比较成熟的分类和回归机器学习模型。其基于结构风险最小化原理，以训练误差为约束条件，以置信范围为优化目标，通过 Polynominal、RBF、Sigmoid 等核函数①将非线性问题映射到高维空间中进行线性判别，从而解决相应的分类问题和回归预测问题。ARIMA(p, d, q)自回归积分滑动平均模型(Autoregressive Integrated Moving Average Model)是一种时间序列模型，被广泛应用于时间序列数据分析和建模②，其在建模时充分考虑到时间序列数据和自身发展的规律，通过平稳性检验即可确定模型的阶数，进行参数估计和诊断检验，对于未通过平稳性检验的数据仍可采用分解、查分等方式处理③。

1.3.3 研究难点

(1) 作者消歧

消歧过程中，作者同名问题是一个非常棘手的问题，对于海量的文献作者，无论是英文、中文、日语还是阿拉伯语，在各种语言情景中都存在着大量的人物重名。据调查数据显示有 300 个常用男性名被约占美国男性人 8.4%的人使用，同名为“张伟”人数高达 299025，同名为“王伟”的人数高达 290615④。在作者名字消歧研究中多结合作者的机构、地址信息等来辨别同名问题，但是对于同一作者其工作地点和机构会变迁，虽然机构或地点发生了变化，但仍然为同一个作者。并且对于生物医学与生命科学领域的 PMC 数据中的作者，只有 9.26%的作者姓名附有邮箱信息，只有 9.56%的作者姓名附有机构信息，有 90.44%的作者姓名是完全没有附属机构等信息的，在这些附属信息缺失的情况下如何有效进行作者姓名消歧是本研究的关键和难点。

(2) 计量知识图谱的构建

在计量知识图谱的构建过程中，虽然医学生物领域的 MeSH 知识库为计量知识图谱提供了一定的基础，但是如何将计量实体与 MeSH 关联在一起仍然是计量知识图谱构建的难点，尤其是选用哪种计量实体与 MeSH 中的哪些实体进行匹配

---

① Contreras J, Espinola R, Nogales F J, et al. ARIMA models to predict next-day electricity prices [J]. IEEE Transactions on Power Systems, 2003, 18(3): 1014-1020.

② 郑莉，段冬梅，陆凤彬，等. 我国猪肉消费需求量集成预测——基于 ARIMA、VAR 和 VEC 模型的实证[J]. 系统工程理论与实践，2013, 33(4): 918-925.

③ 张亦春，彭江.影子银行对商业银行稳健性和经济增长的影响——基于面板 VAR 模型的动态分析[J].投资研究，2014，33(5): 22-33.

④ 步一，刘天祎，赵丹群，等. 国外作者共引分析研究评述[J]. 情报杂志，2015(12): 48-53.

也是研究的关键。

(3) 计量知识图谱的深度表示学习

深度学习是一种无监督式学习，对于 Word2vec、Node2vec、Doc2vec 等在学习表示的过程中需要非常大的内存，MeSH 本身就具有 200 多万个实体，再加上 500 多万论文节点以及作者、期刊、主题等节点，对上亿个节点几十亿条关系的知识图谱进行表示学习是本研究的一个难点，面对具有复杂关系的知识图谱，其表示学习的权重设定、类型选择、方向选择等都是本研究的关键，同时基于网络结构表示学习的特征和基于文本内容表示学习的特征如何整合在一起也是本研究的一个难点。

(4) 主题演化预测的复杂性

对于学科主题的预测，已有的研究多集中在定性分析，无法量化主题的未来趋势。学科主题虽然为时间序列，但是主题的变化并不完全满足时间序列分析的相关条件，并且该时间序列相对较短，无论是按照数量划分区间还是按照年代划分其时间序列都较为复杂，在平稳性、周期性、季节性等方面几乎毫无规律可循，单从主题本身的历史数据预测主题未来的变化趋势难度较大。同时，学科主题变化多样，学科主题本身存在一个突现、生长、成熟、消亡的过程，处于不同阶段的学科主题会展现不同的变化趋势，尤其对于新生主题和消亡主题，其历史时间序列存在突然出现而戛然而止的情况，不能同其他阶段主题一同处理。并且学科主题关系及主题群落间关系错综复杂，主题群落间可能是竞争或共生的关系，主题群落内部主题之间可能是此消彼长或者共同成长相互促进的关系，如何有效整合主题群落以及主题之间的关系进行演化分析与预测是本书研究的难点。

1.4 研究贡献

本书在构建计量知识图谱的基础上，围绕学科主题的演化和热度预测两个方面展开分析，其研究贡献在于：

(1) 在同名作者消歧方面，本书结合生物医学与生命科学领域研究比较集中的特点，提出采用 Doc2vec 深度表示学习方法对作者的姓名、文章题目、关键词、摘要、引文、合作者、邮箱、国家、位置、职称以及机构等附属信息进行特征学习，根据作者姓名出现的频次将姓名分为 9 个档次，在特征学习基础上利用支持向量机方法分别进行消歧，有效规避了利用作者邮箱、作者机构进行姓名消歧的弊端和不足，同时该方法通过简洁有效的特征学习进行机器学习模型训练，有效提升了消歧的效率。

(2) 构建了动态计量知识图谱。本书在梳理知识地图、概念地图、科学知识图谱、知识网络、多模知识网络等概念的基础上明确计量知识图谱是一种基于知识图谱技术的面向计量相关研究和应用的垂直领域知识图谱。以生物医学与生命科学领域 PMC 的全部数据为例，在解析 MeSH 知识库的基础上，完成计量相关实体的抽取、消歧等步骤，利用 lucene 信息检索技术将计量实体与 MeSH 关联在一起，构建了新型的计量知识图谱，并以时间为轴以年为单位，构建了包含 34 个时间片的动态计量知识图谱。该计量知识图谱不仅有效拓宽了知识图谱的覆盖领域，更为利用知识图谱中已有的复杂语义关系挖掘计量实体之间的关系提供了可能。

(3) 在动态计量知识图谱基础上整合主题网络结构特征和主题内容特征进行学科主题演化分析。本书在具有 34 个时间片的动态计量知识图谱的基础上面向主题分别利用 Node2vec 和 Doc2vec 对计量知识图谱中主题节点的网络结构和主题内容属性进行深度表示学习，有效整合了主题的网络结构特征和文本内容特征，并在拼接特征向量的基础上对学科主题进行聚类，就主题集群之间、集群前后、集群内部主题之间的演化情况分别进行分析和规律探析。

(4) 在动态计量知识图谱基础上挖掘主题演化过程的相关特征辅助学科主题热度预测。本书在对动态计量知识图谱深度表示学习的基础上，借助 Max pooling, Min pooling, Sum pooling 等特征选择池化方法挖掘学科主题演化的特征，并结合主题自身的演化时间序列，利用 SVM、ARIMA 等对科学研究主题演化进行预测。相对静态计量知识图谱，随着时间序列的增长，动态的知识图谱显著降低了预测的误差，随着特征的加入预测误差也有明显的下降，动态计量知识图谱有效提升了主题热度预测的准确性。

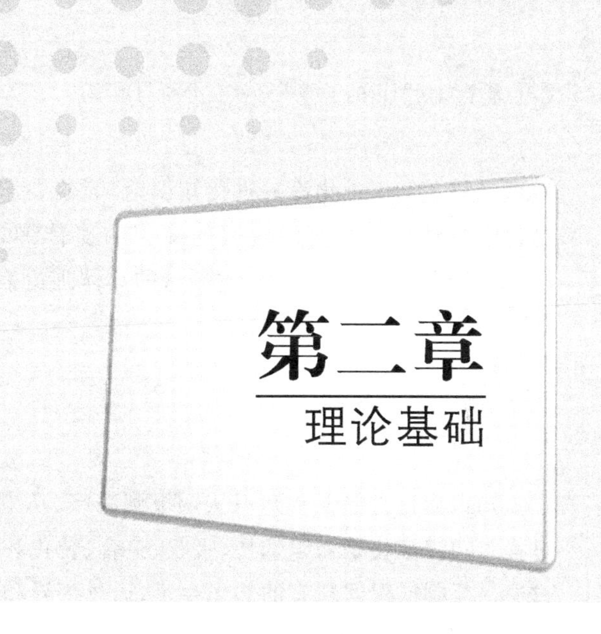

第二章 理论基础

2.1 知识进化论

学科主题作为知识个体存在于客观世界，但知识个体就像生物体一样是处于知识进化的过程中的，因此学科主题也是处于一个不断进化的过程中的，对于不断进化的学科主题其演化势必也遵循着知识进化的定律，呈现出知识进化过程中的某种表象，并折射出某种变化的规律，因此本节对知识进化的相关理论进行梳理和总结，以此作为本书研究的基础理论之一，旨在分析学科主题演化过程中可能存在的某种规律。

知识进化论来源于达尔文提出的物种进化论，即生物体之间通过适者生存、不适者淘汰的自然选择将优秀的基因遗传下去，并从生物体的变异中再经过自然选择不断遗传下去，从而实现物种从低级到高级，从简单到复杂，从物种单一到物种丰富多样的进化[①]。在这种物种生物进化论的启发下，以 Karl Popper 为首的学者们开始尝试利用物种进化论来揭示知识的进化，将知识体看作生物体，也经过一定的批判、证伪等选择和淘汰的过程从而达到从低级到高级、从简单到复杂等进化过程，使知识在猜想和反驳的辩论中获得增长和成熟[②③]，例如 Karl Popper 的《客观

① 达尔文. 物种起源[M]. 翟飚，译. 北京：人民日报出版社，2005.

② Popper K. The logic of scientific discovery[M]. Routledge，1959，15.

③ Popper K. Evolutionary Epistemology[M].Princeton Universily Press，1995：78-87.

知识》《科学知识进化论》《进化知识论》等代表作[①②]。知识进化论阐述的知识进化过程中主要有基于知识基因的知识的遗传、知识的变异、知识的自然选择等阶段[③]。知识进化论在知识管理领域的具体理论表现就是知识演化和知识生命周期等理论。

2.1.1 知识演化

知识演化主要强调知识从低级到高级、从老知识到新知识的交替演化等形式过程。知识演化是知识选择、吸收、整合、转化和创新的自然选择过程，知识演化通过遗传复制或保留现有的知识存量，通过变异和自然选择来改变知识的结构，促进知识的创新，摒弃老的知识[④]。从企业角度来看，知识演化的动因可能是因为知识缺口和环境特征，知识缺口即知识需求与供给之间的差异，当供不应求时，就会迫切需要知识演化推动知识的产生，同时环境的动态性和复杂性也会推动知识的演化[⑤]。从知识主体来看，知识演化的动力多来源于需求的改变、技术的发展、保持竞争优势的需要和知识自身自组织的需要[⑥]。

从计量研究角度来看，知识演化更侧重于知识演化和自组织后的态势，即知识体自身前后的变化以及与其他知识体的关系。在知识演化过程中借鉴生物学中的生态系统概念则可以将知识的变化看作知识生态系统，在该系统中，知识个体可以组成知识族群，知识演化以知识族群之间的竞争、合作、转移、消亡等形式表现出来[⑦]。知识族群是从生态系统角度对知识社区(knowledge community)的称呼，其族群识别的方法仍然是相关聚类方法，衡量族群之间的关系则通过计算族群之间的关联强度来实行，包括族群之间的语义关联强度和网络关系关联强度等[⑧]。

---

① 张君.浅析波普尔的科学知识进化论[J].内蒙古社会科学(汉文版)，2002(s1)：45-48.

② 张华夏.波普尔的证伪主义和进化认识论[J].自然辩证法研究，2003(3)：10-13.

③ 丁玉飞，关鹏.知识进化视角下科学文献传播网络演化与预测研究及应用[J].图书情报工作，2018，62(4)：72-80.

④ Davenport T H，Prusak L，Wilson H J. Who's bringing you hot ideas and how are you responding [J]. Harvard Business Review，2003，81(2)：58-64，124.

⑤ 王建刚，吴洁，张青，等.基于知识演化的企业知识流研究[J].情报理论与实践，2011，34(3)：30-34.

⑥ 张晓玲，王文平，陈森发.关于企业知识结构体系的构成、演化与组织学习的研究[J].大连理工大学学报(社会科学版)，2006，46(4)：23-28.

⑦ 张敏，吴郁松，霍朝光.国际电子政务知识种群分析：演化、聚类及迁徙[J].情报杂志，2015，34(12)：133-138.

⑧ 刘自强，王效岳，白如江.多维度视角下学科主题演化可视化分析方法研究——以我国图书情报领域大数据研究为例[J].中国图书馆学报，2016，42(6)：67-84.

2.1.2 知识生命周期

知识生命周期源于生物学中的生命周期概念，最早是由美国企业知识管理咨询专家 Mark W.Mc Elroy 提出，但是其面向的主要是企业知识管理，其所定义的知识生命周期侧重于知识在人类社会系统中由产生、获取、整合、应用、创新到老化的知识运动过程[①②]。生命周期(Life Cycle)概念在政治、经济、社会、技术等众多领域均具有广泛的应用。生命周期理论是一种关于事物发展的理论，强调事物会经历产生、发展、成熟、消亡等不同阶段，从而完成一个周期，例如客户生命周期、技术生命周期、企业生命周期、产业生命周期等。

知识生命周期即为生命周期等理论在知识领域的应用和表现。从生命周期理论来看，知识演化过程中的每条演化路径都是一条主题的生命曲线，可以划分为新生、成长、成熟、萎缩、消亡等生命周期状态，因此从知识演化的角度知识生命周期可表示为图 2-1 所示的状态，对于知识单元来讲，其生命的过程即为从其新生到成长、成熟、萎缩或消亡等过程，不同于从知识为客体、人为主体角度出发将知识分为产生、加工、存储、应用、老化等阶段，将知识视为具有能动性的主体，知识单元就是知识主体的代表，知识主体在其生命周期所表现出来的就是新生、成长、成熟、萎缩或消亡等过程[③]。知识生命周期在计量学方面的表现则为知识的时间属性方面的变化规律，例如文献增长规律、文献老化规律、文献引用规律、研究热点、学术趋势等[④]。

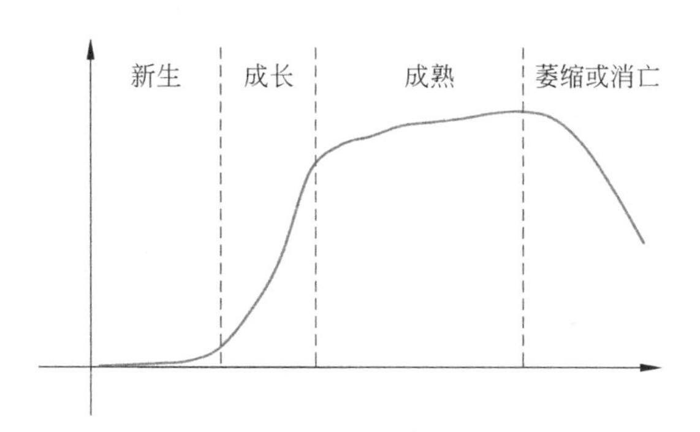

图 2-1 知识生命周期

---

① 柯平.知识管理学[M].北京：科学出版社，2007.

② 刘一鸣，杨敏.基于知识生命周期的专业出版社知识服务模式研究[J].出版广角，2018(15)：26-28.

③ 孟彬，马捷，张龙革.论知识的生命周期[J].图书情报知识，2006(3)：92-95.

④ 詹国梁.学科视角下的知识生命周期[J].情报资料工作，2012(1)：37-41.

2.2 网络分析理论与方法

2.2.1 引文网络

引文网络是由论文之间引用或被引用关系构成的网络，节点代表科学论文，边代表引用关系，边的方向代表引用关系的指向①。引文网络是引文分析领域的一个主要方向，如果说引文分析是偏向于参考文献的统计，那么引文网络就是对引证社会活动的全程跟踪，记录科学社会活动的动态进程②。如图 2-2 所示，如果以时间轴为线，引文网络则记录着哪篇文章在什么时间点被哪篇文章引用，之后别的文章又是如何引用这些文献的，随着时间的发展这个网络逐渐延伸、成长，从一个领域慢慢发展或者从其他领域的分支裂变而来，然后又经历着成熟、衰落或裂变的过程，从而形成单一学科内部知识发展变化的知识网络以及学科之间知识创新扩散相互融合的动态知识网络。

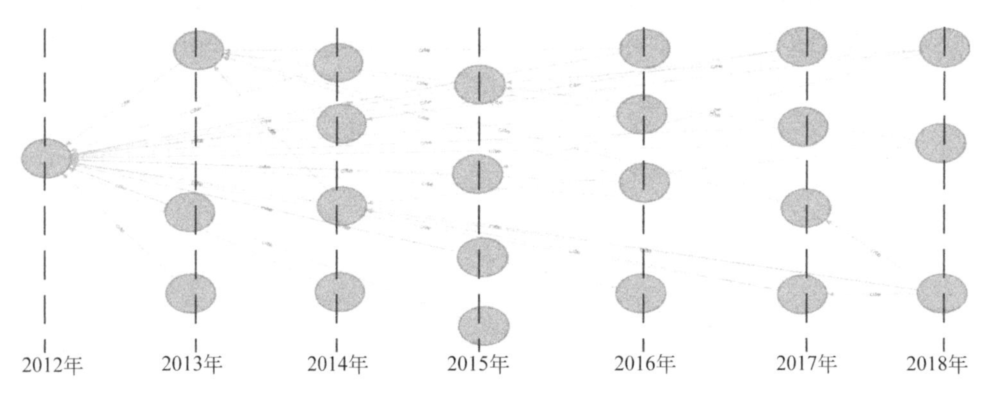

图 2-2　时序引文网络

引文网络是进行科学评价的有力工具。虽然引用行为是一种比较复杂的行

---

① Ronald. Concentration and diversity of availability and use in information systems: a positive reinforcement model[J]. Journal of the Association for Information Science & Technology, 1992, 43(5): 391-395.

② 闵超，丁颖，李江，等.单篇论著的引文扩散[J]. 情报学报，2018，37(4)：5-14.

为,引证的类型可能是作为负面证据来批判、反驳或者否定被引论文的观点或者结论,也可能是借用被引文献来说服阅读者或者对被引论文进行正面评价,但无论被引文献是作为一个被批判的对象还是一个被褒奖的对象都说明被引文献此时成为一个话题或者焦点,即使被否定也说明后人的研究与其研究具有较强的相关性,说明他们关注的焦点是一致的,即使他们的结论批次相悖,否则也就没有被否定的价值,科学研究本身就是一个修正被修正的过程,从不完善中获得学者的关注和钻研从而变得完善,并且如果被引文献的观点是没有价值的,虽然会受到短时间内大量新的文献的抨击,但是从长远来看错误或者比较偏离的文献后续将消逝在大家的视野,只有饱受诟病并得以验实的真理才会永久流传,因此从长远来看引文分析是对文献、期刊、学者等进行评价的最有力的评价工具①②。虽然在具体的引用过程中,可能由于作者阿谀别的学者、捧吹关系较近的观点、自诩或者刻意支持某一学术派别等动机而导致不正当的引用引发学术不规范、不道德的事情发生,但是论文的作者一般不会在论文中无缘无故地引用其他与其主题完全不相关的论文,即使在主题相关性比较弱时,其方法可能具有借鉴性,往往跨学科的合作会借鉴其他学科的方法或工具,例如 CiteSpace 从情报学发展成一种比较成熟的计量方法被社会学、化学、物理学、经济学、医学等诸多科学领域采用,即使作者存在一定程度的自诩,但是仍然是对自己先前主题的推广或方法方面的借鉴与创新③。

2.2.2 Meta-path

同构网络强调网络中节点、关系类型相同。如图 2-3 所示,对于 MeSH 中的树网络(图 2-3 左),其网络中只有树号(TreeNumber)这一类节点,节点之间只有父树号(ParentTreeNumber)这一种关系;对于引文网络(图 2-3 右),其网络中只有论文(Paper)这一类节点,节点之间只有引用(Cites)这一种关系。类似的同构网络还有作者合作网络、共词网络、好友网络等,由于网络中只有一种类型节点和关系,因此边的距离能够直接代表节点之间的关系。

异构网络强调网络中包含两种及以上类型的节点和关系。如图 2-4 所示,例如 MeSH 中与 Breast Cancer(M0002909,https://id.nlm.nih.gov/mesh/2017/

---

① Brooks T A. Evidence of complex citer motivations[J]. Journal of the Association for Information Science & Technology, 2010, 37(1): 34-36.

② 杨思洛.引文分析存在的问题及其原因探究[J]. 中国图书馆学报, 2011, 37(3): 108-117.

③ 邱均平.信息计量学(九) 第九讲 文献信息引证规律和引文分析法[J]. 情报理论与实践, 2001, 24(3): 236-240.

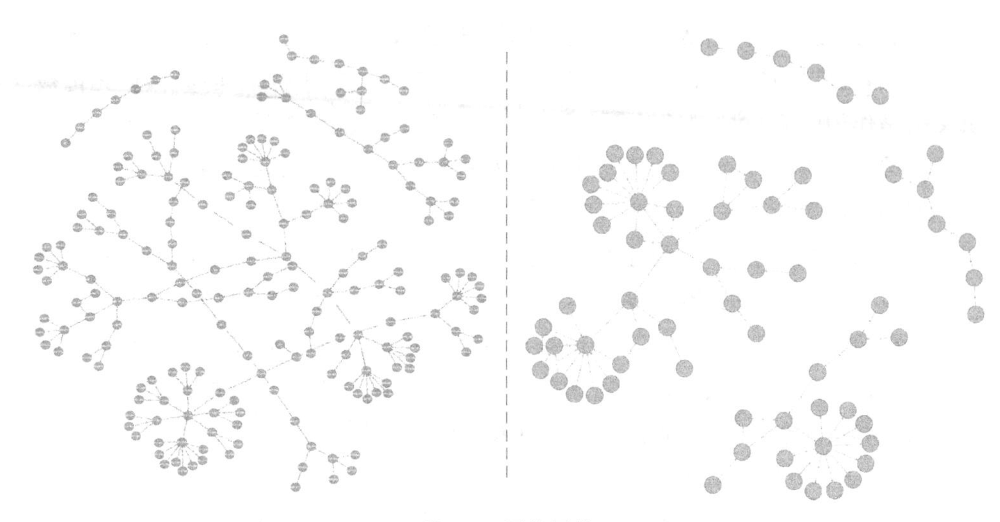

图 2-3　同构网络

M0002909.html)概念相关联的其他类型的实体(图 2-4 左),涉及概念(MeSH Concept)、MeSH 术语(MeSH Term)、MeSH 描述词(MeSH Descriptor)、MeSH 限定词(MeSH Qualifier)等多种节点类型,以及映射(Mappedto)、广义概念(BroaderConcept)、狭义概念(NarrowerConcept)、偏向术语(PreferredTerm)、相关于概念(RelatedConcept)等多种关系类型;对于异构计量网络(图 2-4 右),其网络包含论文(Paper)、主题(Topic)、作者(Auhtor)、出版物(Venue)等实体,包含引证(Cites)、合作(Co-author)、著述(Written by)、发表(Published at)、相关主题(Relevant)等关系。

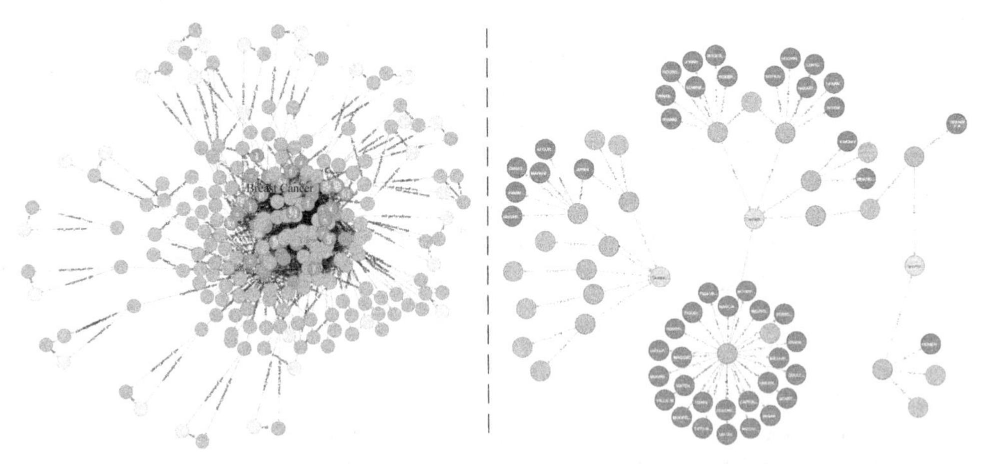

图 2-4　异构网络

同构网络是复杂网络中的一种，在真实的世界中，各种不同类型的节点之间势必存在着这样或那样的直接或间接关系，现实的世界是错综复杂的，大部分现实网络也是异构的[①]。在异构网络中，节点和关系的异构性和复杂性让相关网络问题变得异常复杂，例如对于主题-作者二模网络，此时作者之间的合作不仅仅依托彼此之间关系的远近，还涉及对相同或类似主题的关注程度，此时如果对作者合作关系进行链路预测，传统的基于领域（Common Neighbor、Jaccard 指标、Adamic/Adar 指标等）的方法对此网络适用性势必较低，如果直接忽略关系的类型进行计算势必不可行，即使根据相关定义对不同类型的关系加以权重其计算仍然存在一定误差，因此如何分析异构网络（Heterogeneous network）成为网络分析的焦点[②]。

针对异构网络问题，Sun Yizhou[③] 等人提出了 Meta-path（元路径）一种将异构网络转化为同构网络的思想和方法。Meta-path 是一种人为定义的路径（语义路径或关系路径），即通过 $A_1 \xrightarrow{R_1} A_2 \xrightarrow{R_2} A_3 \xrightarrow{R_3} \cdots \xrightarrow{R_n} A_{n+1}$ 路径来定义节点 A_1 与节点 A_{n+1} 之间通过 R_1、R_2、R_n 等关系连接在一起。异构网络虽然节点类型较多关系较为复杂，但是根据人为定义可以沿着某种路径构建出同构网络。例如图 2-5 所示，假如 Paper a 引用了 Paper b，Paper a 的作者是 Author a，Paper b 的作者是 Author b，那么沿着 Written by—Cites—Written by 的关系就可以抽出 Author a 引证了作者 Author b，由此就可以构建出作者之间的引用网络。同理，如图 2-6 所示，依据论文之间的引用关系还可抽出共引网络、耦合网络等。基于 Meta-path 方法，Sun 和 Han[④] 等人提出了一种 PathSim 方法来进行相似性查询，Wang[⑤] 等人在 Meta-path 基础上提出一种无监督无人工定义路径的 KnowSim 方法，并且 Meta-path 作为一种思想被广泛应用到异构网络研究中，例如 metapath2vec 就借鉴 Meta-path 这种路径游走方法从复杂网络中进行抽样。

---

① 郑玉艳，王明省，石川，等.异质信息网络中基于元路径的社团发现算法研究[J].中文信息学报，2018，32(9)：132-142.

② 许海云，董坤，刘昊，等.基于异构网络的学科交叉主题发现方法[J].情报科学，2017，35(6)：130-153.

③ Sun Y，Han J，Yan X，et al. Pathsim：Meta path-based top-k similarity search in heterogeneous information networks[J]. Proceedings of the VLDB Endowment，2011，4(11)：992-1003.

④ Sun Y，Han J. Meta-path-based search and mining in heterogeneous information networks[J]. Tsinghua Science and Technology，2013，18(4)：329-338.

⑤ Wang C，Song Y，Li H，et al. Unsupervised meta-path selection for text similarity measure based on heterogeneous information networks[J]. Data Mining and Knowledge Discovery，2018，32(6)：1735-1767.

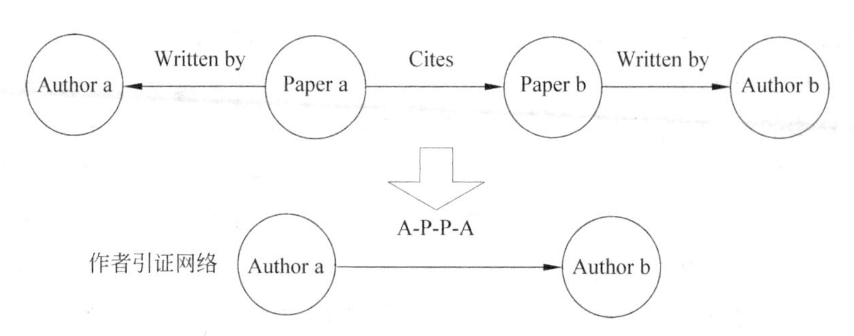

图 2-5 基于 Meta-path 构建的作者引用网络

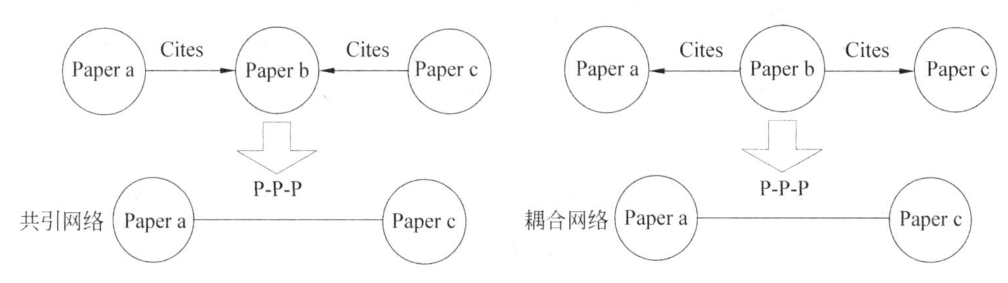

图 2-6 基于 Meta-path 分别构建的耦合网络、共引网络

2.2.3 PageRank

PageRank 算法最早是由 Brin 和 Page(1998)提出的借鉴传统引文分析思想在其搜索引擎中对网页重要性排名的算法,该算法假设网页的重要性和质量可以通过其他网页对其超文本链接的数量来衡量[①]。如果网页 A 有指向网页 B 的链接,即在 A 看来 B 是重要的,B 获得了 A 对他的一个贡献值,该值大小取决于 A 本身的重要程度,A 越重要,B 获得的贡献值越大,即 B 就越重要。依据网页的相互指向,迭代计算其分值,最终可得每个网页的重要值,并进行排序。其计算公式如公式 1 所示:$PR(p)$表示网页 p 的页面级别;T_i 表示指向页面 p 的其他网页;$C(T_i)$表示网页 T_i 向外指出的链接数目;$\frac{PR(T_i)}{C(T_i)}$为网页 T_i 给予网页 p 的 PR 值;d 为随机到一个网页的概率,介于 0～1 之间,通常设定在 0.35～0.85 之间。

$$PR(p)=(1-d)+d\sum_{i=1}^{n}\frac{PR(T_i)}{C(T_i)} \qquad \text{(公式 1)}$$

---

① 李稚楹,杨武,谢治军. PageRank 算法研究综述[J]. 计算机科学,2011(10):185-188.

如公式2所示，有权重PageRank在网页T_i给予网页p的PR值时给予了一定的权重$W(i,j)$，即节点之间的关系权重是不一样的，有的节点之间虽然关系稀疏，但是关系强度依然很大。对于网页，如果其他网页只是对某一网页的链接进行了转载，而另一网页不仅对其链接进行了转载还对其内容进行转载，那么这种转载关系的权重就是不同的，其对被转载网页的贡献值也不能单从数量上来衡量。

$$PR(p)=(1-d)+d\sum_{i=1}^{n}\frac{PR(T_i)}{C(T_i)}W(i,j) \quad \text{(公式 2)}$$

虽然基于PageRank的方法在挖掘引文网络中比较有影响力的学者方面的研究具有一定的争议，但是相对基于引文数量来判断学者影响力的方法，PageRank依旧是比较优的方法。Fiala和Tutoky就曾基于PageRank和基于引文计数的方法在挖掘有影响力学者方面的研究进行了全面对比，以获得ACM SIGMOD E. F. Codd创新奖和ACM A. M. Turing奖的学者为例，发现基于PageRank排名的方法优于基于引文计数的方法[①]。假如没有引文的整体网络，那么一个学者被其他学者引用的数量就是衡量这个学者流行度(popularity)的唯一方法。相反，如果有整个引文网络，假如学者A被几个不知名学者引用了多次，学者B被一个著名学者只引用了一次，单从被引次数来看学者A似乎更流行，但是如果从整个引文网络来看学者B被一个著名学者引用，即得到著名学者的肯定，那么学者B才是更流行的，基于PagenRank的方法就更加综合考虑了整体网络。Ding和Yan[②③]等人就曾以信息检索领域为例，对比分析基于PageRank方法和基于引文计数方法的作者排名方法，发现基于引文排名(Citation Rank)和PageRank有着显著的一致性，并且对于被著名学者引用的作者用PageRank进行排名时效果更佳，并通过有权重的PageRank方法分析引文网络来衡量一个学者的权威性(Prestige)和流行度(Popularity)。

① Fiala D, Tutoky G. PageRank-based prediction of award-winning researchers and the impact of citations[J]. Journal of Informetrics, 2017, 11(4): 1044-1068.

② Ding Y, Yan E, Frazho A, et al. PageRank for ranking authors in co-citation networks[J]. Journal of the American Society for Information Science and Technology, 2009, 60(11): 2229-2243.

③ Ding Y. Applying weighted PageRank to author citation networks[J]. Journal of the Association for Information Science & Technology, 2011, 62(2): 236-245.

2.3 深度表示学习模型

本章将主要介绍 Word2vec、Node2vec、Doc2vec 等文本、网络、知识图谱深度表示学习方法。深度表示学习与浅层表示学习模型之间存在着重要区别，浅层表示学习需要人为提取特征，模型的准确率和召回率主要受人为提取特征的影响，其工作是一项耗费巨大时间、人力、财力的特征工程，并且直接受到提取特征人的领域知识专业性和准确率的影响[①]。而深度表示学习是一种分布式表示（distributed representations），能够自动从数据中提取特征，深度学习模型架构中的隐藏层相当于输入特征的各种线性组合，其线性组合的权重即为隐藏层和输入层之间的权重，随着深度的增加模型的表示能力会呈指数增长，从而能够自动学习到数据更高层次的抽象表示[②③]。Word2vec 最早是由谷歌发布，其模型基础根植于神经网络语言模型 NNLM（Neural Net Language Model），主要是前馈神经网络语言模型（Feedforward Neural Net Language Model）和循环神经网络语言模型 RNNLM（Recurrent Neural Net Language Model）。前馈神经网络语言模型是一种四层神经网络语言模型，如图 2-7 所示，主要有输入层、映射层、隐藏层、输出层，对于前馈神经网络语言模型随着其映射层的增多在映射层与隐藏层直接的计算将会是异常复杂[④]。循环神经网络语言模型是一种只有输入层、隐藏层和输出层的三层神经网络，循环神经网络语言模型相对于前馈神经网络语言模型少了映射层，有效规避了映射层与隐藏层之间异常复杂的计算，有效提升了循环神经网络语言模型的复杂计算能力[⑤]。在循环神经网络语言模型中词语向量是直接同非线性隐藏层相连，因此其准确性不如神经网络语言模型。但神经网络语言模型由于存在异常复杂的计算，增加了计算的成本，因此 Mikolov, T 等人提出了 CBOW（Continuous

---

① 张荣，李伟平，莫同.深度学习研究综述[J].信息与控制，2018，47(4)：385-397.

② Montufar G F, Pascanu R, Cho K, et al. On the number of linear regions of deep neural networks [C]//Advances in neural information processing systems, 2014: 2924-2932.

③ LeCun Y, Bengio Y, Hinton G. Deep learning[J]. Nature, 2015, 521(7553): 436.

④ Shi Y, Zhang W Q, Cai M, et al. Efficient One-Pass Decoding with NNLM for Speech Recognition [J]. IEEE Signal Processing Letters, 2014, 21(4): 377-381.

⑤ Mikolov T, Chen K, Corrado G, et al. Efficient estimation of word representations in vector space [J]. Computer Science: 1301.3781, 2013: 1-12.

Bag-of-Words Model)和 Skip-gram(Continuous Skip-Gram Model)两种新的模型架构,提出了基于三层神经网络模型的 word2vec 文本深度表示学习方法。

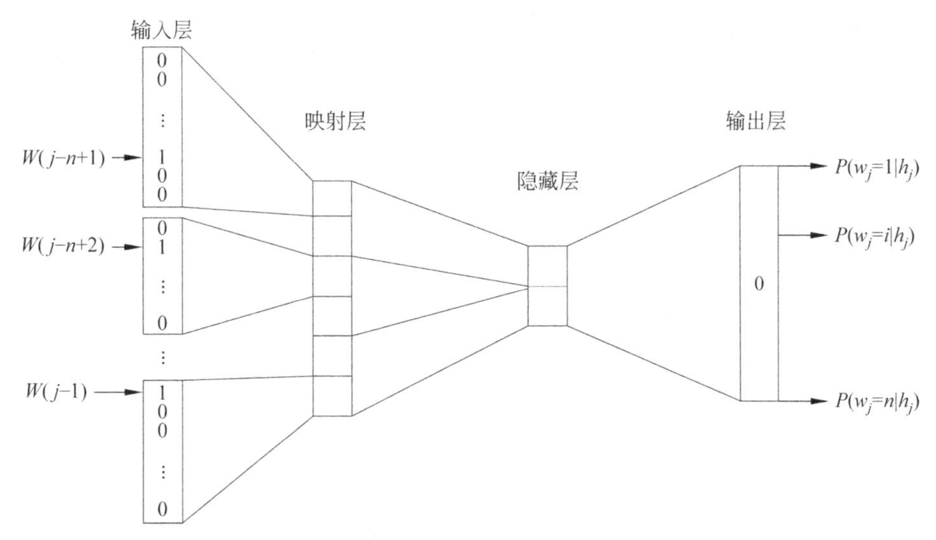

图 2-7 Feed forward Neural Net Language Model 模型架构

2.3.1 Word2vec 模型

Word2vec 模型是一种文本词语表示学习方法,主要采用 CBOW(Continuous Bag-of-Words Model)和 Skip-gram(Continuous Skip-Gram Model)两种基于 Huffman 树的模型架构①。CBOW 主要是根据上下文词语来预测当前中心词的概率,而 Skip-gram 是根据当前中心词预测上下文词语的概率,两种模型架构正好相反。如图 2-8 所示,CBOW 由输入层、映射层、输出层三层构成,其输入层输入的为一定数量的词语,其数量取决于窗口 c 设置的大小,例如 c 如果设置为 10,则表示该词语前后相邻的 10 个词语;中间为映射层,输入的是词语及其前后词语的向量的累加;输出层是一个 Huffman 树,其连接权值为各词语在语料库中出现的次数,在 Huffman 树中所有非叶子节点与映射层节点关联,所有叶子节点代表语料库里的词语,每个叶子节点代表一个词的向量,每个非叶子节点代表一类词的辅助向量,最后通过随机梯度上升算法对词语 w(t)进行预测,使得 p[w|context(w)]的

① Mikolov T, Sutskever I, Chen K, et al. Distributed representations of words and phrases and their compositionality[J]. Advances in Neural Information Processing Systems, 2013(26): 3111-3119.

值达到最大化，从而求出 w 词的词向量，依次类推当神经网络训练完成时，即可求出所有词的词向量①。Skip-gram 也是由输入层、映射层、输出层三层构成，Skip-gram 模型架构是已知当前中心词预测上下文，其输入层为当前中心词所对应的词向量，映射层起恒等投影作用，输出层也是一个，相对于 CBOW 模型架构用上下文预测中心词语，Skip-gram 模型结构②。

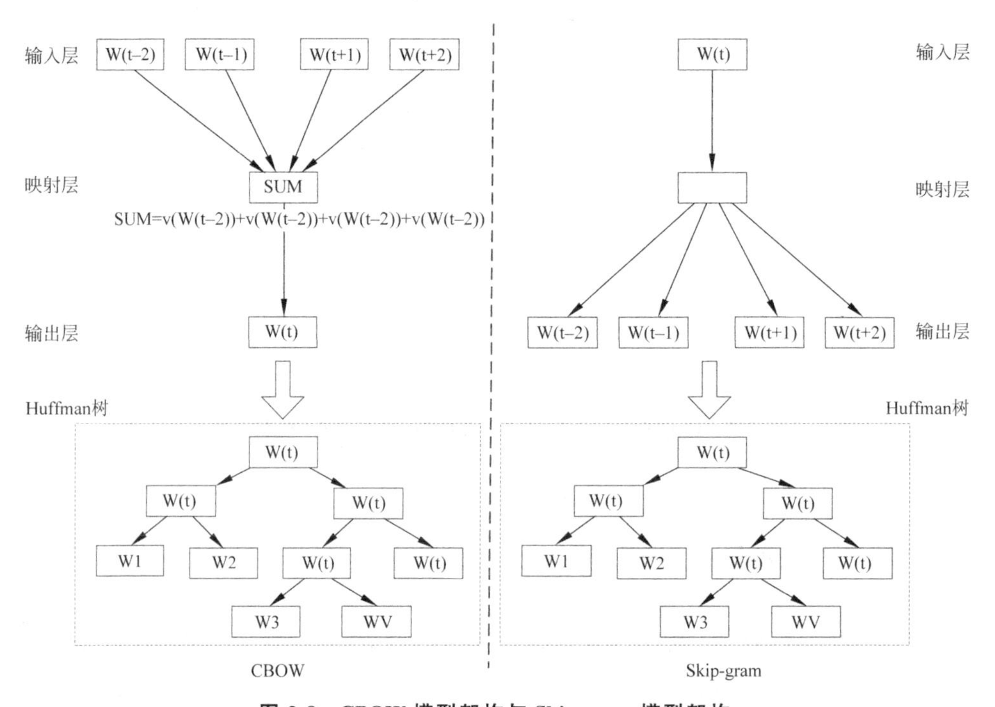

图 2-8　CBOW 模型架构与 Skip-gram 模型架构

在 BOW 模型架构与 Skip-gram 模型架构的基础上，word2vec 为降低模型的计算时间复杂度提升训练效率，主要采用 Hierarchy softMax 和 Negative Sampling 方法。Hierarchy softMax 主要是将词语表示成一个 Huffman 树，从而减少需要评估的输出单元数量，例如对于样本量为 V 的语料，用一般的二值树方法就有 $\log_2(V)$个输出单元需要评估，如果用基于 Hierarchy softMax 的 Huffman

① 唐明，朱磊，邹显春.基于 Word2Vec 的一种文档向量表示[J]. 计算机科学，2016，43(6)：214-217.

② Li J，Li J，Fu X，et al. Learning distributed word representation with multi-contextual mixed embedding[J]. Knowledge-Based Systems，2016(106)：220-230.

树方法则需要评估的输出单元数量就缩减为 $\log_2$[Unigram-perplexity(V)][①]，当语料库汇中词语的数量为一百万时，用基于 Hierarchy softMax 的 Huffman 树方法其速度就能提升 2 倍[②]。Negative Sampling 负采样方法在模型迭代时采用随机负采样进行计算，替代原先将词汇表中每一个词的概率都计算一遍的方式，大大提升了训练效率。对于 Word2vec 的训练，主要有 window、hs、min-count、alpha 等参数，如表 2-1 所示，window 表示窗口的设置，窗口设置的越大表示在句子中截取的片段越长，给予当前中心词的文本背景越多，当前中心词与所预测词语之间的距离越远；sg 表示训练时使用何种模型，取 0 表示使用 CBOW 模型进行训练，取 1 表示使用 skip-gram 模型进行训练；workers 表示训练时使用计算机的线程数，使用的并行线程越多训练速度越快，在训练时应尽可能多的使用计算机的线程，对于单机版计算机一般使用 4～6 线程，对于服务器可以根据服务器性能请求一定的线程，或者通过导入 multiprocessing 包中的 cpu_count 函数定义训练时使用全部线程；hs 表示训练时使用的优化体系，取 0 时采用负抽样的优化体系，取 1 时则采用 Hierarchy SoftMax 优化体系；size 是词向量的维度，在一定范围内表示学习的准确性会随着词向量的维度增加而提高，但是达到一定阈值后就会下降，对于 word2vec 模型的使用一般设定 size 为 128；min-count 表示在训练时所使用词语在语料库中所出现的频次，对于在语料库中出现频次较少的词可通过 min-count 来进行筛选，例如 min-count 等于 2，则忽略对于在语料库中只出现 1 次的词语；sample 是设定对于语料库中高频词的采样，由于有些词在语料库中出现的频率特别高，但是随着频率的增加在一定阈值后随着该词语在语料库中不断再次出现，但是其上下语义差别已经不大，再次对其进行采样意义已经不大，并且会严重增加计算负担，因此一般选择跳过该高频率词语，出现频率越高跳过的概率越大，一般设置在 1e-5～1e-3。

① Perplexity 是自然语言处理领域衡量语言模型好坏的指标，根据词来估计一句话出现的概率，并依据句子长度进行标准化处理，其详细计算公式：

$$PP(s)=P(w_1w_2\cdots w_n)^{-\frac{1}{n}}=\sqrt[n]{\frac{1}{p(w_1w_2\cdots w_n)}}=\sqrt[n]{\prod_{i=1}^{n}\frac{1}{p(w_i\mid w_1w_2\cdots w_{i-1})}}$$

② Mikolov T, Chen K, Corrado G, et al. Efficient estimation of word representations in vector space [J]. arXiv preprint arXiv: 1301.3781, 2013: 1-12.

表 2-1 Word2vec 模型训练参数

参　数	说　明
window	训练窗口的设定，表示当前词语在句子中与预测词语之间的最远距离，距离越大覆盖的句子越长
sg	训练模型的选择，取 0 是使用 CBOW 模型进行训练，取 1 时使用 Skip-gram 模型进行训练
workers	训练时所启用的计算机线程，并行线程越多训练速度越快
binary	是否采用 binary 模式保存数据
hs	优化体系的选择，取 0 时为 NS 方法，取 1 时为 HS 方法
min_count	训练时所使用词语在语料库中出现的最小阈值
sample	高频词采样样本数，一般设定于 1e-5～1e-3 区间内
size	词向量的维度
negative	负样本的数量
alpha	学习率

2.3.2 Doc2vec 模型

Doc2vec 是一种段落、句子或文档的表示学习方法，是由 Quoc Le 和 Mikolov Tomas 于 2014 年提出的，其旨在将句子或段落用密集向量进行表示，是一种无监督深度学习方法，其发展启源于 word2vec，与 word2vec 模型比较类似，在 word2vec 的基础上增加了段落向量，并分别延用 word2vec 模型中的 CBOW 模型架构提出了 PV-DM(Distributed Memory version of Paragraph Vector)模型架构，延用 word2vec 中的 skip-gram 模型结构提出了 PV-DBOW(Distributed Bag of Words version of Paragraph Vector)①，Doc2vec 又称作 Paragraph2vec，在 Quo 和 Mikolov 最初的会议论文中命名其为 Paragraph vector，后期 Quoc 在 gensim 包中将其命名为 Doc2vec，因此在很多论文中引用的 Paragraph2vec 皆属 Doc2vec，本书延用其 Doc2vec 的说法。如图 2-9 所示，分别为 PV-DM 模型和 PV-DBOW 模型，在 PV-DM 模型中，段落在每一个词语被表示成一个向量基础上通过段落矩阵 D 形成段落的向量，在各个段落中相同的词语具有相同的词语向量，各个段落之间根

① Le Q, Mikolov T. Distributed representations of sentences and documents[C]. In International Conference on Machine Learning, 2014, 1188-1196.

据矩阵 D 的不同构建中不同的段落向量，段落向量和词语向量通过取平均数或者直接级联在一起的方式来预测句子中的下一个词语，在这种模型中将段落向量视作单词向量与其他词语向量平均或者直接级联拼接在一起去预测下一个单词，等同于 word2vec 中的 CBOW 模型架构。不同于 PV-DM 模型利用上下文、段落预测词语，在 PV-DBOW 模型中段落向量作为一个输入单元忽略其上下文本直接从其段落中抽取词语作为预测任务，再根据段落文本中截图一个窗口对预测任务进行预测，等同于 word2vec 中的 skip-gram 模型根据输入词语预测上下文[①]。

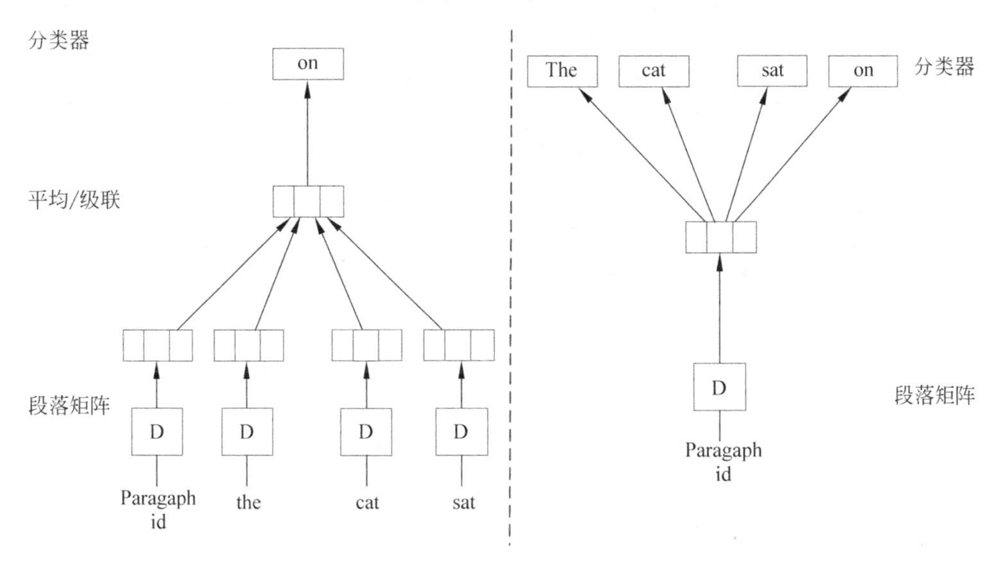

图 2-9　PV-DM 模型架构和 PV-DBOW 模型架构

对于 Doc2vec 的训练，比较主流的包主要有 Gensim 工具包以及其他相关工具包，其主要训练参数有 dm、dm_mean、dm_concat、dbow_words 等见表 2-2。dm 表示训练时所选择的模型，0 为 DBOW 模型，1 为 DM 模型，在 Gensim 包中默认为 DM；dm_mean 表示使用 DM 模型时上下文向量的处理，取 0 表示对上下文向量相加，如果取 1 表示求平均值；dm_concat 表示使用 DM 模型时文档向量与词语向量的处理，取 0 表示上下文向量与文档向量相加，如果取 1 表示直接将上下文向量与段落向量级联拼接；dbow_words 表示训练的目标，取 1 表示在训练段落向量的同时训练词语向量，取 0 表示只对段落向量进行训练，因此速度也更快；size 表示段落向量的维度；windows 表示训练时窗口的设定，窗口设置越大表示当前词语在段

① Chang W, Xu Z, Zhou S, et al. Research on detection methods based on Doc2vec abnormal comments[J]. Future Generation Computer Systems, 2018(86): 656-662.

落中与预测词语之间的距离越远，覆盖的句子越长，对于长句子应当适当增大窗口，对于短文本可以适当缩小窗口。并且在 Gensim 包中，LabeledSentence 不仅可以为段落文本定义 ID，还可以添加其他属性，例如商品类别等，可以将类别向量与段落向量拼接在一起共同构成词语的向量。

表 2-2　Doc2vec 模型训练参数

参　数	说　明
dm	训练模型的选择，取 0 是使用 DBOW 模型进行训练，取 1 时使用 DM 模型进行训练
dm_mean	使用 DM 模型时，如果取 0 表示对上下文向量相加，如果取 1 表示求平均值
dm_concat	使用 DM 模型时，如果取 0 表示上下文向量与文档向量相加，如果取 1 表示直接将上下文向量与段落向量级联拼接
dbow_words	如果取 1 表示在训练段落向量的同时训练词语向量，如果取 0 表示只对段落向量进行训练（速度更快）
windows	训练窗口的设定，表示当前词语在段落中与预测词语之间的最远距离，距离越大覆盖的句子越长
workers	训练时所启用的计算机线程，并行线程越多训练速度越快
hs	优化体系的选择，取 0 时为 NS 方法，取 1 时为 HS 方法
min_count	训练时所使用词语在语料库中出现的最小阈值
sample	高频词采样样本数，一般设定于 1e-5～1e-3 区间内
size	段落向量的维度
negative	负样本的数量
alpha	学习率

2.3.3　Node2vec 模型

Node2vec 是依据文本表示（Word2vec）思想提出的一种网络表示（network embedding）方法，用以解决网络结构高维、稀疏性所带来的复杂问题，其核心就是引入潜在变量建模全局关系结构模式，将网络信息转化为低维、稠密的实数向量①。类似的网络表示方法还有 DeepWalk，不同于 DeepWalk 的均匀随机游走，

① Jaeger S, Fulle S, Turk S. Mol2vec: Unsupervised machine learning approach with chemical intuition[J]. Journal of chemical information and modeling, 2018, 58(1): 27-35.

node2vec 引入了跳转概率参数 p 和参数 q 来控制随机序列生成过程中的广度优先采样和深度优先采样策略，如图 2-10 所示，基于广度优先策略（Breadth-first Sample，BFS）的随机游走强调各节点都是源节点的最相近的邻居节点，例如 S1、S2、S3，基于深度优先策略（Depth-first Sample，DFS）的随机游走强调各节点在邻居的基础上能够达到更远的节点，例如 S4、S5、S6[①]。依据同质性假设，具有较强关联性或隶属于同一个聚类的节点在表示时应该较近地表示在一起，相反依据结构等价假设，具有相同结构角色的节点在表示时应该较近地表示在一起而不是关联性较强的节点表示在一起，但是在真实的网络中两个节点虽然相距较远，但依然可能会扮演者相同的结构角色，因此两种假设都只是一种比较极端的假设，单纯的深度优先或单纯的广度优先都只是网络中的极端现象，两种假设相互是不排斥的，深度优先和广度优先也是不矛盾的，因此可以在广度优先和深度优先之间找到一种平衡达到最优[②③]。因此，Node2vec 提出通过半监督网络形式学习并获得最优的参数 p 值和 q 值，使广度优先和深度优先达到一个最佳的平衡，均衡网络的局部信息和全局信息[④]。在基于广度优先和深度优先平衡采样的基础上，Node2vec 进一步利用 Word2vec 的思想，将围绕每个节点采样生成的游走序列看作是围绕此节点包含网络结构信息的类似语义关系的上下文，然后导入相应的 CBOW 模型或 Skip-gram 模型中进行训练。

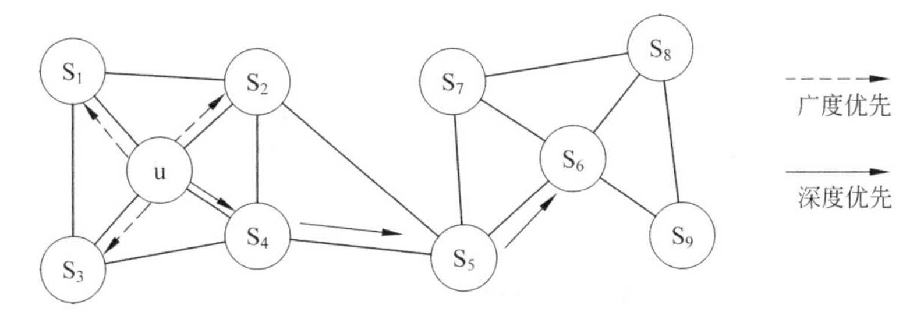

图 2-10　广度优先采样（BFS）与深度优先采样（DFS）策略

---

① Zhou Q, Tang P, Liu S, et al. Learning atoms for materials discovery[J]. Proceedings of the National Academy of Sciences, 2018,115(28): 1-7.

② Fortunato S. Community detection in graphs[J]. Physics reports, 2010, 486(3-5): 75-174.

③ Henderson K, Gallagher B, Eliassi-Rad T, et al. Rolx: structural role extraction & mining in large graphs[C]//Proceedings of the 18th ACM SIGKDD international conference on Knowledge discovery and data mining. ACM, 2012: 1231-1239.

④ Dai H, Umarov R, Kuwahara H, et al. Sequence2vec: a novel embedding approach for modeling transcription factor binding affinity landscape[J]. Bioinformatics, 2017, 33(22): 3575-3583.

对于 Node2vec 的训练，主要涉及向量维度(Number of dimmension)、游走长度(Length of walk)、游走数量(Number of walks)、图的方向性(Direceted or Undirected)、图的权重(Weighted or Unweighted)、p、q 等参数。如表 2-3 所示，Number of dimmension 表示训练完成时节点的向量维度，默认为 128 维；Length of walk 表示在随机采样时每次游走的长度，number of walks 表示围绕每个节点随机采用的次数，游走的长度和游走的数量共同决定训练数据的规模以及进行训练时的内存需求；对于网络方向分为有向的网络和无向的网络；在网络中分为有权重的网络和无权重的网络，有权重的网络在数据输入时需要有权重属性，并且也会增加训练时的内存需求；p 表示采样时的返回系数，q 表示出入系数，例如图 2-11 所示，当设置 p>1 时，从 t 点开始采样时就会偏向于对远离 t 节点的 x_2、x_3 节点进行采样，采样深度就会比较大，偏向于深度优先策略，当设置 q>1 时，从 t 节点开始采样时就会偏向于距离 t 节点比较近的 x_1 节点进行采样，导致最后围绕 t 节点附近节点采样，采样的深度就会不够，偏向于广度优先策略。

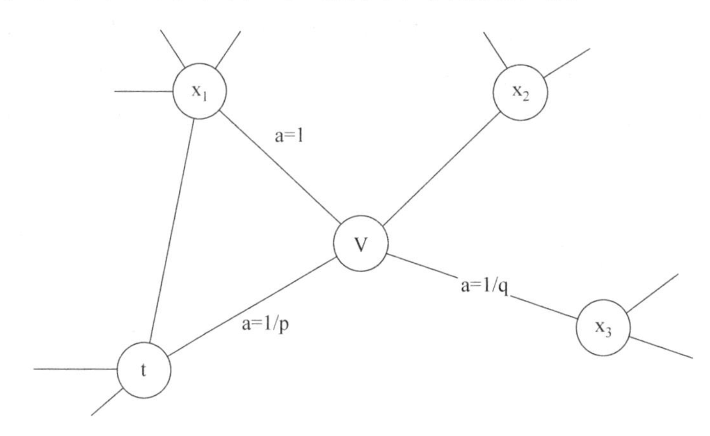

图 2-11　采样系数与采用策略

表 2-3　Node2vec 模型训练参数

参　　数	说　　明
Number of dimension	节点向量的维度
Length of walk	游走的长度，在随机采样时每次游走的长度，游走越长表示采用深度越深
Number of walk	游走的数量，围绕每个节点进行随机采样的次数，游走数量越多表示训练数据规模越大以及内存需求越大
Graph is directed	有向网络还是无向网络

续表

参　数	说　明
Graph is weighted	有权重网络还是无权重网络
Window_size	训练窗口的设定,表示当前词语在段落中与预测词语之间的最远距离,距离越大覆盖的句子越长
workers	训练时所启用的计算机线程,并行线程越多训练速度越快
Context size for optimization	用于优化的上下文本数量
Number of epochs	迭代次数
p	返回系数,游走采样时对已经游走节点的再次采样的概率
q	出入系数
alpha	学习率

2.4　时间序列模型

时间序列模型是根据主体的时间序列数据构建的预测模型,需要利用统计分析方法分析变量间的依赖关系,通过建立相应的时间序列模型来模拟这种依赖关系,其相应的时间序列模型主要有线性回归模型、ARMA 模型、ARIMA 模型、Logistic 回归模型(Logistic regression)、GARCH 模型、RCA 模型、VAR 模型等[①]。在本章着重介绍 ARIMA 模型和支持向量机回归模型。

2.4.1　ARIMA 模型

ARIMA 模型全称为自回归单整移动平均模型(Autoregressive Integrated Moving Average Model,简记 ARIMA),是一种经典的时间序列数据分析法,由博克思(Box)和詹金斯(Jenkins)于 20 世纪 70 年代初提出。ARIMA 模型是自回归移动平均模型(ARMA)的扩展,由于 ARMA 模型对时间序列平稳性的严格要求

① 李拂晓.几类时间序列模型变点监测与检验[D]. 西安:西北工业大学,2015.

使得其在现实中的应用很受局限，ARIMA 模型则在 ARMA 模型的基础上加入了对非平稳序列 d 阶差分（即 d 阶单整）的方式，首先对非平稳时间序列进行差分，然后根据 ARMA 过程进行预测，最后再将差分的过程逆过来经过逆变换得到原时间序列的预测结果[①]。其计算公式为：

$$\Delta^d y_t = \theta_0 + \sum_{i=1}^{p} \phi_i \Delta^d y_{t-1} + \varepsilon_t + \sum_{j=1}^{q} \theta_j \varepsilon_{t-j} \qquad \text{（公式 3）}$$

式中，$\Delta^d y_t$ 表示 y_t 经过 d 次差分转换后的时间序列，ε_t 为 t 时刻的随机误差，ϕ_i 为模型参数 p 的阶，即自回归项，θ_j 为模型参数 q 的阶，即移动平均数，因此该模型可以简记为 ARIMA(p,d,q)。从模型的思想中可以推出，ARIMA 模型的应用需要 4 个步骤：

1）数据平稳性检验和处理。观察时间序列数据是否是平稳的，如果时间序列是非平稳的，则进行差分处理使其满足平稳性条件。

2）参数设置。经过差分处理得到平稳序列后，需要对平稳时间序列分别求其自相关系数 ACF 和偏自相关系数 PACF，根据自相关图和偏自相关图（观察 ACF 图是否在 q 阶后衰减趋于 0，观察 PACF 图是否在 p 阶后衰减趋于 0，即是否成几何型或震荡型），确定模型的阶数 p 和 q。

3）模型检验。对模型进行检验，评测参数的显著性和残差的随机性，观察模型的残差是否是平均值为 0、方差为常数的正态分布，判断模型的阶数设置是否合理。

4）模型预测。根据模型参数的测评结果使用该模型进行预测。

2.4.2 支持向量机模型

支持向量机（Support Vector Machine，SVM）最早是在 1995 年是由 Vapnik V 提出的一种基于统计学习理论（Statistical Learning Theory）的小样本统计学习方法，旨在解决小样本、非线性以及高维数据识别等方面的问题[②]。支持向量机可分为线性可分支持向量机和非线性支持向量机。

线性支持向量机主要通过将向量映射到高维空间并在高维空间建立最大间隔超平面，通过间隔线性分类器 $w^{\mathrm{T}}x+b=\pm 1$ 将平面分割问题转化为凸二次规划问

---

① 熊志斌. ARIMA 融合神经网络的人民币汇率预测模型研究[J]. 数量经济技术经济研究，2011(6)：64-76.

② 丁世飞，齐丙娟，谭红艳. 支持向量机理论与算法研究综述[J]. 电子科技大学学报，2011，40(1)：2-10.

题来进行求解[①]。如图 2-12 所示，图中的实心点和空心点代表两类样本，中间的 $w^{\mathrm{T}}x+b=0$ 即为分类线，线 $w^{\mathrm{T}}x+b=1$ 和线 $w^{\mathrm{T}}x+b=-1$ 表示两类样本中距离分类线最近的样本的平行于分类线的直线，它们之间的距离叫分类间隔(margin)，通过此形式就可以通过求解最优分类线将两类正确分开，尽量降低错误率。此时位列与分类线平行的两条线上的样本点就是支持向量[②]。通过此方法可以将两分类问题转换成一个带有约束条件求最小值问题：

$$\min\phi(w)=\frac{\|w\|^2}{2} \qquad (公式 4)$$

$$y_i[w^* x_i+b]-1\geqslant 0,(i=1,2,\cdots,n)$$

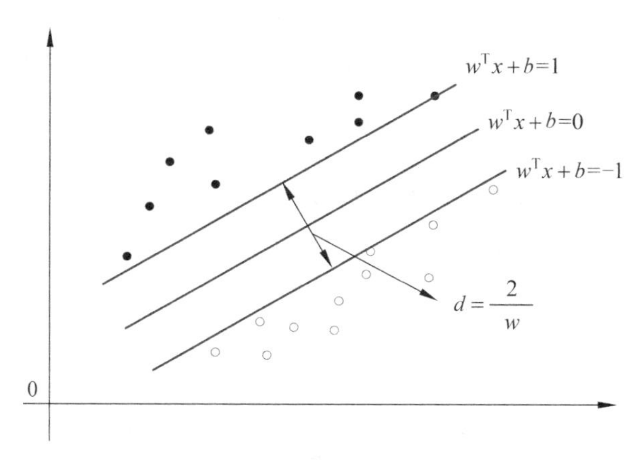

图 2-12 线性支持向量机

非线性支持向量机是指面对非线性不可分状态下的数据通过设计核函数将非线性不可分数据映射到更高维度空间中从而构造分类超平面的一种方法，如图 2-13 所示。非线性支持向量机的关键在于对核函数的设计，一般常用核函数有多项式核函数、径向基核函数(RBF)、Sigmoid 核函数等，其详细公式如下。对于非线性支持向量机，核函数的选择决定了特征空间的结构，如果选择多项式核函数，随着特征空间维度的增高 q 值势必会很高，此时的计算量就会激增[③]。

多项式核函数：

$$K(x,y)=[(x\times y)+1]^q \qquad (公式 5)$$

① 黄卿，谢合亮.机器学习方法在股指期货预测中的应用研究——基于 BP 神经网络、SVM 和 XGBoost 的比较分析[J].数学的实践与认识，2018,48(8)：297-307.

② 张学工.关于统计学习理论与支持向量机[J].自动化学报，2000(1)：36-46.

③ 王亮申，侯杰.支持向量机及其核函数[J].辽阳石油化工高等专科学校学报，2001(4)：31-34.

径向基核函数：

$$K(x,y)=\exp\left\{-\frac{|x-y|^2}{2\sigma^2}\right\} \quad (公式 6)$$

Sigmoid 核函数：

$$K(x,y)=\tanh(v(x\times y)+c) \quad (公式 7)$$

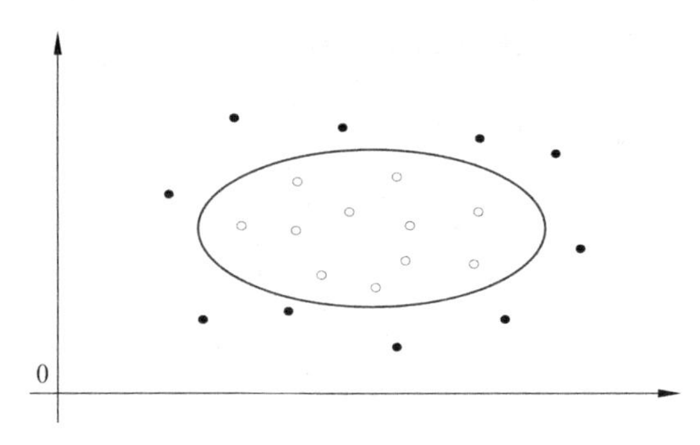

图 2-13　非线性支持向量机

学科主题的演化是科学技术发展、政策导向、学者推动以及学科自组织等多重因素综合影响下的产物，对学科主题演化的分析和预测需要尽可能地将学科主题放在比较真实的复杂环境下考量，本书拟构建的计量知识图谱以知识图谱为基础，通过将计量实体与 MeSH 知识库关联匹配在一起，利用其丰富的语义和复杂的关系更全面、深层次地反应主题之间的关系并指导对主题演化的分析，同时也为主题热度的预测提供更多潜在的特征，因此本章计量知识图谱的构建工作是开展后续计量实体热度计算、分析学科主题演化规律和进行学科主题热度预测的基础。本章计量知识图谱的构建工作主要包括计量实体和关系的抽取与消歧、MeSH 知识库实体和关系的解析、计量实体与 MeSH 实体的关联匹配以及时间的划分和动态计量知识图谱的构建。

3.1 计量知识图谱内涵

3.1.1 计量知识图谱

本书构建的计量知识图谱侧重在 MeSH 知识库的基础上加入计量实体，从而构建一种面向计量相关研究和应用的垂直领域知识图谱，在计量知识图谱中计量实体可以借助知识图谱丰富的语义关系和结构关联在一起，从而开展相关计量研究，例如学者合作预测、论文推荐、创新扩散、知识组织以及科学评价等众多科学计量相关研究。知识图谱作为一种具有语义关系的图，是一种知识库。作为知识库，任何知识都可以构成知识图谱，例如通识类型的 Freebase、DBpedia、Yago、WordNet、Google 知识图谱等，其具有多领域覆盖的优点，但是其在兼顾广泛性的同时，也导致其缺乏一定的领域专业性。为突出领域专业性，面对各个具体应用领域的领域知识图谱涌现，例如化学知识图谱、医学知识图谱、地理知识图谱、工艺知识图谱、甲状腺知识图谱、bug 知识图谱、企业知识图谱、教育学科知识图谱、装备-标准知识图谱等，领域知识图谱在应对领域专业知识方面具有较高的精度和较强的针对性，例如化学知识图谱在解决化学方面的相关问题时其体量和深度要远远超过通识类知识图谱，因此构建领域知识图谱成为各个具体领域或专业的焦点。面对计量领域，单纯的一模网络（共现网络、共词网络、引文网络、合作网络等）以及异构计量网络（Heterogeneous Bibliographic Networks），由于其关系类型较为单一尤其在语义方面较为匮乏，只涉及引证（Cites）、合著（Co-author）、著述（Written By）、出版（Published at）等语义，对涉及内容以及计量领域深层次的挖掘时常常捉襟见肘，因此势必需要针对计量相关研究和应用构建领域知识图谱，借助相关领域的知识库，将计量实体加入知识图谱中构建计量知识图谱。

计量知识图谱是对知识图谱和科学知识图谱的整合。计量知识图谱基于知识图谱从计量学角度构建更加丰富包涵更多语义的计量学领域知识图谱，从而更好地分析学科之间、知识之间的结构变化以及发展趋势。计量知识图谱不同于知识地图、概念地图，计量知识图谱是科学知识图谱与知识图谱的结合，关于计量知识图谱与知识地图、概念地图、科学知识图谱、知识图谱等的差异情况如表 3-1 所示。

(1) 知识地图与计量知识图谱的差异

知识地图（Knowledge Map）最早由 Brooks 提出，旨在描述人类的客观知识，通过用节点表示知识单元概念从而构成学科认知地图[①②]。Davenport 和 Prusak 则定义知识地图是能够标识知识位置的知识分布图[③]。陈悦[④]则认为知识地图从狭义上来讲就是一种以二维或三维空间形式来显示社会活动与地形之间相关特征的地理学概念，其研究的焦点在于某些社会活动与知识资源的地理分布状况，例如科学基金的地理分布，科技在不同地区的发展状况。关于知识地图的概念众说纷

---

① 马费成.布鲁克斯情报学理论研究（摘要）[J]. 图书情报知识，1983(4)：73-74.

② 陈强，廖开际，奚建清. 知识地图研究现状与展望[J]. 情报杂志，2006，25(5)：43-46.

③ Davenport T H，Prusak L. Working knowledge：How organizations manage what they know[M]. Boston：Harvard Business Press，1998.

④ 陈悦，刘则渊.悄然兴起的科学知识图谱[J]. 科学学研究，2005，23(2)：149-154.

纭，总体而言知识地图是一种知识导航工具，能够帮你搜索寻找到具体的知识单元或承载知识的知识体①。因此可见知识地图是索引知识的一个地图，其本身并不是客观的知识，而是承载知识的物体或者人。计量知识图谱以知识图谱以基础，蕴涵着丰富的知识客体以及知识之间的关联。

（2）概念地图与计量知识图谱的差异

概念地图是一种借助节点和连线表示概念和概念之间关系进而表示特定主题领域知识结构的图示方法②。概念地图用节点表示某一领域的特殊概念，用关系表示这些概念之间的某种等级以及宽泛概念上的结构③。概念地图最初来源于教育学，是由美国康奈尔大学 Novak 教授最早提出的用来表示个人内部认知结构的一种教学工具。随着其在概念理解、构建认知地图、思维导图、头脑风暴等方面逐渐表现出的优势，概念地图逐渐成为知识提取、知识表示以及知识评价等知识管理活动中的有力工具，成为知识网络表示的一种。但是概念地图却与知识内容无关，没有对知识内容进一步切分，只是构图者根据其认知结构对相关节点进行命名以及节点摆放和关联④。计量知识图谱不是主观构图者对知识结构的认知构建，而是知识客观之间的关系，进一步细化到知识内容，其实体是描述世界的一种客观存在。

（3）科学知识图谱与计量知识图谱的差异

科学知识图谱（Mapping Knowledge Domain）最早是由陈悦、刘则渊、陈超美等将国际“Visualizing Knowledge Domain”翻译为“科学知识图谱绘制”，并迅速广泛在图情领域得以应用并以科学知识图谱的概念逐渐推广开来⑤。科学知识图谱是一种揭示学科知识演化进程和机制的科学计量工具，以科研活动中的主体（研究人员、机构、团队）和客体（知识单元）为研究对象，进行科学计量⑥。其最初主要是将引文分析与信息可视化结合在一起，以图示形式展现学科以及知识之间的关系。例如以 CiteSpace、Histcite、VOSviewer、Sci2 等软件为焦点的通过借助论文之间的

---

① 司莉，陈欢欢.国内外知识地图研究进展[J]. 图书馆杂志，2008，27(8)：13-17.

② Novak J D, Gowin D B, Kahle J B. Learning how to learn//Concept mapping for meaningful learning[EB/OL]. [2021-10-26]. onacademic.com/detail/journal_1000039764007010_8146.html.

③ 马费成，郝金星.概念地图在知识表示和知识评价中的应用（Ⅰ）——概念地图的基本内涵[J]. 中国图书馆学报，2006，32(3)：5-9.

④ 马费成，郝金星.概念地图及其结构分析在知识评价中的应用（Ⅲ）：实证研究[J]. 中国图书馆学报，2006，32(5)：9-16.

⑤ 陈悦，刘则渊.悄然兴起的科学知识图谱[J]. 科学学研究，2005，23(2)：149-154.

⑥ 冯新翎，何胜，熊太纯，等.“科学知识图谱”与“Google 知识图谱”比较分析——基于知识管理理论视角[J]. 情报杂志，2017，36(1)：149-153.

引证关系来挖掘研究的热点以及热点文献等，在国内受到广泛关注[①]。之后学者通过关键词共现构建共现网络，将关键词视为研究知识点，以知识网络的形式构建科学知识图谱，从而利用复杂网络等相关方法对知识研究热点进行挖掘以及分析研究点的演化情况。在科学知识图谱构建方面经历了从最初的同构网络，例如引文网络、共现网络、合作网络，逐渐发展到异构网络，例如异构计量网络(heterogeneous bibliographic networks)，并借助 Meta-path 等方法从异构网络中抽取同构网络，例如共被引网络、耦合网络，以及作者-主题等异构网络。

(4) 多模知识网络与计量知识图谱的差异

多模知识网络是一种基于多模概念的强调节点类型不同的知识网络[②]。知识网络是指以知识元为节点以知识关联为关系构成的网络，根据网络中节点类型种类分为一模网络、二模网络以及多模网络，根据网络中关系的性质分为同质网络、异质网络，结合网络节点类型以及关系性质主要有一模同质知识网络、一模异质知识网络、二模同质知识网络、二模异质知识网络、多模同质知识网络以及多模异质知识网络等。多模知识网络即具有两种及以上节点类型的知识网络，多模知识的特征强调其作为节点的知识元的不同，例如作者——主题网络、作者——引文耦合网络等，但是多模网络以及多模知识网络只是从宽泛概念上界定一种网络，例如任何具有两种及以上节点类型的网络都可以称作多模网络，任何具有两种及以上知识元类型的网络都可以称作多模知识网络，因此单纯的依据节点类型而命名或定义一种网络势必缺乏领域专业性，但是依据多模知识网络的鉴定标准计量知识图谱也是一种多模网络或多模知识网络。计量知识图谱与相关概念定义与功能比较见表 3-1。

表 3-1　计量知识图谱与相关概念定义与功能比较

	知识地图	概念地图	科学知识图谱	多模知识网络	计量知识图谱
定义	知识地理分布图；知识分布图；知识导航系统或目录等	通过对节点命名、摆放和连接从而构建认知结构图，认知地图	揭示知识演化进程与机制的可视化方法	具有两种及以上节点类型的知识网络	面对计量相关研究和应用的垂直领域知识图谱

① 陈悦，陈超美，刘则渊，等. CiteSpace 知识图谱的方法论功能[J]. 科学学研究，2015，33(2)：242-253.

② 潘云涛，丁堃，袁军鹏，等.国内外知识网络研究现状分析[J]. 情报理论与实践，2015，38(9)：120-125.

续表

	知识地图	概念地图	科学知识图谱	多模知识网络	计量知识图谱
特征及功能	知识之间的结构关系；搜索导航	表示某个主题结构化知识的图示方法，辅助人对知识结构进行认知，构建思维导图	学科知识发现、演化规律、创新扩散等科学计量	界定网络的节点的多元性	开展深层次的整合语义知识库的科学计量

3.1.2 动态计量知识图谱

动态的计量知识图谱强调在计量知识图谱的基础上展现动态变化，是具有时间属性的计量知识图谱。计量知识图谱根植于知识图谱，知识图谱作为具有语义描述事实的知识库，知识没有严格的时间概念，今天的知识也是明天的知识，事实是客观存在相对静止的，因此描述事实的知识图谱也是客观存在和相对静止的，因此知识图谱没有严格意义上的时间概念。但是作为计量知识图谱中的计量类型实体是有时间概念的，如论文（paper）在某一年某一月发表出来，由哪位作者以及几位作者合著，发表在哪个期刊上，涉及哪些研究主题，这个论文又会引用以前的论文，都附带着明确的时间，因此计量知识图谱可以依据计量实体的时间轴将计量知识图谱构建成为一个随着时间变化的动态系统。计量知识图谱的动态性源自于科学知识图谱。关于科学知识图谱历来具有较强的时间动态性，例如在科学计量领域，通过构建科学知识图谱，将其发展过程划分为几个时间段来分析其演化或扩散情况，以及借助主题模型挖掘科学研究的动态演化情况①。因此在文本研究中，本书拟以年为单位构建具有时间属性的动态计量知识图谱，动态强调计量知识图谱随着时间的变化其自身变化情况，因此本书借助的底层知识库将作为全局变量贯穿计量知识图谱的全过程，随着时间的变化，论文、作者、主题、期刊等计量实体不断加入进来，同时将论文的摘要、题目、关键词与知识库关联起来。并且，借助知识库的领域知识和语义关系，计量实体之间将产生更多语义层面的关系，有利于更全面、更深刻地分析主题的演化规律，同时也便于从计量知识图谱中挖掘主题演化的特征，辅助对主题热度的预测。

① Chen B，Tsutsui S，Ding Y，et al. Understanding the topic evolution in a scientific domain：An exploratory study for the field of information retrieval[J]. Journal of Informetrics，2017，11(4)：1175-1189.

3.2　计量实体与关系

3.2.1　数据下载

PubMed Central 是一个关于生物、生命科学期刊文献的免费数据库，遵守其免费开放的核心原则为学者提供免费全文下载，是 PubMed 数据库的一个免费缩放版。为争取包含所有生物医学、生命科学等论文的全部引文、作者、期刊等数据以便于后期构建比较能够代表整体的计量知识图谱，本书以 PubMed Central 数据库中的全部文献为例以年为单位进行下载和解析。

本书下载了 PubMed Central 的全部数据(检索时间 2018 年 9 月 10 日)，共计 187 多 G，包含 530 多万篇论文，存储格式为 XML，其格式如图 3-1 所示。可扩展标记语言(XML)是一种非常灵活简洁的文本格式，具有可读性强、方便扩展、可移植性较强、良好的兼容性、便于检索、便于结构化处理、便于交换、适合长期保存等

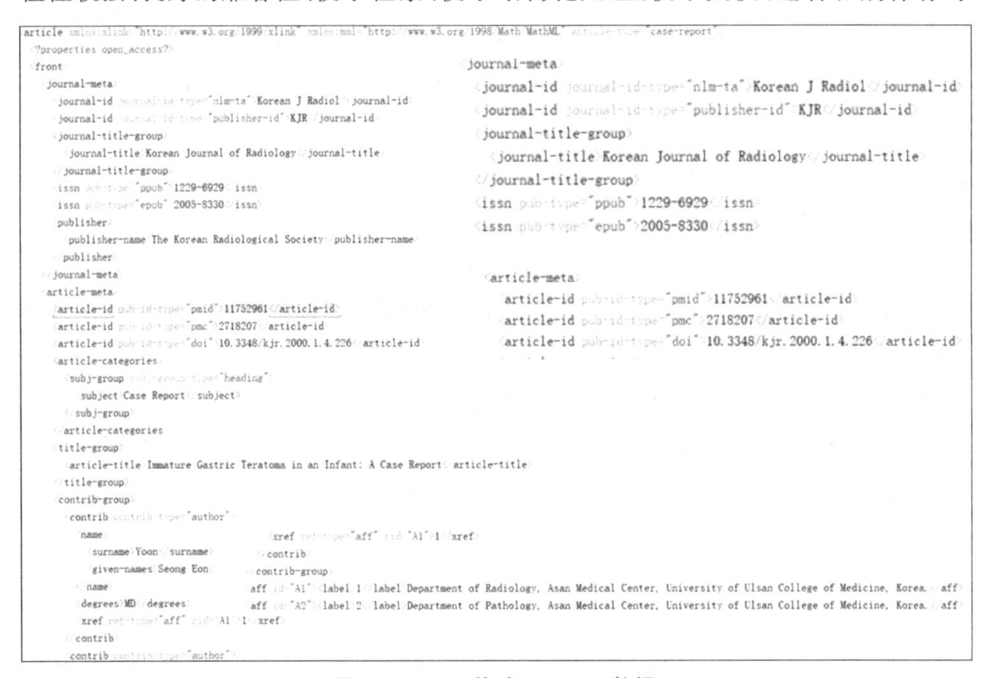

图 3-1　XML 格式 PubMed 数据

特点，被广泛应用于 Web 以及其他数据源上数据的存储和传输。在 PubMed Central 数据的 XML 格式中包含期刊、论文 ID、论文题目、论文摘要、论文作者关键词、论文作者(Contrib-group)、论文正文(Body)、参考文献(Ref-list)等信息。关于期刊信息主要有 pubshier-id 以及 nlm-ta 等类型期刊的 ID，以及期刊的 ppub、epub 等类型的 ISSN 号(国际标准连续出版物编号)；关于论文 ID 主要有论文的 pmid、pmc、doi 等 ID 信息；关于作者信息主要有作者的名字、附属机构、地址、国家、邮箱等信息；关于正文信息主要有论文的每一个段落以及每一个特殊符号等详细信息；关于参考文献信息主要有被引文章的题目(article-title)、ID(pmid)、作者(person-group)、出版日期(year)、起始页(fpage、lpage)等信息。PubMed Central 的 XML 格式数据具有论文的全文数据以及作者署于文字的关键词(keyword)，但是却不包含人工标注的 MeSH 主题词。

限于 PedMed Cental 数据某些属性的缺失，本书研究下载了 PubMed 的全部数据，共计 260 多 G，存储格式为 XML。PubMed 数据包含论文的 ID、期刊、发表日期(PubDate)、论文题目(ArticleTitle)、论文摘要(Abstract)、论文作者(AuthorList)、作者机构(Affiliation)、关键词(KeywordList)、MeSH 主题词(MeshHeading)等信息，涉及到更改日期 DateRevised(Year、Month、Day)，期刊的 ISSN 号、卷号(Volume)、期号(Issue)和期刊的题目(Title)，有作者的姓(LastName)和作者的名(ForeName)。对比 PubMed Central 数据与 Pubmed 数据的属性来看，PubMed Central 包含更全面的信息，但是关于 MeSH 主题词只能从 Pubmed 数据中抽取，因此本书把 PubMed Central 和 Pubmed 分别具有的独特属性结合在一起从而进行更全面的分析。

3.2.2 计量实体抽取

计量实体主要有作者(Author)、主题(Topic)、论文(Paper)、出版物(Venue)等。Paper 实体包含文章的题目(Title)、摘要(Abstract)、关键词(Keywords)、正文(Body)、ID、发表日期等属性。论文是开展计量工作的基础，各种计量工作都是依据论文的考核来进行的，因此对于计量知识图谱 Paper 这个实体是必不可少的。Author 实体包含作者的姓名(Name)、姓氏(Surname)、名字(Givenname)、附属机构(Affiliation)、邮箱(Email)等属性，作者的属性信息有的是缺失的，例如有很大一部分作者是没有附属机构信息的，只有很小一部分作者是有邮箱信息的。Venue 实体具有 ISSN 等属性，Venue 既代表各种期刊杂志，也涵盖会议、论著等出版物形式，Venue 是论文发表的载体，对于期刊有影响因子、分区之说，对于会议也有顶级会议、普会之分，Venue

根据领域进行划分，在某段时间内往往集中在某些特定主题方面，因此同一 Venue 上的论文是有一定的相关性的，并且高质量的 Venue 往往具有更大的影响力，能够发表在高质量的出版物上是对论文的一种高质量的肯定，并且比较容易使论文得到更多的关注，同时也会为作者带来更多的肯定和收益。Topic 实体具有 DescriptorName、QualifierName 等属性，主题是对文章内容的高度概括。

对于 XML 格式文件的解析在 python 环境中主要有 SAX(Simple API for XML)解析器、DOM(Document Object Model)解析器、ElementTree 元素树解析器等。SAX 解析器包含于 Python 的标准库中，是一种事件驱动模型，在解析 XML 文件时解析器会逐行读取 XML 字符，每当触发一个事件时就调用其事件处理器对相应事件作出反应，例如 startDocument()函数则在文档启动时调用，startElement(name, attrs)函数则在遇到 XML 中的 name 标签时调用，SAX 采用的是一种调用函数方式，无须将全部 XML 文件读入内存中，对内存需求依懒性较低，是一种具有最快速度和消耗最少内存的特点的解析方法，在处理大型 XML 文件时具有较强的优势，并且可以根据自己的需求编译特定函数。但是 SAX 解析器是单向的，先前被解析过的数据不能被重新处理，否则需要重新开始解析过程，因此在应对各种复杂嵌套的需求时就显得十分复杂和笨拙[①②]。DOM 文件对象模型是一种遵循“一切都是节点，节点都是对象”设计思想的由 W3C 颁布的一套 HTML/XML 文档对象模型的标准规范。在 DOM 看来 XML 文件是一种包含各种元素(标签、属性、正文等)节点对象的树模型，节点之间通过子节点、父节点、兄弟节点等方式嵌套在一起，因此当用 DOM 解析 XML 文件时则需要一次性将一个 XML 文件全部读入内存中，以树结构保存在内存中，然后利用 DOM 提供的不同函数对文档内容进行读取或修改处理，其对内存的需求很高，例如 200G 的 XML 文件就需要 200 多 G 的运行内存，不适合用来处理大型 XML 文件。ElementTree 元素树则就是 DOM 的改装版本，一个轻量级的 DOM，对内存的消耗相对较少。

综合考虑各种解析器的特点和数据的大小，本书采用 SAX 解析器从 260G 的 Pubmed XML 数据中抽取 MeSH 主题词(DescriptorName、QualifierName)，采用 ElementTree 从 180G 的 PMC 数据中抽取 Author(姓名、机构、邮箱等)、Paper(题目、摘要、关键词、正文)、Venue(ISSN)、参考文献等信息。期刊、参考文献、论文、作者之间通过 PMC ID 连接在一起，论文与主题之间通过 PubMed ID 连接在一起，如图 3-2 所示，详细的期刊、论文、参考文献、作者、主题抽取代码请见附录 B。

① 张迪，朱敏，张凌立.基于 SAX 的 XML 解析与应用[J].计算机与数字工程，2008(7)：103-106.

② 陈君.基于 Sax 的 XML 解析工具的设计与实现[D]. 北京：中国科学院大学，2015.

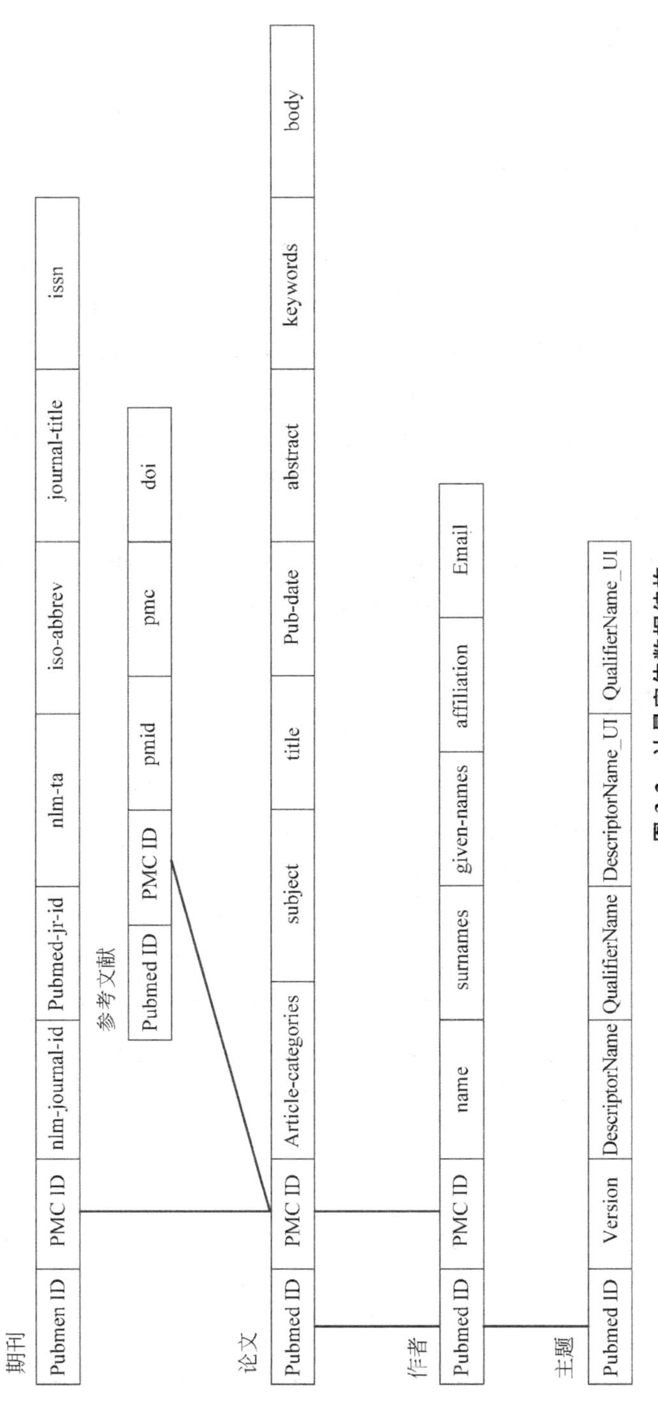

图 3-2 计量实体数据结构

3.2.3 计量实体消歧

(1) 计量实体消歧的对象

在计量知识图谱中主要的消歧问题就是对作者姓名的消歧。因为对于国际期刊有唯一标准的 ISSN 号,对于 PubMed 以及 PubMed central 中的论文具有唯一标识符 pmid 或 pmc,pmid 是文章在 PubMed 的唯一标识符,pmc 是其对应在 PubMed central 数据库中的唯一标识符,虽然 mesh heading 没有唯一标识符,但是 mesh heading 一般是由主题词(DescriptorName)和副主题词(QualifierName)构成,主题词与副主题词均是 MeSH 中的实体,具有唯一标识符 uri,对于由两个唯一标识符 uri 构成的主题(topic)也可以构成唯一标识符 dqui,因此主题也不存在歧义问题。但是在作者这一类型实体方面,由于早期作者没有统一的标识符,对于重名的作者历来是计量研究领域的难题。重名在我们的现实生活中是一个非常普遍的现象,对于海量的文献作者,无论是英文、中文、日语还是阿拉伯语,在各种语言情景中都存在着大量的人物重名。例如 2016 年据新华网统计,同名为"张伟"人数高达 299025,同名为"王伟"的人数高达 290615。

(2) 姓名消歧研究现状

关于姓名消歧的研究主要有基于特征的、基于机器学习的、基于社会网络的、基于网络知识资源的等[①]。翟晓瑞[②]等人将稀疏分布式表征理论应用到姓名消歧中,选择论文的摘要文本信息作为消歧特征,生成二进制的 SDR 码,将作者姓名消歧的问题转化为论文 SDR 的相似度来解决。熊李艳[③]等人提出一种从句义结构提取人物关系并构建社会关系图,以其人名所从事职业和所在单位作为辅助特征,综合进行关系聚类以此来进行人名消歧。利用聚类算法进行姓名消歧的算法主要有 K-Means 算法、DBSCAN 算法、AP 聚类算法等,将文献特征转换为相应的数值,通过对数值阈值设定对同名作者进行归类。聚类这种无监督算法,不需要事先知道作者的名录或著作列表。依据合作网络或引文网络,借助隐马尔科夫模型、支持向

---

① 付媛,朱礼军,韩红旗.姓名消歧方法研究进展[J].情报工程,2016,2(1):53-58.

② 翟晓瑞,韩红旗,张运良,等.基于稀疏分布式表征的英文著者姓名消歧研究[J].计算机应用研究,2019,36(12):3534-3538.

③ 熊李艳,赵毅,黄卫春,等.基于句义结构分析的中文人名消歧[J].计算机应用研究,2016,33(10):2898-2901.

量机、随机森林等从网络结构层面对同名作者进行聚类[①]。例如陈晨和王厚峰[②]以人物的社会网络为基础使用谱聚类对其进行人名聚类，通过模块度阈值对网络进行图划分从而进行人名消歧。但是基于合作网络和引文网络的姓名消歧是在构建部分网络之后进行的聚类以及模块划分，是一种补充消歧，但是当没有这些初步数据即文章A中叫Jack的作者和文章B中叫Jack的还不能确定其是否为同一个作者的时候如何利用A中作者同B中作者合作的网络识别A、B文章中一个都叫Jame的名字是否为同一个人。利用分类算法则需要收集作者的论文名单总结作者的发文特征，根据特征对文章进行归属分类判断。针对中文因为同音字、形近字、名字漏写、姓氏等导致的姓名歧义，刘斌[③]等人通过拼音数据库和四角码数据库来筛选存在歧义的姓名并计算相似度进行消歧，以期解决中文专利数据库中的发明家姓名消歧问题。当然Research ID、ORCID等作为学者的唯一永久标识符，可以关联到作者的每一篇文献和著作，消除同名作者之间的歧义，但是很多数据是缺失这种标识符的。面对姓名相关数据缺失的问题，例如单位缺失、地址缺失、邮箱缺失、摘要缺失、研究方向缺失等，柯昊[④]等人尝试构建字段贡献度评价体系设计组合唯一性指标来进行重名识别。Liu[⑤]等人设计了一种综合相似性估计和层次聚类的基于题目、附属机构、基金、期刊等特征的机器学习系统来提高PubMed系统中作者姓名查询准确度。Wu和Ding[⑥]则发现附属机构信息（affiliation information）比合作者信息（coauthorship information）能够更好地进行姓名消歧，整合两者信息可以得到更好的消歧效果。Lerchenmueller和Sorenson则利用NIH赋予获得基金支持科学家的PI ID对Author-ity的姓名消歧结果进行验证，虽然准确率和召回率都比较好，但是其数据集仍然是2008年之前的[⑦]。Wu等[⑧]人

---

① Silva J M B, Silva F. Feature extraction for the author name disambiguation problem in a bibliographic database[C]//Symposium on Applied Computing. ACM, 2017: 783-789.

② 陈晨，王厚峰.基于社会网络的跨文本同名消歧[J].中文信息学报，2011，25(5)：75-82.

③ 刘斌，赵升，孙笑明，等.我国专利数据中发明家姓名消歧算法研究[J].情报学报，2016，35(4)：405-414.

④ 柯昊，李天，周悦，等.数据缺失时基于BP神经网络的作者重名辨识研究[J].情报学报，2018，37(6)：600-609.

⑤ Liu W, Islamaj Doğan R, Kim S, et al. Author name disambiguation for PubMed[J]. Journal of the Association for Information Science and Technology, 2014, 65(4): 765-781.

⑥ Wu J, Ding X H. Author name disambiguation in scientific collaboration and mobility cases[J]. Scientometrics, 2013, 96(3): 683-697.

⑦ Lerchenmueller M J, Olav S, Lutz B. Author Disambiguation in PubMed: Evidence on the Precision and Recall of Author-ity among NIH-Funded Scientists[J]. PLoS One, 2016, 11(7): 1-13.

⑧ Wu L, Wang D, Evans J A. Large teams develop and small teams disrupt science and technology[J]. Nature, 2019, 566(7744): 378.

利用混合式算法(hybrid algorithm)对 WOS 的 22177224 篇文章进行作者消歧，通过 ORCID 数据验证精准率达到 78%，召回率达到 86%。作者姓名消歧方法与特征见表 3-2。

表 3-2　作者姓名消歧方法与特征

方　法	参　考	特征选择
监督学习的方面	Han① 等人(2004)	Coauthor names
		Paper title
		Journal tilte
	Zhang② 等人(2007)	Coauthor names
		CoAffiliation
		Coemails
		Citation
		User Feedback
		τ-coauthor
	Culotta③ 等人(2007)	First and Middle names of the author
		Number of verlapping coauthors
		Title of the two publications
		Author emails
		Affiliations
		Venue of publication

① Han H, Giles L, Zha H, et al. Two supervised learning approaches for name disambiguation in author citations[C]//Proceedings of the 2004 Joint ACM/IEEE Conference on Digital Libraries, 2004. IEEE, 2004: 296-305.

② Zhang D, Tang J, Li J, et al. A constraint-based probabilistic framework for name disambiguation [C]//Proceedings of the sixteenth ACM conference on Conference on information and knowledge management. ACM, 2007: 1019-1022.

③ Culotta A, Kanani P, Hall R, et al. Author disambiguation using error-driven machine learning with a ranking loss function[C]//Sixth International Workshop on Information Integration on the Web (IIWeb-07), Vancouver, Canada, 2007: 32-37.

续表

方　法	参　考	特征选择
监督学习的方面	Treeratpituk 和 Giles[①](2009)	Coauthors
		Authors
		Affiliations
		Journal title
		Concept-MeSH term
		Article title
	Veloso[②] 等人(2012)	Coauthors names
		Journal title
		Publication venue
	Wang[③] 等人(2012)	Coauthornames
		Paper title
		Abstract words
		Keywords
		Subject category
		Number of authors
		Number of papers
		Author's research field
		Asian surname
		Surname commonness
		Number of authors' affiliations
		Cited journal

① Treeratpituk P, Giles C L. Disambiguating authors in academic publications using random forests [C]//Proceedings of the 9th ACM/IEEE-CS joint conference on Digital libraries. ACM, 2009: 39-48.

② Veloso A, Ferreira A A, Gonçalves M A, et al. Cost-effective on-demand associative author name disambiguation[J]. Information Processing & Management, 2012, 48(4): 680-697.

③ Wang J, Berzins K, Hicks D, et al. A boosted-trees method for name disambiguation [J]. Scientometrics, 2012, 93(2): 391-411.

续表

方　　法	参　　考	特 征 选 择
无监督学习方面	Han① 等人(2005)	Coauthor names
		Paper title
		Journal title
	Liu② 等人(2014)	Coauthor names
		Affliaiton
		Paper title
		Abstract words
		Journal title
		MeSH
		Publisher names
		Publication year
		Grant
		Substance
	Cota③ 等人(2010)	Coauthor names
		Paper title
		Publication venue
	Levin④ 等人(2012)	Publication year
		Subject category
		Last names with initials

① Han H, Xu W, Zha H, et al. A hierarchical naive Bayes mixture model for name disambiguation in author citations[C]//Proceedings of the 2005 ACM symposium on Applied computing. ACM, 2005: 1065-1069.

② Liu W, Islamaj Doğan R, Kim S, et al. Author name disambiguation for PubMed[J]. Journal of the Association for Information Science and Technology, 2014, 65(4): 765-781.

③ Cota R G, Ferreira A A, Nascimento C, et al. An unsupervised heuristic-based hierarchical method for name disambiguation in bibliographic citations[J]. Journal of the American Society for Information Science and Technology, 2010, 61(9): 1853-1870.

④ Levin M, Krawczyk S, Bethard S, et al. Citation-based bootstrapping for large-scale author disambiguation[J]. Journal of the American Society for Information Science and Technology, 2012, 63(5): 1030-1047.

续表

方　法	参　考	特征选择
无监督学习方面	Levin 等人(2012)	Addresses
		Middle initials
		E-mail address
		Language
		Reprint organization
		Citing and cited feature
	Song 等人(2015)	First initial and lastname
		Coauthor list
		Organization
		Location
		E-mail(NER)
		Keywords(MAUI)
		Jaccard similarity
监督学习和半监督学习	Wu 等人(2019)	Family name and initials
		Coauthors
		References
		Citations
		Co-citations
		Emails
		instituions

姓名数据虽然有其共同的基本特征,但不同的数据集仍然有其独特的特征,例如对于 PubMed 数据集，Liu 等人发现为每篇文章人工添加的 MeSH 术语可以有效提高作者姓名消歧的准确率,MeSH 在一定程度上表明作者有共同的研究兴趣。但是对于全部 PubMed 数据,并不是每篇文章都有 MeSH 术语,大部分文章是没有 MeSH 术语的。Song① 等人则通过人工标注训练集,并通过文本挖掘技术从出

① Song M, Kim E H J, Kim H J. Exploring author name disambiguation on PubMed-scale[J]. Journal of informetrics, 2015, 9(4): 924-941.

版物中提取位置(Location)、组织(Organization)、邮箱等特征以及利用 MAUI 技术从题目和摘要中提取关键词特征,组成一个包含作者姓名、合作者列表、组织、位置、邮箱、关键词的特征集,分别利用随机森林、KNN、C4.5、支持向量机等分类器进行训练,随着特征的不断组合效果均有所提升,但是其特征提取过程过于烦琐,容易受到 NER、MAUI 等工具的限制,并且其实验只在 385 名作者的数据集上进行了训练和测试,具有一定的局限性。

(3) 基于深度表示学习的姓名消歧

先前关于姓名消歧的研究多是基于一定的特征集,通过机器学习等方法训练模型然后进行聚类或分类判断。对于作者姓名、文章题目、期刊名称、合作者、关键词、附属机构等特征是直接可以获取的,但是对于文章的摘要的特征则需要进行二次提取。文章摘要既是文章的研究方向,又是对文章精华的总结,文章摘要可以在缺失 MeSH 术语与研究方向时有效表征文章的主题和研究方向等特征。深度表示学习技术,尤其是深度文本表示学习技术通过无监督的方式可以有效从文本中提取特征并以向量的形式展现出来。利用深度文本表示学习方法无需从文本中抽取作者的邮箱、位置、国家、单位等信息,可以直接将相关信息作为语料库进行无监督学习,因此本书拟采用 Doc2vec 方法,假设同一个作者在不同文章中在邮箱、位置、单位、研究方向、研究内容等方面总会留下蛛丝马迹,例如根据邮箱的唯一性可以初步断定使用同一个邮箱的姓名是同一个人,虽然有些作者在文章中可能署有实验室或者中心的共同邮箱,但是一个实验室或中心中同名的概率还是相对较低的,即使同实验室中有重名的,仍然可以在初步判断后继续根据职称、研究方向、研究内容进行判断,除非是同名同姓而且地址、邮箱、职称、研究内容、研究方向都完全相同的作者。本书拟在统计频次大于 1 的作者名字基础上,以每个作者涉及到的文章题目、关键词、摘要、附属信息、合作者、引文等文本为单元,对所有文章进行训练,以期得到蕴涵每个作者特征的向量,然后根据人工标注的部分数据进行机器学习,待测评结果较好时将模型推广到全部 Pubmed 作者数据集上,详细流程请见图 3-3。

1) 姓名统计和同名作者语料集准备

本书首先统计作者姓名在文章中出现的频次,对于出现频次为 1 的作者说明其署名的文章只有一篇,不存在姓名消歧问题。对于频次大于 1 的作者姓名,说明至少有 2 篇文章署有这个作者姓名,此时就涉及姓名消歧。对于出现频次大于 1 的作者姓名,首先构建同名作者语料集,此时的语料集包含作者的姓名、文章题目、期刊题目、摘要、关键词、参考文献、合作者、附属信息等,此时的附属信息包含作者的单位、职称、国家、邮箱、地址等文本信息(不缺失的情况下),假如一篇文章署有

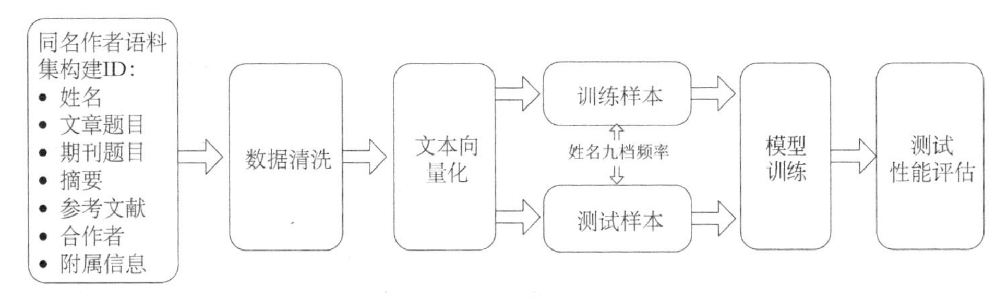

图 3-3 作者姓名消歧流程

几个作者，那么这篇文章的所有信息就是每个作者的信息语料集。经初步统计，有2589888个姓名是有Email有机构等附属信息的，83882个作者是没有Email有机构附属信息的，25285874个姓名是完全没有机构等附属信息的，其中有邮箱姓名覆盖率为9.26%，有机构姓名覆盖率为9.56%，90.44%的姓名是没有附属机构等信息的。因此，仅仅依据邮箱、机构、地址等信息来进行姓名消歧是远远不够的。在姓名统计中，署名为“WANG WEI”的论文最多，有3352篇。一个人穷极一生都不太可能写出3000多篇论文，相反对于出现频次小于50的作者姓名，撰写50篇论文可能性还是比较大的，因此本书将作者姓名出现的频次划分为2～50、51～100、101～150、151～200、201～300、301～500、501～1000、1001～2000、≥2001九个档次，假设出现频次越高的作者姓名出现重名的可能性越大，出现频次越低的作者姓名出现重名的可能性越小，在对全部作者姓名语料集进行深度表示学习后，从这九个档次中分别随机抽取一定数量的姓名，划分为训练集和测试集。

2）作者姓名文本信息预处理和深度表示学习

对于姓名文本信息，本书先导入nltk的分词（word_tokenize）、停用词（stopwords）等包对文本数据进行清洗，例如将文本进行统一小写化，剔除文本中的特殊字符和标点符号等，例如the、a、these、those、they等，但是对@符号做特殊处理并保留下来，因此@符号可能作为邮箱地址存在，对其保留以便在训练时将整个邮箱地址作为一个字符来识别从而增加作者之间的辨别度。以同名作者独立的ID为索引，以其经过清洗处理的文本为内容，导入Doc2vec模型中进行训练。本书设定的相关参数中向量维度（size）为150维，窗口（window）长度为20，字符在语料库中出现的最小频率为2，对于只出现一次的字符只可能在一篇文章中出现，对于作者关系的贡献程度几乎为零，选用DM模型以便加强对一些稀疏字符的发现。实验装备为Indiana University Blooming的集群服务器。在经过服务器发送请求、排队、训练后下载训练出来的向量到本地Mysql数据库中进行操作。

3）机器学习模型训练

待得到出现频率大于1的全部作者姓名向量后，依据九档分组标准分别从各组中随机抽取样本，对样本进行人工标注，然后用这些人工标注的样本进行机器学习模型训练。本书采用的机器学习模型为支持向量(SVM)，由于训练出的向量为150维，线性支持向量机势必无法做出划分，因此在章节选用sigmoid核函数，以便注重样本数据的全局最优性。设定C值为1.0，coche_size为200，degress值为3，kernel为sigmoid等，测试集为25%，实验环境为本地台式计算机。

4）小组测试和评估

本书采用准确率和召回率分别对9组内的作者姓名分类结果进行测评。在本章节中的准确率即为正确判断出的同一个作者的姓名数与姓名样本总数的百分比，例如20篇文章中出现叫“Zhang Wei”的名字，如果在这20个姓名中其实真实情况只有5个作者，在分类时将正确的论文分配给了其真实的作者则+1，如果20个姓名只分对了10个姓名，那么准确率即为50%。在本章节的的召回率为正确判断出的同一个作者的姓名数与姓名样本中的作者数的百分比，例如还是这20篇文章中出现叫“Zhang Wei”的名字，是真实作者为5个人，如果样本只按照4个真实作者进行了分配，则召回率为75%，该结果忽略了另外那个作者。

依照准确率和召回率标准，对各小组的结果进行测评。在作者姓名频率为2～50的小组内准确率为95.37%，召回率78.47%；频率在51～100的小组内准确率为90%，召回率为80%；频率为101～150的小组准确率为90%，召回率为80%；频率为151～200的小组准确率为80%，召回率为80%；频率为201～300的小组准确率为80%，召回率为70%；频率为301～500的小组准确率为80%，召回率为70%；频率为501～1000的小组准确率为80%，召回率为70%；频率为1001～2000的小组准确率为70%，召回率为70%；频率大于等于2001的小组准确率为60%，召回率为60%。

$$\text{准确率：Precision} = \frac{\text{正确判断出为同一个作者的姓名数}}{\text{姓名样本总数}} \times 100\% \qquad \text{（公式 8）}$$

$$\text{召回率：Recall} = \frac{\text{正确判断出为同一个作者的姓名数}}{\text{姓名样本中的作者数}} \times 100\% \qquad \text{（公式 9）}$$

5）数据全集应用和测评

由于本书处理的是全部PubMed central数据，因此本书继续依照9个出现频率小组的划分标准，对所有的姓名进行消歧。同时本书在为每个姓名训练出的150维数据的基础上，继续采用相似性计算方法来计算所有同名作者两两之间的

cos 相似度，例如对于共出现 100 次的姓名，计算这 100 个姓名两两之间的 cos 值，对于出现频率为 3352 的姓名，则计算这 3352 个姓名之间的 cos 相似值。依据频次分组分别进行统计，研究发现 2～50、51～100、101～150、151～200、201～300、301～500、501～1000、1001～2000、≥2001 小组的最低 cos 值分别为 0.5028、0.5443、0.5480、0.6223、0.6245、0.6341、0.7028、0.7610、0.7758，随着姓名出现频次的增加，只有特征信息更为相似的姓名之间进行合并才可以最大化准确率和覆盖率，即出现频次越多的作者姓名越需要更高的 cos 值来将它们区分开。为确保应用于全部数据集方法的可靠性，本书再次从分类结果中随机抽取 100 个作者的所有论文，在名字消歧时中国和日本的名字往往重名程度更高，也更加难消歧，如果随机抽取的都是德国名字可能正确率会偏高，因此在随机抽样时确保覆盖中国、日本、印度、德国、美国等国家，既覆盖"Christodoulidis Konstantinos"等长一点的名字，又覆盖"Chen Xu"等短一点的名字。随机抽取 100 个真实作者的姓名列表后，首先在本地 Mysql 数据库中查询这些作者姓名对应的文章题目和 ID，取出文章题目在 PubMed、WOS、谷歌学术等系统中查询并判断，对于无法确定的作者姓名则谷歌其在单位的官方简介以及其他个人 CV 信息，例如在 Researchgate 网站中查询文章中的作者，查看不同文章中的姓名是否都指向同一个真实作者，因为 Researchgate 中的文章都是经由作者自己确定后属于自己的，如果在 researchGate 中为同一个真实作者则标注这两个姓名为同一个作者。

根据人工一步步详细审查，以 602 份抽样数据为例，如表 3-3 所示，统计显示姓名消歧正确率达 91.80%，参照 Wu Lingfei 和 Wang Dashun 等人在 WOS 数据集上的消歧结果，从 43661387 篇论文中识别出 10051491 名学者，准确率达 78%，本章节只在 PubMed 数据集上进行姓名消歧，结合医学生物学领域的特点，从 4451743 篇文章中识别出 7890871 位作者，准确率达 91.80%，能够作为计量知识图谱实体进行计量知识图谱构建工作。例如，对于姓名 Wei Chen，待利用其论文在数据中进行检索时，有些论文的标注的作者国家是德国，机构为 Berlin Institute for Medical Systems Biology，职称教授，如图 3-4 所示，能够在 ResearchGate 检索出的论文都指向德国的这位 Wei Chen（图中的 B），有些论文中的 Wei Chen 指向的是中国南方科技大学的教授（图中的 A），两个姓名留署的联系邮箱也完全不同，单从这两个方面判断这可能将其视为两个作者，但是我们的消歧结果显示这其实是同一个学者，因此本书进一步从作者在南方科技大学的官网查询发现这是同一位学者，只是这位学者在德国马普分子遗传学研究所攻读的博士，之后任命为该研究所的青年科学家小组组长、基因组中心主任、终身教授等，直至 2016 年开始在南方科技大学任职，作者的单位、邮箱、地址、合作者都变了，甚至样貌也发生了变化，但是作者前后专注的领域和内容有着紧密的关系，这正是医学生物学领域所独有的特点，一位学者可能穷极一辈子在某一类细胞的研究上，不同于社会科学或者计算机科学方面的学者随着时代的问题的需要和技术的进步研究的对象和方法都发生了较大的变化，因此该姓名消歧方法在生物医学与生命科学领域的消歧效果较好，区分度较高。

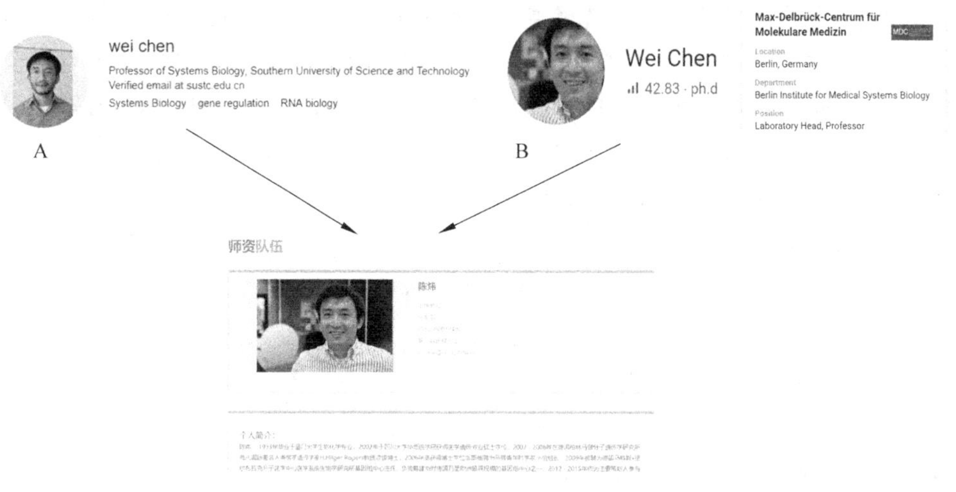

图 3-4　姓名 Wei Chen 学者消歧样例

表 3-3　姓名消歧随机抽样结果(部分)

姓名 ID	Name	Pmid	Article_title	Year	结果
53725223	COOK/S J	9445039	Development and Characterization of an In Vivo Pathogenic Molecular Clone of Equine Infectious Anemia Virus	1998	Y
53725223	COOK/S J	10590152	The S2 Gene of Equine Infectious Anemia Virus Is a Highly Conserved Determinant of Viral Replication and Virulence Properties in Experimentally Infected Ponies	2000	Y
53725223	COOK/S J	10708426	Tissue Sites of Persistent Infection and Active Replication of Equine Infectious Anemia Virus during Acute Disease and Asymptomatic Infection in Experimentally Infected Equids	2000	Y
53725223	COOK/S J	10846078	Immune Responses and Viral Replication in Long-Term Inapparent Carrier Ponies Inoculated with Equine Infectious Anemia Virus	2000	Y

续表

姓名 ID	Name	Pmid	Article_title	Year	结果
53725223	COOK/S J	9094660	Maturation of the cellular and humoral immunc responses to persistent infection in horses by equine infectious anemia virusis a complex and lengthy process	1997	Y
53725223	COOK/S J	23161812	Challenges and proposed solutions for more accurate serological diagnosis of equine infectious anaemia	2012	Y
53725223	COOK/S J	8104643	Beta-adrenoceptor subtypes and the opening ofplasmalemmal K(+)-channels in trachealis muscle: electrophysiological and mechanical studies in guinea-pig tissue	1993	N
55841866	SPARWASSER/T	9799232	CpG-DNA-specific activation of antigen-presenting cells requires stress kinase activity and is preceded by non-specific endocytosis and endosomal maturation	1998	Y
55841866	SPARWASSER/T	22236998	Regulatory T cells expressing granzyme B play a critical role in controlling lung inflammation during acute viral infection	2012	Y
55846469	ROCHEFORT/DANIEL	21820098	None, 'KIF1A, an Axonal Transporter of Synaptic Vesicles. Is Mutated in Hereditary Sensory and Autonomic Neuropathy Type 2	2011	Y
55846469	ROCHEFORT/DANIEL	27259058	Mutations in CAPN1 Cause Autosomal-Recessive Hereditary Spastic Paraplegia	2016	Y
55846469	ROCHEFORT/DANIEL	16175507	A Variant in XPNPEP2'. Is Associated with Angioedema Induced by Angiotensin I \u2013Converting Enzyme Inhibitors	2005	Y
57790173	CAMPBELL/JAMES	25629779	None, 'Bartonella Species and Trombiculid Mites of Rats from the Mekong Delta of Vietnam	2015	Y
57790173	CAMPBELL/JAMES	21408132	Risk Factors of Streptococcus suis Infection in Vietnam. A Case-Control Study	2011	Y
57790173	CAMPBELL/JAMES	21464930	Slaughterhouse Pigs Are a Major Reservoir of Streptococcus suis Serotype2 Capable of Causing Human Infection in Southern Vietnam	2011	Y

续表

姓名 ID	Name	Pmid	Article_title	Year	结果
57790173	CAMPBELL/JAMES	21767702	Real-time PCR for detection of Streptococcus suis serotype 2 in cerebrospinal fluid of human patients with meningitis	2011	Y
57790173	CAMPBELL/JAMES	22074711	Utility of routine viral load, CD4 cell count, and clinical monitoring among adults with HIV receiving antiretroviral therapy in Uganda: randomised trial	2011	N
57790173	CAMPBELL/JAMES	23306583	Effects of infection control measures on acquisition of five antimicrobial drug-resistant microorganisms in a tetanus intensive care unit in Vietnam	2013	Y
57790173	CAMPBELL/JAMES	24058300	Adherence to Antiretroviral Prophylaxis for HIV Prevention: A Substudy Cohort within a Clinical Trial of SerodiscordantCouples in East Africa	2013	N
57790173	CAMPBELL/JAMES	25966020	Erratum: Genomic signatures of human and animal disease in the zoonotic pathogen Streptococcus suis', None	2015	Y
57825397	LIN/TAO	19429612	Intact Flagellar Motor of Borrelia burgdorferi Revealed by Cryo-Electron Tomography: Evidence for Stator Ring Curvature and Rotor/C-Ring Assembly Flexion	2009	Y
57825397	LIN/TAO	27999167	Erratum for Chu et al., Function of the Borrelia burgdorferi FtsH Homolog Is Essential for Viability both In Vitroand In Vivo and Independent of HflK/C	2016	Y
57839850	WU/MICHAEL C	20560208	Powerful SNP-Set Analysis for Case-Control Genome-wide Association Studies	2010	Y
57839850	WU/MICHAEL C	21737059	Rare-Variant Association Testing for Sequencing Data with the Sequence Kernel Association Test	2011	Y
57839850	WU/MICHAEL C	22699862	Optimal tests for rare variant effects in sequencing association studies	2012	Y
57478882	CHEN/XU	25409144	Inhibition of cell expansion by rapid ABP1-mediated auxin effect onmicrotubules	2014	Y

续表

姓名 ID	Name	Pmid	Article_title	Year	结果
57478882	CHEN/XU	22683260	A ROP GTPase-dependent auxin signaling pathway regulates the subcellular distribution of PIN2 in Arabidopsis roots	2012	Y
57478882	CHEN/XU	24578577	Cell Surface ABP1-TMK Auxin-Sensing Complex Activates ROP GTPase Signaling	2014	Y

3.2.4 计量实体关系

(1) 计量实体间关系的意义

计量实体间的关系主要有引证关系(Cites)、合作关系(Co-author)、发表于关系(Published at)、著述关系(Written by)、相关关系(Relevant)等。引证关系表明一篇文章引用了另外一篇文章,可能是对被引证文献方法、技术、框架、流程等方面的借鉴,也可能是对被引文献结论的补充、证明或反驳。引证关系可以帮助学者构建引文网络,引文网络是进行创新扩散、学科演变、学术推荐、科学评价等研究的基石,对于生物医学与生命科学领域引文网络的全面构建将能够有效反应生物医学与生命科学领域科学研究的来龙去脉,帮助生物医学与生命科学领域的科研管理者、学术研究者以及相关工作人员把握生物医学领域科研、学科发展、科研工作等方面的规律。合作关系表明一篇论文由几名学者共同合作完成,虽然在署名顺序对科研工作的贡献程度方面有所争议,但是学者之间这种合作的关系对于攻克科研难题仍然是必不可少的,尤其是对于生物医学与生命科学领域,生物医学与生命科学领域的一篇论文可能是有几千甚至上万名科研工作者共同努力的结果,合作者之间缺一不可。对于生物医学与生命科学领域合作关系的全面构建可以有效探讨生物医学与生命科学领域研究工作者之间的合作关系,强化已经建立的重要合作关系,为科研创新寻求新的合作者、建立新的合作关系。“发表于关系”表明一篇文章发表的刊物,包括各个领域的期刊以及围绕某些主题和宗旨开展的会议,这些刊物是论文得以被认可和发展的载体,同样也是对其知识产权的一种保障。著述关系表明一篇文章是由哪些作者撰写的,作者是这种关系的实施者,作者与论文之间的著述关系反应了作者研究的情况,论文的内容反应出了作者的研究方向,论文的质量反应出了作者的学术水平。相关关系表明一篇论文包含了什么主题,主题是对论文中心思想和主要内容的高度概括,论文与哪些主题相关就表明论文的中心集中在哪些方面,两篇论文如果与同样的主题相关表明两篇论文的主要内容比较相似，有了这种相关关系就可以反过来对论文进行归类，也可以围绕主题进行查询。详细的计量实体关系以及架构请见图 3-5。

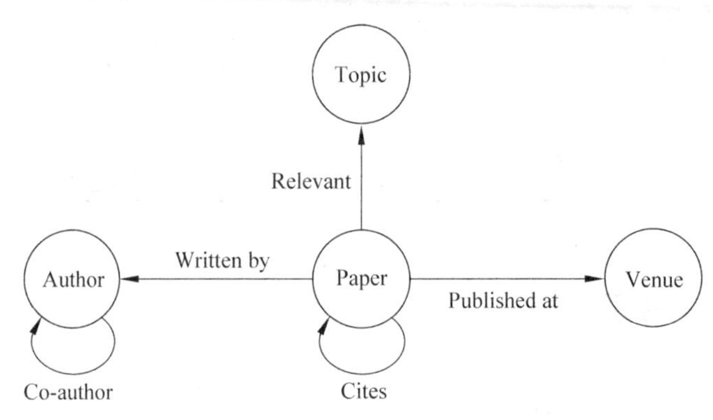

图 3-5　计量实体关系

(2) PMC 数据中的计量实体和关系

经过抽取、消歧等步骤，本书以 Pubmed Central 数据为例，最终获得论文节点 12275786 个（包含被参考的论文），作者 7890871 位，主题 727481 个，出版物（期刊、会议等）17948 个，如表 3-4 所示。同时根据论文的 ID 直接抽取的 55853512 条引文关系，借助 Pubmed 数据集抽取的关于 PMC 的 12389879 相关于（Relevant）关系，以及在作者姓名消歧后确定的独立作者 ID 基础上的 21758851 条著述（Written by）关系和独立期刊 ISSN 号基础上的 5078398 条发表于（Published at）关系。

表 3-4　计量实体节点和关系

Node:	
Paper	12275786
Author	7890871
Topic	727481
Venue	17948
Relationship:	
Relevant	12389879
Cites	55853512
Written by	21758851
Published at	5078398

3.3 MeSH中的实体与关系

3.3.1 MeSH知识库

MeSH是由美国国立医学图书馆(National Library of Medicine,NLM)编制的一部比较规范的、收词丰富的、注释详尽的、专指度较高的、语义关联的叙词表,并且NLM每年都会对其进行优化改进和版本升级①。MeSH既可以用来辅助检索人员进行相关检索,素有医学领域的本体之称。MeSH主要有MeSH概念(MeSH Concept)、MeSH术语(MeSH Term)、MeSH描述词(MeSH Descriptor)、MeSH补充概念(MeSH SupplementaryConceptRecord)、MeSH限定词(MeSH Qualifier)、描述限定对(DescriptorQualifierPair)等实体以及概念(Concept)、有描述词(HasDescriptor)、有限定词(HasQualifier)、映射(Mappedto)、广义概念(BroaderConcept)、狭义概念(NarrowerConcept)、偏向术语(PreferredTerm)、相关于概念(RelatedConcept)、术语(RelatedConcept)等关系。

MeSH作为树状知识库,主要有解剖学(Anatomy)、有机体(Organisms)、疾病(Diseases)、化学品和药物(Chemicals and Drugs)、分析诊断和治疗技术及设备(Analytical, Diagnostic and Therapeutic Techniques and Equipment)、精神病学和心理学(Psychiatry and Psychology)、现象和过程(Phenomena and Processes)、学科与职业(Disciplines and Occupations)、人类学、教育学、社会学及社会现象(Anthropology, Education, Sociology and Social Phenomena)、技术、工业、农业(Technology, Industry, Agriculture)、人文科学(Humanities)、信息科学(Information Science)、命名组(Named Groups)、医疗卫生(Health Care)、出版特点(Publication Characteristics)、地理学(Geographicals)等16个主要分支构成。

---

① National Library of Medicine. MeSH[EB/OL]. [2021-10-25]. https://www.nlm.nih.gov/mesh/meshhome.html.

3.3.2 MeSH 解析

(1) MeSH 数据准备和处理

MeSH 每年都会更新，本书下载 2018 年版本的 MeSH，NT 格式，大小为 1.8G，MeSH 作为一种知识树，其内容以 RDF 格式封装在一起。RDF(Resource Description Framework)是一种用主体(Subject)、谓词(Predicate)、客体(Object)三元组表达网络资源的元数据描述方法，是语义网得以应用的基础。MeSH 利用 RDF 这种资源描述框架表达 MeSH 实体之间的语义关系，本书通过 Neosemantics 将 MeSH 导进图数据库 Neo4j 中，以便进行统计分析。Neosemantics 是一种将 RDF 数据导入图数据库 Neo4j 的软件包，其通过 import 设置 uri 的形式将 RDF 数据导入图数据库[①]，待准确好包后就可以通过类似以下的方式(图 3-6)导入 MeSH。

```
CREATE INDEX ON :Resource(uri)

CALL semantics.importRDF("file:///D:/Neo4j/data/mesh.nt","N-Triples", { shortenUrls: true, typesToLabels: true, commitSize: 9000 })
```

图 3-6　基于 Neosemantics 的 MeSH 转化

(2) MeSH 中的节点

对 Neo4j 图数据库中的所有 MeSH 实体和关系进行统计，如表 3-5 所示，MeSH 知识库中有 MeSH Concept、MeSH Term、MeSH Descriptor、MeSHSupplementaryConceptRecord、MeSHQualifier、DescriptorQualifierPair 等实体。其中 MeSH 概念 378466 个，MeSH 概念即实体所表示的含义，包括实体的一些同义词，其在 MeSH 中的标识符以 M 开头，例如 M0000013(Congenital Abnormalities)；MeSH 术语 718795 个，MeSH 术语是 MeSH 概念的同义词和异形变体词，其标识符以 T 开头；描述词 3 类，其标识符往往都以 D 开头，其中主题描述词 28437 个，主题描述词是对被索引文章的一种主题概括，例如一篇期刊论文的主题是药物超敏反应综合征(Drug Hypersensitivity Syndrome)，出版类型描述词 162 个，出版描述词是指出版物的类型，地理描述词 397 个，地理描述词指的是地球上的某个地方或区域，例如 D001061 表示阿巴拉契亚地区(Appalachian Region)；MeSH 补充概念 248896 个，MeSH 补充概念是指对一些体量比较大的化学、药物概念的补充，主要包括化学制品补充概念(Chemical)240674 个、疾病(Disease)补充概念 6596 个、实验记录(Protocol)

① Jbarrasa. Neosemantics[EB/OL]. [2014-10-25]. https://github.com/jbarrasa/neosemantics.

补充概念 1212 个、生物体(Organism)补充概念 414 个。除此之外,还有 647455 个描述词与类对(DescriptorQualifierPair)等。

表 3-5 MeSH 中的节点和关系

MeSH：2092250		
MeSHConcept	378466	
MeSHTerm	718795	
MeSHDescriptor	TopicalDescriptor	28437
	PublicationType	162
	GeographicalDescriptor	397
MeSHSupplementaryConceptRecord	SCR_Chemical	240674
	SCR_Disease	6596
	SCR_Protocol	1212
	SCR Organism	414
MeSHQualifier	84	
DescriptorQualifierPair	AllowedDescriptorQualifierPair	646449
	DisallowedDescripotrQualifierPari	1006
TreeNumber	69528	
CheckTag	2(male/Female)	
Relationship：3964740		
AllowableQualifier	606524	
BroaderConcept	7678	
BroaderDescriptor	39239	
BroaderQualifier	76	
Concept	101219	
HasDescriptor	647455	
HasQualifier	647455	
IndexerConsiderAlso	45415	
Mappedto	10500	
NarrowerConcept	85668	
ParentTreeNumber	69387	
PharmacologicalAction	14201	

续表

PreferredConcept	277978
PreferredMappedTo	345102
PreferredTerm	656444
RelatedConcept	7100
SeeAlso	8735
Term	334636
TreeNumber	58922
UseInstead	1006

(3) MeSH 中的关系

在 MeSH 中有 AllowableQualifier、BroaderConcept、BroaderDescriptor、BroaderQualifier、Concept、HasDescriptor、HasQualifier、IndexerConsiderAlso、Mappedto、NarrowerConcept、ParentTreeNumber、PharmacologicalAction、PreferredConcept、PreferredMappedTo、PreferredTerm、RelatedConcept、Term 等语义关系,关系总数达 3964740 条。MeSH 中的概念、上下级、相同、等同等语义关系将 16 个生物医学与生命科学领域的词汇和概念链接在一起。例如狭义概念关系(narrowerConcept),如图 3-7 中 A 所示,三氧化二铁(ferric oxide)有 γ 氧化铁(gamma-ferric oxide)、水合氧化铁(ferric oxide hydrate)、纤铁矿(lepidocrocite)、赤铁矿(hematite)、C.I. 77491 等狭义概念。如 B 所示的映射关系(Mapped to),卡唑类(Carbazoles)可以映射到咔唑霉素 B(carbazomycin B)、咔唑霉素 C(carbazomycin C)、咔唑霉素 D(carbazomycin D)、卡那霉素 D(kinamycin D)以及药物 tjipanazole D 等上面。如 C 所示的泛级描述关系(BroaderDescriptor),苯丙氨酸(Dihydroxyphenylalanine)、黑色素(Melanins)、甲基酪氨酸(Methyltyrosines)、(Betalains)、磷酸酪氨酸(Phosphotyrosine)等的泛级描述实体都是酪氨酸(Tyrosine)。如 D 所示的泛级类关系(BroaderQualifier),药物代谢动力学(pharmacokinetics)、血液(blood)、尿液(urine)、酶学(enzymology)等的泛级类都是新陈代谢(metabolism)。如 E 所示,其中包含偏向术语(PreferredTerm)、偏向映射于(PreferredMappedTo)、泛级描述(BroaderDescriptor)等关系。环肽(Peptides, Cyclic)和肽片段(Peptide Fragments)的泛级描述词均为多肽(Peptides),环肽偏向映射于 B 多肽(cyclomontanin B)以及 pedopeptin B 等,多肽(Peptides)偏向映射于钙化分数 A(calcemic fraction A)和酪蛋白免疫素(caseidin)等。

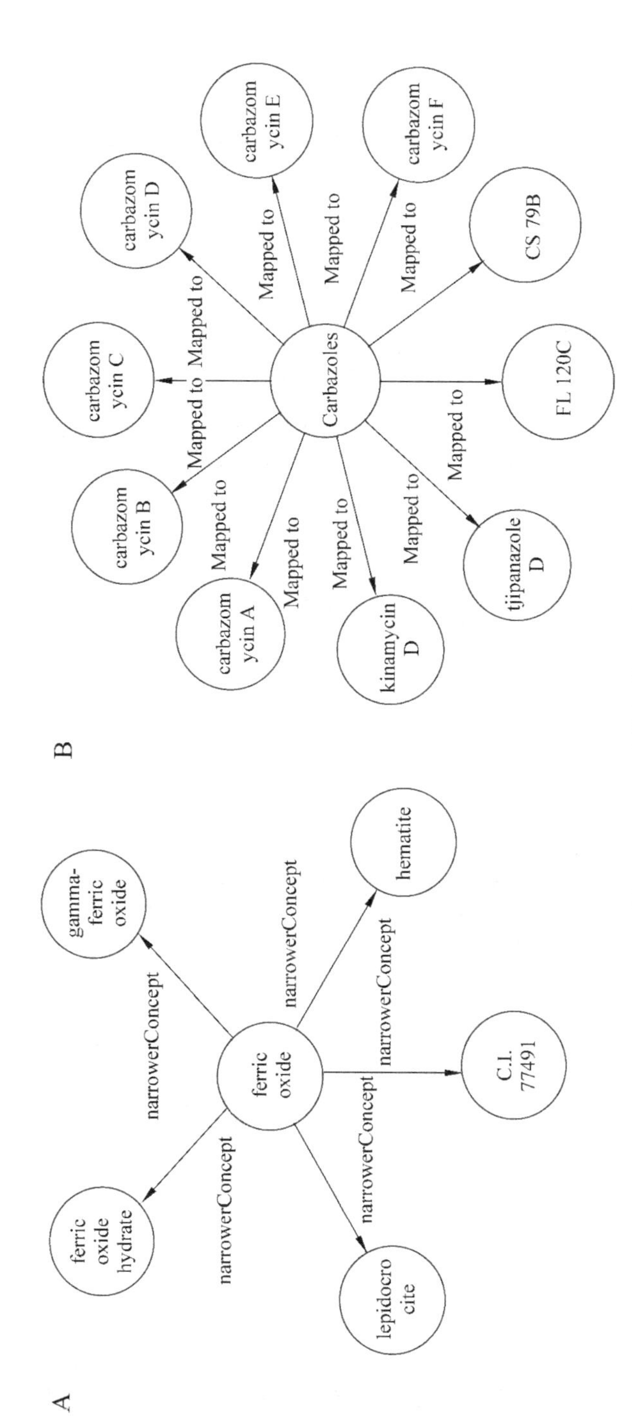

图 3-7　MeSH 实体间的语义关系

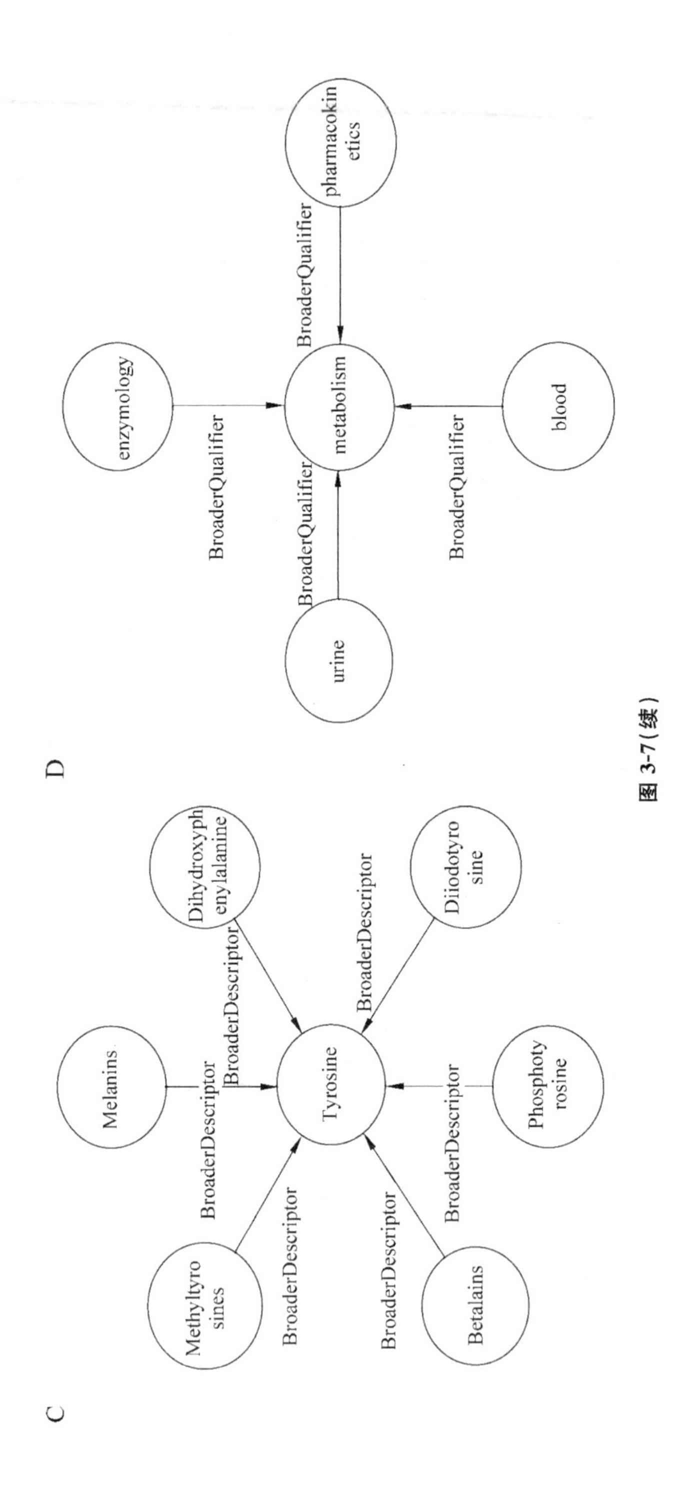
C
Melanins
Tyrosine
Dihydroxyph
enylalanine
Diiodotyro
sine
Phosphoty
rosine
Betalains
Methyltyro
sines
BroaderDescriptor
BroaderDescriptor
BroaderDescriptor
BroaderDescriptor
BroaderDescriptor
BroaderDescriptor
D
enzymology
metabolism
pharmacokin
etics
urine
blood
BroaderQualifier
BroaderQualifier
BroaderQualifier
BroaderQualifier

图 3-7(续)

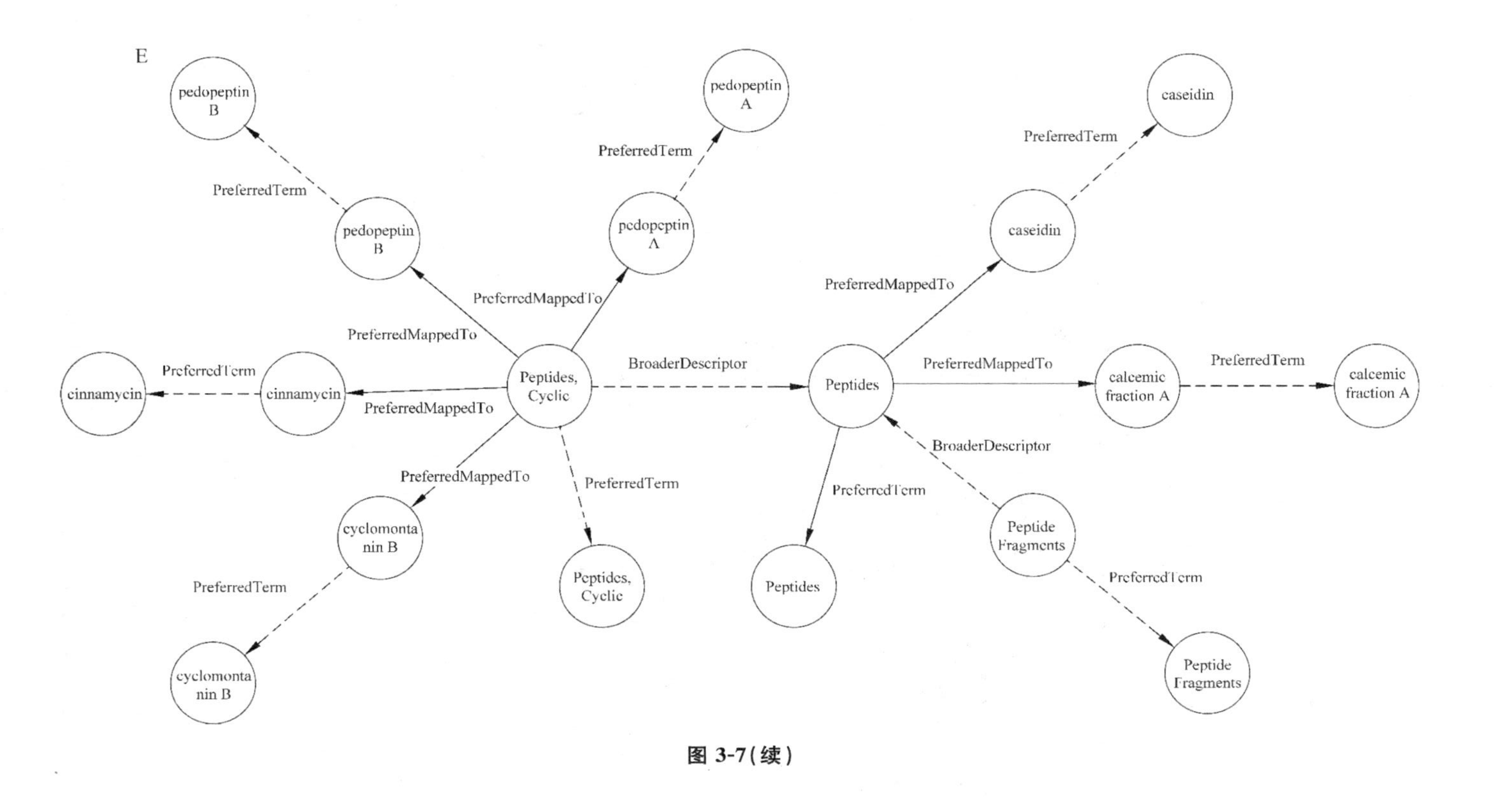
E
pedopeptin B
PreferredTerm
pedopeptin B
pedopeptin A
PreferredTerm
pedopeptin A
PreferredMappedTo
PreferredMappedTo
caseidin
PreferredTerm
caseidin
PreferredMappedTo
cinnamycin
PreferredTerm
cinnamycin
PreferredMappedTo
Peptides, Cyclic
BroaderDescriptor
Peptides
PreferredMappedTo
calcemic fraction A
PreferredTerm
calcemic fraction A
BroaderDescriptor
PreferredMappedTo
PreferredTerm
PreferredTerm
cyclomonta nin B
PreferredTerm
cyclomonta nin B
Peptides, Cyclic
Peptides
Peptide Fragments
PreferredTerm
Peptide Fragments

图 3-7(续)

3.4 计量实体与 MeSH 实体关联

3.4.1 全文检索 Lucene

Lucene 是一种高性能全文检索工具，最早由信息检索领域著名学者 Doug Cutting 创立，在 2001 年成为 Apache 软件基金会 Jakarta 项目的子项目①，是一种用纯 Java 编写的开源代码全文检索工具包，以优异的结构、强大的性能、较强的伸缩性、易使用、较强的移植性、较强的平台独立性、代码开源等特点著称，被广泛应用于各类全文搜索系统的开发以及集成在多类软件的开发环境中②。Lucene 是一个全文检索引擎的架构，并不是一个完整的全文检索引擎，也不是一个完备的应用程序，是支持各种搜索引擎系统和软件的开发工具，在经过二次开发后 Lucene 便能成为各种复杂查询系统的后台③。作为全文检索工具，Lucene 不仅可以进行批量索引，还可以进行增量索引，Lucene 文档中的字段可以控制检索的范围，还可以对不同字段进行不同的处理，其独特的索引结构使其从传统的全文检索工具中脱颖而出，快速发展成为全文检索的标志性工具。

Lucene 的构建和使用主要包括索引的构建与搜索两个过程。如图 3-8 所示，首先需要将待索引文件进行索引构建。Lucene 采用的是倒排索引方法构建的索引，索引(Index)由段(Segment)组成，每个段又由文档(Document)组成，此时 Document 就是文档的具体实现类，每个文档都包含一个域表，每个域表又由很多域(Field)组成，此时 Field 就是域的具体实现类，每一个域又由众多的项(Term)和属性组成④。在建立索引时，Lucene 使用各种各样的解析器对索引文件进行解析，例如 HTML 文档解析器、PDF 解析器、Word 解析器、Text 解析器等，首先完成对文件格式的解析提取出文件的文本，然后使用分析器 Analyzer 对文本进行分析，在 Lucene 中内置的

① Apache Lucene. Apache 2.0 licensed[EB/OL]. [2021-10-03]. http://lucene.apache.org/.

② 白培发，王成良，徐玲.一种融合词语位置特征的 Lucene 相似度评分算法[J]. 计算机工程与应用，2014，50(2)：129-132.

③ 唐铁兵，陈林，祝伟华.基于 Lucene 的全文检索构件的研究与实现[J]. 计算机应用与软件，2010，27(2)：197-230.

④ 崔诗程，李千目，戈峰.基于 Lucene 的全文检索架构设计[J]. 南京理工大学学报(自然科学版)，2015，39(6)：692-697.

Analyzer 分析器主要有 WhitespaceAnalyzer、SimpleAnalyzer、StopAnalyzer、StandardAnalyzer 等。WhitespaceAnalyzer 只是对文本进行去空格处理，不对字符进行小写化处理也不对词汇单元进行任何其他规范化处理，不支持中文；SimpleAnalyzer 则会依据非字母字符对文本进行分割，然后将分割后的词汇单元进行小写化处理，并且剔除数字类型的字符；StopAnalyzer 则是 SimpleAnalyzer 分析器的强化版，其增加了剔除文本中常用单词的功能，例如 the、a 等单词，并且可以自己设置需要过滤掉的单词；StandardAnalyzer 分析器则是 Lucene 中应用比较多的一种分析器，StandardAnalyzer 分析器集成了前几个分析器的所有功能，并且支持中文，可以对中文进行单字切割，同时将所有字符转换为小写形式，并去除停用词、标点符号等。Lucene 还支持自己编译的分析器以便根据特殊需求对文本进行分析。待将文本经过分析后，即可通过 IndexWriter 类创建倒排索引，以 Document 的形式存储索引文件的内容和路径等属性，最后将 Document 写入索引中以便后期进行删除、修改、查询等操作。在索引的搜索过程中，通过也需要用解析器对待查询文件进行解析，然后用分析器对文本进行分析，借助 IndexSearcher 类把分析的结果在已经构建好的索引库中进行查询，根据需求返回查询的相关属性信息。Lucene 索引的构建与搜索流程见图 3-8。

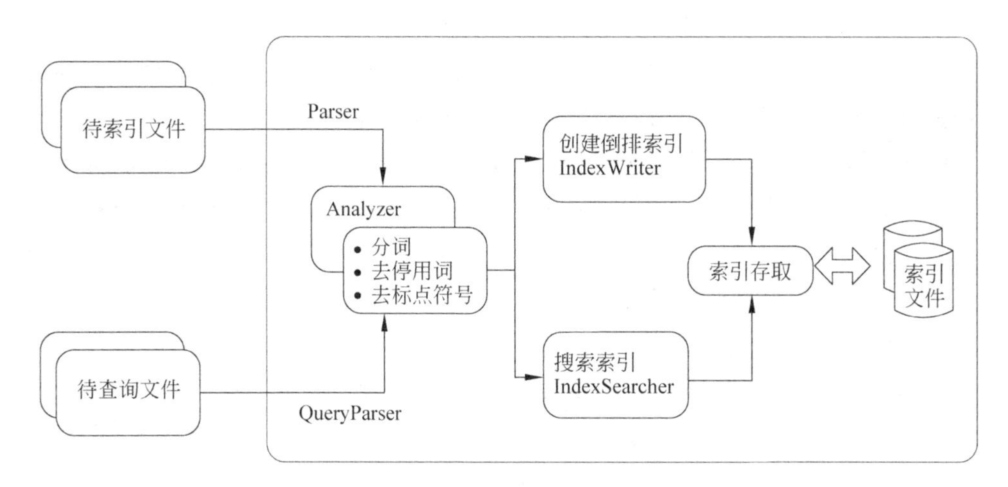

图 3-8 Lucene 索引的构建与搜索流程

3.4.2 基于 pylucene 的计量实体与 MeSH 实体关联

计量实体与 MeSH 实体的关联是将科学知识图谱和知识图谱整合的桥梁，是构建计量知识图谱的关键。科学知识图谱中 Paper、Author、Topic、Venue 等计量实体通过引证(Cites)、发表(Published at)、著述(Written by)、相关(Relevant)等关系连在一起,科学知识图谱中的语义关系相对比较匮乏。MeSH 知识库作为一个知识库将相关医学领域的词汇关联在一起,无论是从知识结构方面还是语义关系层面 MeSH 知识库都为其中的实体找到更多更为丰富的语义关系,并且作为医学领域词表的 MeSH 其每个词汇都是专业的术语或称谓,如果将科学知识图谱中的实体同 MeSH 知识库整合在一起构建计量知识图谱,计量实体就可以借 MeSH 知识库中丰富的语义路径连在一起,通过较为丰富的间接关系来挖掘计量实体之间的潜在关系,从而计算计量实体之间的距离,较为准确地进行学科主题聚类以便分析其演化情况,并依据这种计量知识图谱关系预测主题的未来走势,因此本书通过将科学知识图谱和 MeSH 知识库关联在一起构建计量知识图谱。

选择计量实体中的 Paper 实体来进行关联操作。作为计量实体 Paper、Author、Topic、Venue 等都可以通过一定的方式与 MeSH 中的实体进行关联,但是只有 Paper 的研究内容与 MeSH 知识库有着最为直接紧密的相关性,Paper 节点具有题目(Title)、摘要(Abstract)、关键字(Keywords)、论文主体(Body)等属性,论文研究的内容才涉及 MeSH 实体的语义关系,例如在摘要中可能阐述有某种疾病(Disease)与某种基因(Gene)的关系,如果 MeSH 中的两个疾病在多篇文章中均同时出现,那么往往这两种疾病可能就是一种并发的关系或者其他比较相关的关系,即使这两种疾病在 MeSH 知识库上可能并不太相关,那么这种研究文献的内容就可以指导挖掘这两种疾病在结构、类别等方面的潜在关系。相反,如果一种 MeSH 术语或者概念在多篇文章中同时出现就说明这几篇文章都与这种概念比较相关,这几篇文章的主题可能就比较相同或者隶属于类似的主题,其研究作者可能就隶属于相近的研究领域。如果 MeSH 中几种关系相近的概念分别在几篇文章中出现,那么这种相近的 MeSH 关系就可以拉近文章的关系,拉近其作者的关系,为其未来开展合作研究提供比较合适的目标。因此,通过 Paper 实体同 MeSH 进行关联最为合理。在 Paper 众多属性中,如果选取 body 全文数据则涉及的范围就会太广,在几千字的论文中任意两个术语或概念的语义并不一定相关,因此选择全文数据不合适。如果只选取 Abstract 属性则对于没有摘要的论文就完全没有与 MeSH 关联的机会,因此本书在选取 Abstract 属性的基础上,再将 Title、Keywords 属性加进去,如果论文既没有 Abstract 属性也没有 Keywords 属性,则以 Title 属性进行关联。综上所述,本书初步依据 Paper 的题目、摘要和关键词内容同 MeSH 进行关联。

选择 MeSH 实体中的 MeSH 概念、MeSH 术语、MeSH 补充概念、MeSH 主题描述词等同 Paper 实体进行关联操作。MeSH 具有概念(MeSH Concept)、MeSH 术语(MeSH Term)、MeSH 描述词(MeSH Descriptor)、MeSH 补充概念(MeSH SupplementaryConceptRecord)、MeSH 限定词(MeSH Qualifier)等众多实体，每一个实体都有其名字 Label，因此可以从 MeSH 的图数据库中导出其名字 Label 或 prefLabel(ns0_prefLabel、ns1_label)同 paper 节点匹配，但是并不是每种实体都应该与 Paper 实体进行匹配，例如总共只有 84 个的 MeSH Qualifier，这 84 个大类涵盖了医学领域的所有分支和领域，但是这只是 84 个大类，概念较为宽泛，不能准确定位到细小的领域，如果用其与 paper 进行匹配那么很多同属于某个大领域的众多论文势必会通过共同的领域大类间接连接在一起，此时噪声势必会很大。同时对于有些实体，例如 DescriptorQualifierPair，其不仅包含着 Descriptor 的 Label，还包含着 Qualifier 的 Label，此时如果用其与 paper 匹配势必出现多重匹配。综上所述，本书选择 MeSH 中的 MeSH 概念(MeSH Concept)、MeSH 术语(MeSH Term)、MeSH 补充概念(MeSH SupplementaryConceptRecord)、MeSH 主题描述词(TopicalDescriptor)同 Paper 进行匹配。

Pylucene① 是基于 Java 版本的 Lucene 在 Python 环境下的继承和扩展，是 Java Lucene 在 python 环境下的封装包，以便于在 Python 环境下可以使用 Lucene。其工作的原理在于借助 JCC 将 Lucene 代码编译成 C++ 格式的，然后通过 JNI 在 python 中进行调用。Pylucene 的使用不仅需要安装配置 Java 环境，还需要安装配置对应相关 python 版本的 C++ 环境以及 Apache Ant 编译工具和相关包。Apache Ant 是一种类似 make 的程序构建工具，具有较强的跨平台性、操作简单、功能丰富、易扩展等特点，但是 Ant 的配置都需要相应的工具，尤其是对于 Window 系统，其配置略显麻烦，本研究在运行内存 RAM 32G、固态硬盘 SSD 250G、处理器 i7-8700 CPU、Window 10 系统的台式机上配置了相关环境和软件，以便对待索引文件进行索引和搜索。

通过 pylucene 索引的构建和搜索来实现 paper 实体与 MeSH 实体的关联。关联步骤如图 3-9 所示，首先，准备所有 Paper 的 ID、Title、Keywords 和 Abstract 文本数据，由于医学领域的词汇比较复杂，例如 α_1-、α_2-、β-adrenoceptors、MicroRNA-200a、Wnt/β-catenin 等字符，如果直接将标点符号剔除则会曲解字符的意义，如果直接将数字剔除也会使数据失真，因此对于各种复杂的符号首先作字符替换操作，将特殊字符进行特殊替换。SimpleAnalyzer、StopAnalyzer、

① PyLucene [EB/OL]. [2021-07-08]. http://lucene.apache.org/pylucene.

StandardAnalyzer 等分析器都会依据非字母字符对文本进行分割，势必会破坏术语的完整性，因此本书采用最原始的 WhitespaceAnalyzer 分析器，只对空格进行处理，然后再对字符进行小写化和字符替换处理以保证特殊字符和数字的完整性，然后通过导入 nltk 包，依据其 stopwords 字典对字符进行去停用词处理，最后做去标点符号处理。将分析后的每一个 Paper 的题目、摘要和关键词等字符分别添加到文档的不同域中，设定域名，同时将 Paper 的 ID 添加到每个 Document 的域内，待将所有 Paper 数据都索引完成后即完成索引的建立。然后，准备 MeSH 数据，从 Neo4j 中查询 MeSH Concept、MeSH Term、MeSH SupplementaryConceptRecord、MeSH TopicalDescriptor 等名词（Label），严格依照建立索引时的分析过程进行小写、字符替换、去停用词等操作，依据每一个 MeSH ID 所对应的 Label 分别在文档的题目、摘要、关键词域中进行查询，返回查询到的 Paper ID，从而完成 Paper 实体与 MeSH 相关实体的匹配。

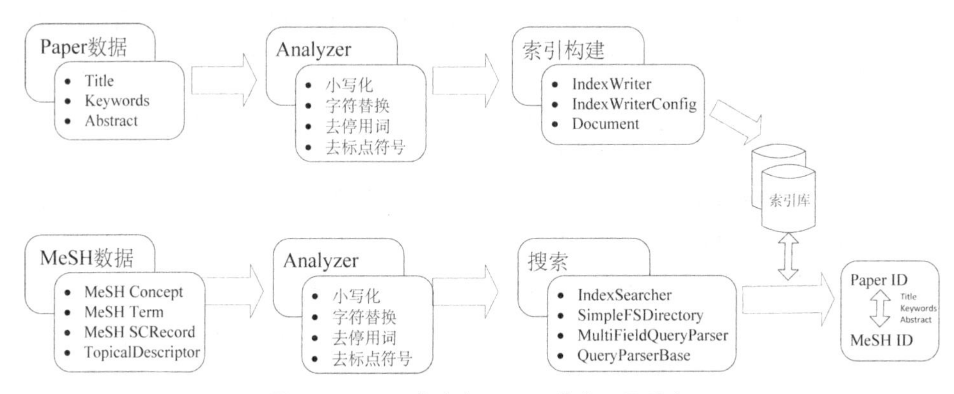

图 3-9　Paper 节点与 MeSH 节点匹配流程

匹配结果如表 3-6 所示，如果通过 Title 将 paper 实体与 MeSH Concept、MeSH Term、MeSH SupplementaryConceptRecord、MeSH TopicalDescriptor 进行匹配，最终匹配的关系数目为 24743616 条，涵盖 3869290 篇文章，如果通过 Keywords 进行匹配，匹配关系数目为 2843499 条，涵盖 820400 篇文章，如果通过 Abstract 进行匹配，匹配关系数目为 82659084 条，涵盖 3568712 篇文章。对于这三种匹配方式，通过 Abstract 的方式明显噪声较大，对于 3568712 篇文章与 MeSH 具有 82659084 条关系，平均每篇文章与 23.16 个 MeSH 节点关联，匹配过于密集，因此综合考虑匹配方式的匹配关系数目和涵盖 Paper 数目，本书综合采用 Title 和 Keywords 两种匹配方式将 Paper 实体同 MeSH 相关实体关联在一起，匹配关系数共计 27587115 条，涵盖 3920729 篇论文，覆盖率为 88.36%。

表 3-6 Paper 与 MeSH 的匹配结果

通过 Title 与 MeSH 匹配的关系数目	24743616	通过 Title 与 MeSH 匹配覆盖的 Paper 数目	3869290
通过 Keywords 与 MeSH 匹配的关系数目	2843499	通过 Keywords 与 MeSH 匹配覆盖的 Paper 数目	820400
通过 Abstract 与 MeSH 匹配的关系数目	82659084	通过 Abstract 与 MeSH 匹配覆盖的 Paper 数目	3568712
通过 Title、Keywords 与 MeSH 匹配的关系数目	27587115	通过 Title、Keywords 与 MeSH 匹配覆盖的 Paper 数目	3920729

3.5 计量知识图谱时间划分与构建

(1) 基于实体和关系的计量知识图谱构建

待抽取、解析以及消歧准备好计量实体和关系后，深度剖析 MeSH 知识库的架构，结合 Lucene 全文信息检索技术完成计量实体与 MeSH 的匹配，从而准备好计量知识图谱所需的所有实体和关系。如图 3-10 所示，即为计量知识图谱的概括图。在此计量知识图谱中，计量实体 topic 以 relevant 的关系同 paper 连在一起，venue 以 publishedat 的关系同 paper 关联在一起，author 以 writtenby 的关系与 paper 关联在一起，author 与 author 之间具有 co-author 关系，paper 与 paper 之间有 cites 关系，paper 以题目和关键词等内容与 MeSH 概念、MeSH 术语、MeSH 补充概念、主题描述词等关联在一起，MeSH 概念之间有其泛级概念和狭义概念关系以及相关概念等关系，MeSH 概念与 MeSH 术语之间有倾向于术语和术语的关系，主题描述词之间泛级描述、同级等关系，主题描述词与 MeSH 概念之间以 Concept 连接在一起，补充概念以映射的方式与描述词关联在一起，以及以 Prefered concept 的形式同 MeSH 概念关联在一起，MeSH 类之间有泛级类(BroaderQualifier)的关系，主题描述词与 MeSH 类之间以 AllowableQualifier 关联在一起，描述词和类之间有描述词类对(DescriptorQualifierPair)这种间接关系，并且主题描述词之间又以树号(TreeNumber)层层关联在一起，此时计量实体已经同 MeSH 的词汇概念之间通过直接或间接关系关联在一起。

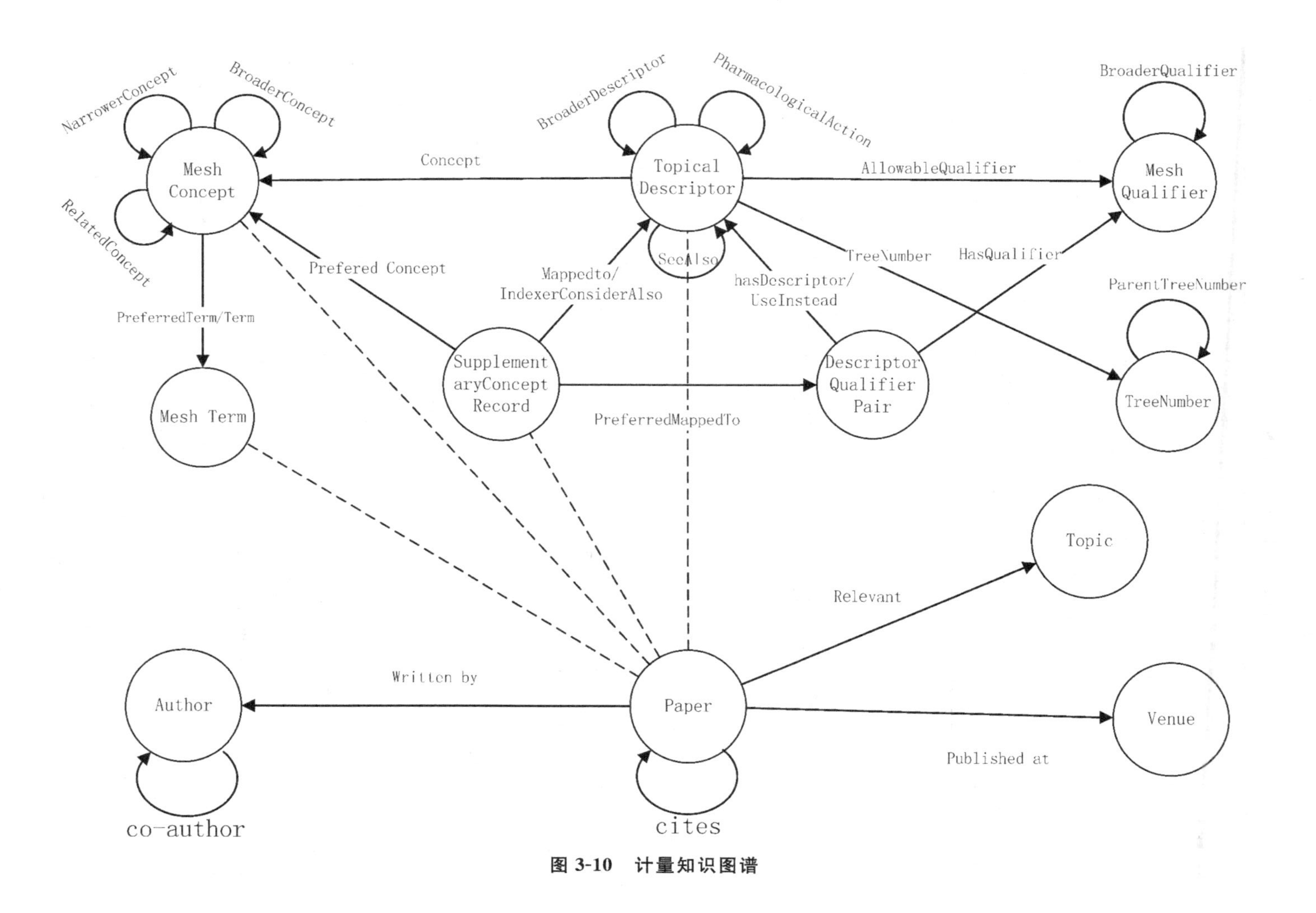

NarrowerConcept
BroaderConcept
Mesh Concept
RelatedConcept
Concept
BroaderDescriptor
PharmacologicalAction
Topical Descriptor
AllowableQualifier
BroaderQualifier
Mesh Qualifier
Prefered Concept
Mappedto/ IndexerConsiderAlso
SeeAlso
hasDescriptor/ UseInstead
TreeNumber
HasQualifier
ParentTreeNumber
PreferredTerm/Term
Supplement aryConcept Record
PreferredMappedTo
Descriptor Qualifier Pair
TreeNumber
Mesh Term
Topic
Relevant
Written by
Author
Paper
Venue
Published at
co-author
cites

图 3-10 计量知识图谱

以生物医学与生命科学 PMC 全部数据为例，本书构建的计量知识图谱共有实体 23109931 个，其中论文(paper)实体 12275786 个，作者(author)实体 7996399 个，主题(topic)实体 727481 个，出版物(venue)实体 18015 个，MeSH 实体 2092250 个，这是一个包含上亿实体、几十亿关系的大规模高覆盖的大型计量知识图谱。

(2) 计量知识图谱的时间切片划分

本书是基于动态计量知识图谱进行的学科主题演化和预测，其基础是构建动态计量知识图谱，因此本书在完成整体计量知识图谱架构的基础上，采用时间切片(time slices)的方式进行分时段计量知识图谱构建。关于动态方面的处理，Katy Borner(2003)、Blei①、Chen Chaomei②、Song Min③ 等众多学者均采用的是根据时间进行切片的方式，无论是引文网络、合作网络，还是主题演化、创新扩散、社区结构，其变化都是在时间维度方面的延伸，随着时间的变化其结构和状态发生变化，因此采用时间切片的方式是比较能够反映出事物的动态过程的。因此，本书借鉴前人时间切片的经验，以年为单位对计量知识图谱进行切片划分，其中，将 1985 年及以前的时间划分为一个初始时间段，因为在 1985 及之前的时间里，引文数据是比较少的或缺失的，1985 年及之前的引证关系只有 626 条，如果对之前的时间段再进行划分，依据反应主题、作者等计量实体热度变化的引文网络变化情况就会很小，因此本书以 1985 年及之前的时间为起始时间片，从 1986 年一直到 2018 年，每年为一个时间片，共计 34 个时间片，比较计量知识图谱分别在 34 个时间片上的不同来揭示计量知识图谱的动态过程。

(3) 基于时间切片的动态计量知识图谱构建

依据 34 个时间切片，本书首先根据论文的出版日期(publicated date)属性对论文进行划分，如图 3-11 所示，随着时间的变化，年产论文数在不断增多。在 1985 年及之前，共有论文 704457 篇，2016 年年产论文数达到 22913 篇，在 1993 年年产论文开始突破 3 万，2005 年突破 6 万篇，2008 年年产论文达到 10 万篇以上，2011 年年产量就 20 万篇以上，2013 年年产量突破 30 万篇，直至 2016 年达到峰值 388502 篇，在 2017 年没有进一步递增(由于数据更新问题，2018 年可能只是部分数据)。

---

① Blei D M, Lafferty J D. Dynamic topic models[C]//Proceedings of the 23rd international conference on Machine learning. ACM, 2006: 113-120.

② Chen C. CiteSpace Ⅱ: Detecting and visualizing emerging trends and transient patterns in scientific literature[J]. Journal of the American Society for information Science and Technology, 2006, 57(3): 359-377.

③ Song M, Kim S Y, Zhang G, et al. Productivity and influence in bioinformatics: A bibliometric analysis using PubMed central[J]. Journal of the Association for Information Science and Technology, 2014, 65(2): 352-371.

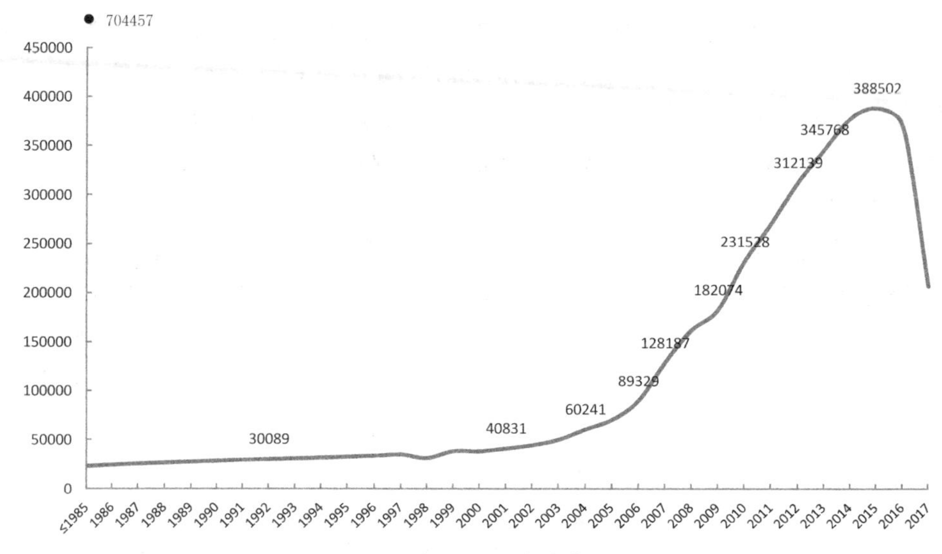

图 3-11　1986 年至 2018 年每年 paper 数

然后，根据论文与作者之间的著述关系，以作者发表的第一篇论文为作者的起点，以论文的出版年为作者的时间，例如如果作者在 1990 年开始出现，则该时间之后如果作者著出论文，则在原来作者节点上增加一条新的著述(writtenby)关系，随着时间的变化，作者的数量随之递增。根据论文与期刊的发表关系(published at)，仍然以论文的出版年为期刊的日期，随着时间的变化，新的期刊不断加入进来，期刊总数目也随之不断递增。根据论文与主题之间的相关关系(relevant)，以论文的出版年为主题的日期，主题首次出现时添加主题节点，之后再次出现该主题则只添加一条相关关系(relevant)，随着时间的变化，主题节点的数目也与之递增。MeSH 所有节点作为一个基础架构贯穿所有时间片，并保持不变，相反 paper 与 MeSH 的关系则随 paper 的日期加入进来，各个时间片上的节点和关系详细数目如表 3-7 所示，以时间为轴以年为刻度单位的动态计量知识图谱请见图 3-12(详图请见附录 A)。

表 3-7　计量知识图谱时间切片划分

时间	论文数 (Paper)	引证关系 (Cites)	MeSH 与 Paper 关系	著述关系 (Written by)	发表关系 (Published at)	相关关系 (Relevant)
总计	12275786(包含被引节点)	55853512	27587115	21758851	5078398	12389879
≤1985	704457	626	2860597	1185883	742987	2240030
1986	22913	939	112129	71912	25248	125700
1987	24102	948	117231	76915	26622	132580

续表

时间	论文数(Paper)	引证关系(Cites)	MeSH与Paper关系	著述关系(Written by)	发表关系(Published at)	相关关系(Relevant)
1988	25471	4425	126845	83826	27957	152361
1989	26611	4621	132464	88930	29323	164488
1990	27171	4063	135105	93232	30110	165027
1991	28199	5288	137627	98740	31368	189213
1992	29361	5672	143571	104817	32546	171799
1993	30089	5506	146980	108546	33791	196961
1994	30530	5546	150713	115135	34447	194480
1995	31564	5575	157385	119607	35673	187923
1996	32283	7785	163441	128896	36385	211470
1997	33309	57549	169674	134589	37989	292876
1998	34700	62401	187123	144919	40014	269168
1999	31065	52391	169890	129438	35371	276664
2000	38075	68248	207004	161092	44159	599878
2001	37961	78292	210050	170474	44020	476333
2002	40831	108667	230145	186194	47313	419169
2003	44180	135566	253947	207312	51573	400766
2004	49925	203924	291838	244205	58395	414492
2005	60241	332261	360598	304652	71510	437307
2006	69971	473426	421355	364296	84537	503846
2007	89329	738239	532547	461735	112486	602400
2008	128187	1068453	760348	697363	163140	845332
2009	161358	1509286	968560	916580	202907	992635
2010	102074	1071121	623965	573534	127924	566069
2011	231528	3001462	1420988	1355727	281581	948548
2012	270385	4216307	1707081	1029116	321651	904357
2013	312139	5406107	2019344	903991	366234	852598
2014	345768	6403167	2266224	2222187	400809	731278
2015	377816	7299497	2503217	2561009	432795	518643
2016	388502	8141004	2603287	2734410	440523	299300
2017	370797	9157596	2526094	2600705	408498	120535
2018	206521	6217554	1436017	1379884	218512	29687

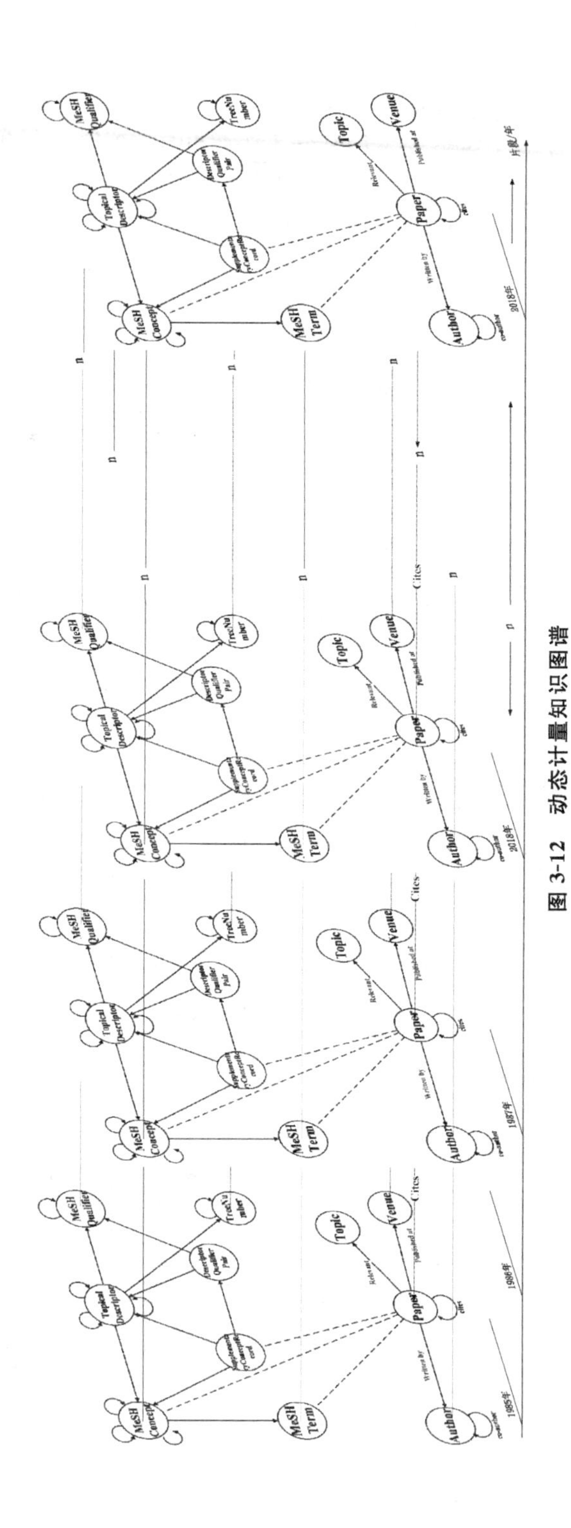

图 3-12　动态计量知识图谱

3.6 本章小结

本章首先论述了计量知识图谱的定义和内涵，在梳理知识地图、概念地图、科学知识图谱、知识网络、多模知识网络的基础上明确计量知识图谱的必要性，并就计量知识的内涵和形式同知识地图、概念地图、科学知识图谱、知识图谱等进行比较分析，明确计量知识图谱是一种基于知识图谱技术的面对计量相关研究和应用的领域知识图谱。

基于对计量知识图谱的定义和理解，本书以生物医学与生命科学数据为例，以生物医学与生命科学领域的 MeSH 为基础进行计量知识图谱的构建。依据知识图谱构建的步骤和方式，本书首先下载和准备生物医学与生命科学领域的数据，以 PMC 全部的近 500 万数据为例，分别对计量知识图谱所需计量实体和关系进行抽取和解析。

针对作者姓名重名问题，本书结合生物医学与生命科学领域研究比较集中的特点，提出采用 Doc2vec 深度表示学习方法对作者的名字、文章题目、关键词、摘要、引文、合作者、邮箱、国家、位置、职称以及机构等附属信息进行特征学习，根据作者姓名出现的频次将姓名分为 9 个档次，在特征学习基础上利用支持向量方法对 9 个档次小组内人工标注的小样本作者姓名进行模型训练，待得到较好的准确率和召回率时将模型进一步应用到全部数据集，在全部重名作者姓名消歧完成后进一步进行随机人工抽样测评姓名消歧的效果，经统计显示在数据全集上的姓名消歧方法正确率为 91.80%，识别出的 700 多万作者能够作为有效的作者实体进行计量知识图谱构建。在完成消歧工作后，本书根据计量实体间的关系完成计量实体间的关系构建。

鉴于 MeSH 在生物医学与生命科学领域作为知识库和词表的权威性，本书解析了 MeSH 的结构以及内部关系，在阐述 MeSH 实体含义的基础上明确其内部关联的原理，分别以三氧化二铁（ferric oxide）、卡唑类（Carbazoles）、酪氨酸（Tyrosine）、新陈代谢（metabolism）、环肽（Peptides, Cyclic）等为例介绍 MeSH 中的狭义概念、映射关系（Mapped to）、泛级描述关系（BroaderDescriptor）、泛级类关系（BroaderQualifier）、偏向术语（PreferredTerm）、偏向映射于（PreferredMappedTo）等诸多关系,鉴于其丰富和权威的语义可以将其作为计量知识图谱的基础进行计量知识图谱的构建。

在MeSH与计量实体的匹配方面,本章采用全文检索技术Lucene,通过索引的构建和搜索过程实现MeSH与paper之间的关联。在匹配实体的选择方面采用paper实体的title、keywords、abstract等属性分别进行匹配,鉴于匹配的结果,本书进一步订正只利用paper的title和keywords进行关联匹配。

最后,待所有的实体和关系准备好后,本书依据计量知识图谱的架构进行构建,完成一个包含上亿实体、上几十亿关系的大规模高覆盖的大型计量知识图谱。并且,根据动态计量知识图谱的需要,本书采用时间切片的方式对静态的计量知识图谱根据时间划分成34个时间片,依据paper的出版日期表其他实体标注日期,并以此分别构建不同时间片上的计量知识图谱,通过不同时间片上计量知识图谱的差异彰显计量知识图谱的动态变化。

第四章 实体热度计算

本书采用实体热度指标来反应计量实体所处的状态，对于学科主题，当其热度值从零开始缓慢增长时表明主题可能正处于新生阶段，从热度值迅速增长时表明该主题处于生长阶段，当其热度值达到一定阈值并且增长变得十分缓慢时可能表明该主题正处于成熟阶段，当主题热度值逐渐降低或迅速下降时表明该主题可能正处于萎缩或消亡阶段。对于主题集群，集群间热度值的变化规律则可以反应集群的演化规律，集群内热度值的变化规律则可以反应集群内部主题之间的演化规律。同理，以主题热度为指标可以预测到主题下一个阶段或未来可能存在的演化状态，也可预测计量知识图谱中其他实体未来的热度或所处的状态，这些与学科主题相关实体的状态是反应主题热度变化的潜在特征，是揭示主题演化、预测主题热度的辅助指标，因此本章以热度反应计量实体状态并进行热度计算是后续章节分析主题演化状态并探析演化规律和进行主题热度预测的依据和指标。本章研究主要包括对热度总内涵的概述和对加权 PageRank 热度总计算方法机理的解析以及在本章计算时所需要进行的归一化处理，然后分别解析论文热度、学科主题热度、作者热度和期刊热度的内涵，并分别构建其依次在 34 个时间片时的引证网络，依据 PageRank 思想在论文热度、学科主题热度、作者热度、期刊热度等方面的应用凝练出 PaperRank、TopicRank、AuthorRank、VenueRank 等具体算法，分别计算论文、学科主题、作者、期刊依次在 34 个时间片上的热度值，并围绕热度变化作详细分析。

4.1 热度计算

4.1.1 热度内涵

热度是一个化学名词，即热的程度，例如话题热度，在微博微信等社交媒体中衡量热度可能主要参考被评论数、被转发量、被赞数等指标，热点话题是人们关注的焦点，热点话题比较能够代表社会焦点、国计民生，对热点话题的关注、服务和治理往往也是开展相关工作的焦点[①]。在科学研究领域，主要有研究热度、作者权威度、作者流行度、期刊影响力、论文影响力等[②]。此类概念都与热度相关。比较受关注的研究点通常会是研究热点；比较受关注的作者或学者通常会是比较流行的学者，在流行学者中更加受关注、受重视的学者通常会是权威学者；期刊影响力较大通常情况下期刊的影响因子就比较高，期刊受关注程度较大，是学者关注的热点期刊；论文影响力较大的论文通常说明论文的质量较高、价值较大，被引以及被借鉴的概率也大，例如高被引论文通常都是领域的重点文献，是具有较高热度的论文[③]。

主题、论文、期刊、作者等计量实体热度的计算要建立在引文网络基础上[④⑤]（杨思洛，2011）。目前，在学术领域关于主题、论文、期刊、学者等热度的计量方法主要有基于发文量、下载量、被引量、合作网络、引文网络等。基于发文量（Number of papers）的主题热度计算方法则直接计算与某主题相关的论文数目；基于被引量（Number of citations）的热度计算方法则只考核被引用的数目，不关心被引的质量；基于合作网络进行的作者权威度、流行度评价则更关注作者作为节点在网络中的中心性。

---

① 裴可锋，陈永洲，马静.基于 DTPM 模型的话题热度预测方法[J].情报杂志，2016,35(12)：52-57.

② Su C，Pan Y T，Zhen Y N，et al. PrestigeRank：A new evaluation method for papers and journals[J]. Journal of Informetrics，2011，5(1)：1-13.

③ Aksnes Dag W，Liv Langfeldt，Paul Wouters. Citations，Citation Indicators，and Research Quality：An Overview of Basic Concepts and Theories[J]. SAGE Open，2019：21-75.

④ Brooks T A. Evidence of complex citer motivations[J]. Journal of the Association for Information Science & Technology，2010，37(1)：34-36.

⑤ 杨思洛.引文分析存在的问题及其原因探究[J]. 中国图书馆学报，2011，37(3)：108-117.

引文网络虽然存在一定的争议，但仍然是评价计量实体比较可靠和公平的工具。无论是何种评价人才、期刊和机构的指标和方法，其结果均与引文分析的结果具有很强的相关性，引文网络以其客观的引文数据来反应计量实体的受关注程度和传播扩散程度[①]。例如 H、A、R、AR、P、G、Hw 等指数，以及期刊影响因子(JIF)、期刊质量因子(QI)、文章影响分数(AI)均是在引文网络的基础上发展出来的指标[②③④⑤⑥⑦]。Massucci 和 Domingo（2019）在引证网络的基础上利用 PageRank 算法进行学术评价，并将其结果同五种比较权威的学术评价指标做对比，研究证明了引证网络在学术评价中的可靠性和 PageRank 算法的稳定性[⑧]。Aksnes 等人则对近几十年来关于引文以及引文指标的研究进行了述评，明确了研究质量是一个多维度的概念，引文以及引文指标虽然具有一定的局限性，但是其与多维度的研究质量仍然是极其相关的，是能够有效反应科学影响力的。并且，在评价论文质量时，其所发表的期刊质量是一个方面，越是好的期刊发文的要求通常越高，发文难度通常越大，接受率通常越低，但是并不能只看期刊质量，同时应该注意同行对其认可的程度，同行认可即可能去引用此文章，即使发到了一本高质量的期刊上，如果没有其他学者去引用在某种程度上可以说该工作没有推动相关领域的研究，没有得到其他学者的认可，甚至可能存在伪造问题[⑨⑩]。虽然目前期刊的评审工作也是基于同行评审，被期刊接收自然是收到部分学者认可的，但是这种同行认可相对由引用带来的认可可靠性相对较差，较为主观。因此计算主题、论文、期

---

① Strumia A，Torre R. Biblioranking fundamental physics[J]. Journal of Informetrics，2019，13(2)：515-539.

② Hirsch J E. An index to quantify an individual's scientific research output[J]. Proceedings of the National academy of Sciences，2005，102(46)：16569-16572.

③ Jin B. H-index：an evaluation indicator proposed by scientist[J]. Science Focus，2006，1(1)：8-9.

④ Jin B，Liang L，Rousseau R，et al. The R-and AR-indices：Complementing the h-index[J]. Chinese science bulletin，2007，52(6)：855-863.

⑤ Lim A，Ma H，Wen Q，et al. Journal-Ranking. com：An online interactive journal ranking system [C]//Proceedings of the National Conference on Artificial Intelligence. Menlo Park，CA；Cambridge，MA；London；AAAI Press；MIT Press；1999，2007，22(2)：1723-1729.

⑥ West J D，Bergstrom T C，Bergstrom C T. The Eigenfactor MetricsTM：A Network Approach to Assessing Scholarly Journals[J]. College & Research Libraries，2010，71(3)：236-244.

⑦ Bertoli-Barsotti L，Lando T. On a formula for the h-index[J]. Journal of Informetrics，2015，9(4)：762-776.

⑧ Massucci，Francesco Alessandro，Domingo Docampo. Measuring the academic reputation through citation networks via PageRank[J]. Journal of Informetrics，2019：185-201.

⑨ 方卿.我国学术期刊同行评审现状分析[J]. 中国编辑，2006(6)：57-61.

⑩ 郑美莺，梁飞豹，梁嘉熹.单篇论文评价方法——PaperRank 算法[J]. 科技与出版，2016(7)：94-98.

刊、学者等热度时，归根结底要看其被应用情况，若是被同行引用则受到同行关注，若是被其他领域引用则该论文可能有助于其他领域的研究。即使论文的下载量很高，这种下载的关注程度仍然无法有效反应到期刊或者会议的被认可程度上，并且下载量比较容易造假。因此，计量实体热度计算要建立在引文网络的基础上，在综合被引量的同时兼顾被引质量。

4.1.2 基于加权 PageRank 的热度计算方法

本书采用加权有向 PageRank 算法计算各类实体的热度。PageRank 值是一种相对的值，所有节点的 PageRank 值的总和为 1，即网络中节点根据其对其他节点的贡献值以及其他节点对其的贡献值来分割总值 1。例如在一个只有 4 个节点的网络(图 4-1 左所示)，如果节点两两之间都具有双向的关系，那么这 4 个节点的 PageRank 值就都是 0.25；如果网络中有 5 节点(图 4-1 右所示)，并且所有节点两两之间也都有双向的关系，那么这 5 个节点的 PageRank 值都是 0.2，在一个网络中其总值 1 不变。但是即使在 4 节点网络中各节点的 PageRank 为 0.25，而在 5 节点网络中各节点的 PageRank 为 0.2，两个网络中节点的 PageRank 值不同，但是其重要程度是相同的，因此 PageRank 是一种相对值，相对于同一个网络中其他节点 PageRank 值的相对值。

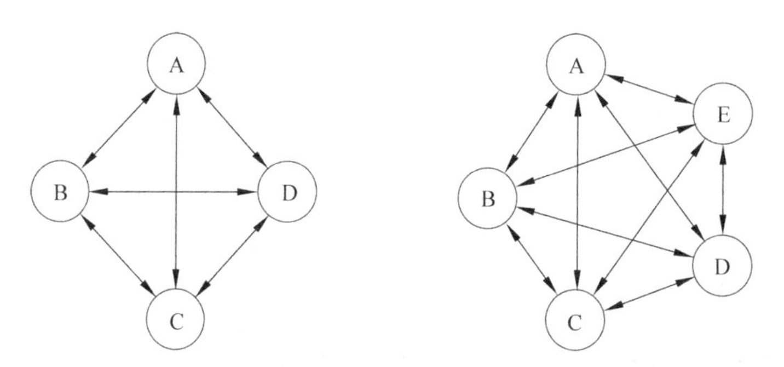

图 4-1　4 节点完全连通网络与 5 节点完全连通网络

归一化处理(Normalization)：由于每次计算 PageRank 值时总值为 1，网络中所有的节点共同以某种规则分割这个总值，因此 PageRank 值就会受网络中总节点数的影响，例如上图中的 0.25 和 0.2，此时节点数不同的网络就完全没有可对比性，因此此时需要对 PageRank 值进行归一化处理。由于在一个网络中所有节点共享总值 1，即可根据总数对节点让 PageRank 值乘以网络中的节点总数 n，如下公式所示，赋予每一篇论文的总贡献值为 1，网络中论文越多，总贡献值越多，然后依据 PageRank 彼此贡献程度来分配总贡献值。依据此标准，那么网络 A 和网络 B 中的节点 PageRank 值就都是 1，重要程度相同，对比合理，即使对于网络总节点数差价比较大的网络其 PageRank 值依然具有较强的可比性。

$$Standardization\_PageRank(node) = \frac{1}{PageRank(1), PageRank(2), \cdots, PageRank(n)} \times n \quad \text{（公式 10）}$$

4.2 论文热度计算

4.2.1 论文热度内涵

论文热度是指论文在某一段时间内的受关注程度和流行度。论文热度不同于论文下载量，论文下载量高说明论文被关注和引用的可能性较大，但是论文是否真正被其他学者所学习并推动其科研进展有所产出就需要从论文的引用量来真实反应了。论文热度不同于高被引论文，高被引论文的计算方法是只计算论文的被引用次数，被引用达到一定数量后即为高被引论文，但是这些引文质量往往层次不一，较高质量的引用就会带来主题热度的进一步提升，因此论文热度还需要兼顾论文的被引质量。论文热度强调的是论文的被引量和被引质量，即论文在引文网络中的相对重要性，相对越重要即论文的热度越高。

由于论文之间的引用具有时间上的连续性，即以前被引用较多的论文在后期更容易被引用，尤其是高被引论文可能成为领域的经典文献，凡是涉及此领域的研究多多少少都会对以前的经典文献加以梳理，因此被引用越多的文献相对于同阶段的文献在未来越可能受到引用，比如同是研究复杂网络的两篇文章，均发表在 PlosOne 期刊上，其中一篇由于多次参加会议、学术交流，文章得到较大程度上推广，那么这篇文章可能就会引来较多的引用，后期研究也会顺着引用这篇文章的一些论文找到这篇文章，久而久之这篇文章就更可能成为经典文献。因此，在构建各个时间段的引文网络时采用累加的方法，即在 2010 年的引文网络是所有时间早于或等于 2010 的引文关系和节点，在 2018 年的引文网络是所有时间早于或等于 2018 的引文关系和节点，如表 4-1 所示。

表 4-1 引文网络

时间	论文节点(paper)	引文关系(Cites)	时间	论文节点(paper)	引文关系(Cites)
≤1985	704457	626	≤2002	1228692	478542
≤1986	727370	1565	≤2003	1272872	614108
≤1987	751472	2513	≤2004	1322797	818032
≤1988	776943	6938	≤2005	1383038	1150293
≤1989	803554	11559	≤2006	1453009	1623719
≤1990	830725	15622	≤2007	1542338	2361958
≤1991	858924	20910	≤2008	1670525	3430411
≤1992	888285	26582	≤2009	1831883	4939697
≤1993	918374	32088	≤2010	1933957	6010818
≤1994	948904	37634	≤2011	2165485	9012280
≤1995	980468	43209	≤2012	2435870	13228587
≤1996	1012751	50994	≤2013	2748009	18634694
≤1997	1046060	108543	≤2014	3093777	25037861
≤1998	1080760	170944	≤2015	3471593	32337358
≤1999	1111825	223335	≤2016	3860095	40478362
≤2000	1149900	291583	≤2017	4230892	49635958
≤2001	1187861	369875	≤2018	4437413	55853512

4.2.2 基于 PaperRank 的论文热度计算

应用于论文排名的 PageRank 算法就是所谓的 PaperRank 算法。Du① 等人曾经提出过 PaperRank 算法，但是 Du 等人(2009)用的关系却是包含引证、被引、共被引、共引用等直接关系和间接引证、间接被引、间接共被引、间接共引用等间接关

① Du M，Bai F，Liu Y. Paperrank：A ranking model for scientific publications[C]//2009 WRI World Congress on Computer Science and Information Engineering. IEEE，2009(4)：277-281.

系的线性组合。Krapivin[①] 等人(2010)也提出了 PaperRank 算法，并以论文之间的引文关系作为链接关系进行计算，以 ACM 中的 266788 篇论文为例，对比分析了基于 PaperRank 算法与基于引文数量、H 指数在论文排名结果上的差异。郑美莺[②]等(2016)人也尝试用 PaperRank 算法对单篇论文进行评价，从而规避传统的以期刊质量来评价论文质量所存在的缺陷。欧洲核子研究中心的两位学者 Alessandro Strumia 和 Riccardo Torre 利用 PaperRank 对物理数据库 INSPIRE 中的 100 万论文进行计算，强调了引用时的不平等性和二次引用的价值，即如果一项工作被重要的论文引用了，那么其贡献值就大于被一般论文引用的贡献值。但是在同阶段的科研工作中，如果有其他学者做出了更加重要的工作，即使你论文的引用数很多，但是你分到的相对贡献值依然会较小，随着时间的推移，越是有价值的东西越会展现其意义[③]。因此在本章节依据 PaperRank 来计算论文的热度。

在引文网络的权重方面，本书将每一次引用的权重都看作 1，即不管论文引用了多少篇前人的文献，在 PageRank 计算时都视作对前人文献给出贡献值，虽然引用的层次和动机有差异，但是从长期来看引用关系依然是较为客观的，例如一篇文章可能引用了文章 A 和文章 B，虽然在引用时在文章中对 A 是褒的，对 B 是贬的，此时的引用层面可能不同，但是在后期人们更倾向于去引用被褒的 A 文章，对较新的 C 文章进行贬议，而不会再引用比较老的 B 文章对其进行反驳。因此本书不考虑引用的层次和动机等方面的差异，客观地以引文网络为依据计算论文的相对 PageRank 值作为衡量论文热度的方法，PaperRank 计算公式如下：

$$PaperRank(p)=\left[(1-d)+d\sum_{i=1}^{n}\frac{PaperRank(T_{i})}{C(T_{i})}W(i,j)\right]*n$$

(公式 11)

其中，$PaperRank(p)$表示论文 p 的级别；T_i 表示引用论文 p 的论文；$C(T_i)$表示论文 T_i 引用论文的数目；$\frac{PaperRank(T_i)}{C(T_i)}$为论文 T_i 给予论文 p 的值；d 为随机到一个论文的概率，$W(i,j)$为关系的权重，n 为网络中的节点总数。

本书计算的是 Pubmed Central 数据库中 430 多万篇论文的 PageRank 值，限于篇幅限制在本章节仅从 34 个时段内分别选取排名在前 30 的论文进行示例分

① Krapivin M, Marchese M, Casati F. Exploring and understanding citation-based scientific metrics [J]. Advances in Complex Systems, 2010, 13(1): 59-81.

② 郑美莺，梁飞豹，梁嘉熹.单篇论文评价方法——PaperRank 算法[J]. 科技与出版，2016(7): 94-98.

③ Strumia A, Torre R. Biblioranking fundamental physics[J]. Journal of Informetrics, 2019, 13(2): 515-539.

析，去除重复性的文章后共计文章 567 篇，依此数据池，尝试从文章的热度时序图中找出一些规律，详情如图 4-2。在这 567 篇文章中，主要有“睡美人”式的论文、跌宕起伏式论文、先降后升式论文和直接下降式论文等。如在“睡美人”式的论文见图 4-2(A)，论文在刊发初期经历一个较小幅度的下降后进入长期休眠，文章热度变化不大，但是经过 10 年或者 20 年后热度突然飙升，PageRank 值直接翻倍，同时在这种“睡美人”式的论文中既有后期潜力较大的“大睡美人”，如①式那样后期飙升幅度较大，也有“小睡美人”如②式那样后期飙升幅度相对较小；跌宕起伏式的论文见图 4-2(B)在初期热度达到极值后便不断下滑，但是后期热度又随着时间几度飙升或下降，变化多样；先降后升式论文见图 4-2(C)在刊发前期热度达到最大值后随着时间的增长热度逐渐下降，但后期又不断恢复到热度最大值，经历了一个先降后升的过程；直接下降式论文见图 4-2(D)主要是一些论文从最大热度值直接下降，至 2018 年都没有再次上升的趋势，如图 4-2(D)中①式那样的大幅下降和②式那样的小幅下降。

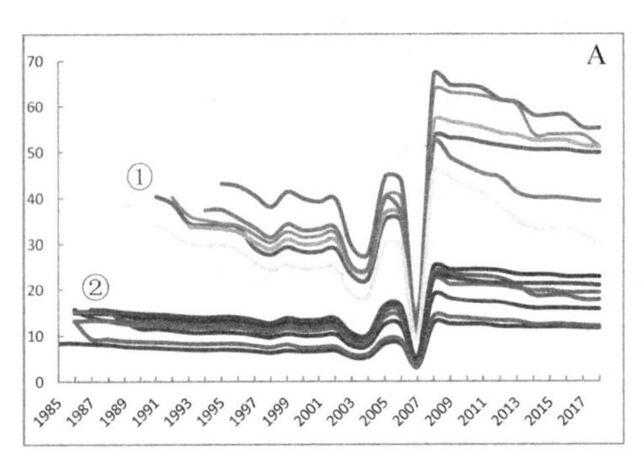

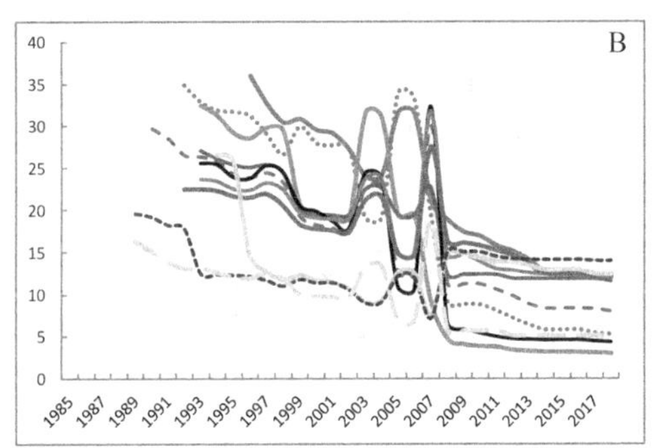

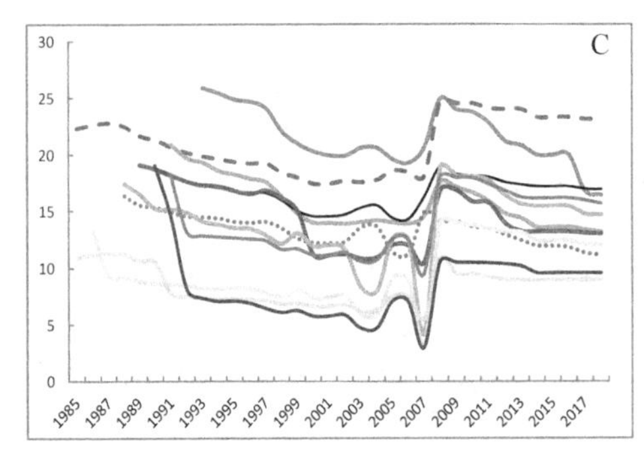

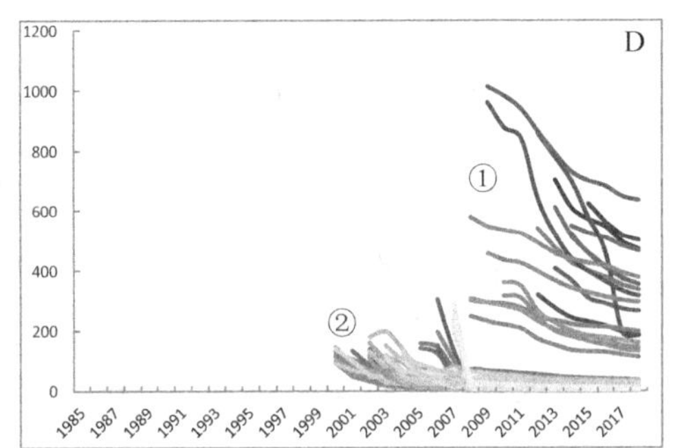

图 4-2　论文热度时序图(部分)

对待“睡美人”式论文我们要深思善于发现这些论文，一些论文可能在短期被大量引用讨论后后期可能就消失在研究的热潮中(如直接下降式论文)，但是有些论文在经历短期热捧后可能只是进入一个长期潜伏期(如“睡美人”式论文),后期可能会再次成为焦点,对于此类论文是值得深刻思考和不断学习的。对于跌宕起伏式和先降后升式论文应审时度势尽力去把握其转折点,既不盲目跟风也不偏执一扭,而对于直接下降式论文也要知其然。

4.3 学科主题热度计算

4.3.1 学科主题热度内涵

学科主题热度是指学科主题在某一段时间内的受关注程度,受关注程度高则为我们一般所讲的研究热点(hot topic)或热点主题,即该学科主题热度较高;受关注程度低则为我们一般所讲的冷门主题或过时的选题,即该学科主题热度低[①]。以往的主题热度计算方法多基于发文量进行,关于某一主题的文章数目越多,该主题在所有主题词中出现的频率就越高,据此便断定此主题为研究热点,CiteSpace就是基于这种词频来区分热点和冷门主题,因此所有利用CiteSpace进行的研究热点分析都是由发文量来决定[②]。

但是,这种计算主题热度的方法往往会忽略论文质量的不同。依据该方法,凡是选定范围内的期刊所贡献的主题权重都是相同的,大量的关于某一主题的文章即会凸显这一主题的热度。但是,研究表明大量的文章在发表后往往只有很少一部分被引用,例如中国期刊零引用率高达73.96%,英文期刊零引用率高达55.88%[③],我国在国际上发表的论文80%左右是在低被引区甚至零被引区[④],西班

① 邱均平,温芳芳.近五年来图书情报学研究热点与前沿的可视化分析——基于13种高影响力外文源刊的计量研究[J].中国图书馆学报,2011,37(2):51-60.

② Chen C. CiteSpace Ⅱ: Detecting and visualizing emerging trends and transient patterns in scientific literature[J]. Journal of the Association for Information Science & Technology, 2014, 57(3): 359-377.

③ 李海霞.馆藏零引用率期刊调查研究——以哈尔滨工程大学图书馆为例[J].图书情报导刊,2012,32(2):132-134.

④ 钟扬.引用率低说明了什么[J].中国高等教育评估,2006(4):21-22.

牙语论文的引用率为32%①。大量的文章待发表后如果零被引可能就说明这些论文对后续研究的参考价值较低，被关注程度较低，从引文客观数据来看其受关注程度较低，即该主题的热度较低。因此，对主题的热度的衡量需要回归到客观的引文数据上，基于主题引文网络对主题热度进行计算。

4.3.2 学科主题引证网络构建

学科主题之间没有直接相互引用关系，但是每篇文章都对应着若干个学科主题，如图4-3所示，论文a的相关主题为主题a，论文b的相关主题为主题b，虽然主题a与主题b之间没有直接的关系，但是论文a引证了论文b，因此可以得知主题a引证了主题b。基于T-P-P-T这种Meta-path，本书以1985年以及之前的时间为第一个时间段，之后以每年为单位依次抽取学科主题之间的引证网络。由于主题没有严谨的延续性，即前一段时间的热点主题在未来不一定是热点，甚至都可能消失，未来主题的变化与前一个时间状态的主题热度没有直接的关系。在科学研究领域，某一热点可能会持续多年保持着热点状态，即使陨落也是一个不断下滑过程，可能呈现出一定的线性状态，但是其本身与前一个时间点上的状态没有直接的线性关系，主导性不在其本身，在于学者的关注点。因此，对于学科主题之间的引证网络可以根据时间段划分，在此之前出现的引证关系，不再包括在此时间段内。

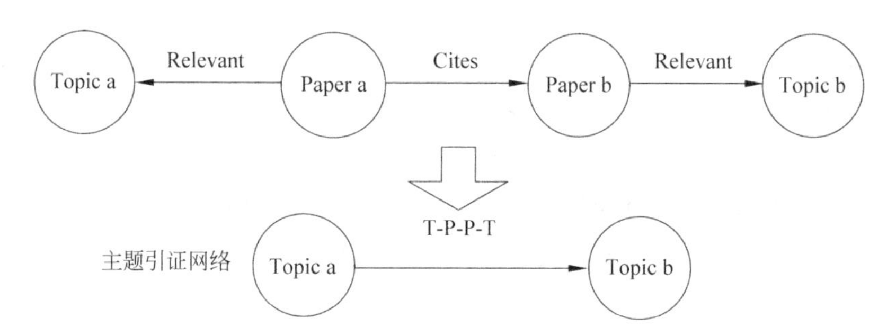

图4-3 基于Meta-path构建的主题引证网络

如表4-2所示，各个时间片段上主题引证网络的节点数和关系数差异较大。因为本书将1985年以及之前的时间看作一个时间段，之后每年为一个时间段。由

① Langdon C, Vilaseca I, Iñiguez-Cuadra R, et al. "Are We Prophets Only at Home"? Do National Otorhinolaryngologists Cite Papers by Other Spanish ORL Colleagues [J]. Acta Otorrinolaringologica (English Edition), 2012, 63(6): 407-412.

于主题之间的引证关系是由论文之间的引证关系数量决定的，因此对于论文引证关系多的年份主题之间的引证关系也多，并且此主题之间的引证网络还包括自引，因为被引论文和施引论文可能都是关于某一主题的，从此形成主题自引。

表 4-2　主题引证网络

时间	主题节点(topic)	主题之间的引证关系(Cites)	时间	主题节点(topic)	主题之间的引证关系(Cites)
≤1985	740	7903	2002	126034	11787754
1986	47	121	2003	133838	18870825
1987	200	3250	2004	147814	30032661
1988	3150	33289	2005	186052	38870391
1989	2328	26281	2006	209048	45521803
1990	10140	123009	2007	250586	57649664
1991	5918	112310	2008	287956	81215934
1992	9250	188695	2009	342092	82806849
1993	1984	21139	2010	294472	65323159
1994	2414	30475	2011	240442	50180995
1995	3056	37460	2012	449332	118008411
1996	13910	206431	2013	482242	123086987
1997	71332	8447470	2014	478344	107303563
1998	88046	8765387	2015	443718	77755905
1999	84852	9259502	2016	361650	39546555
2000	111822	16551547	2017	235258	11921988
2001	112866	14275449	2018	72814	679762

4.3.3　基于 TopicRank 的学科主题热度计算

TopicRank 是一种基于图的主题排序算法①。相似的算法还有 TextRank、

① Berlocher I, Lee K, Kim K. TopicRank: bringing insight to users[C]//Proceedings of the 31st annual international ACM SIGIR conference on Research and development in information retrieval. ACM, 2008: 703-704.

DocRank 等。DocRank 是一种文档排序算法,该算法借鉴 PageRank 算法的思想,通过计算文档相似度的方法构建文档之间的链接结构,将文档之间共享的高频词汇看作是文档之间的相互认可关系,然后利用双向 PageRank 对文档的重要性进行排名[①]。TextRank 是一种文档中的关键词排序算法,多用来抽取文档中的关键词。TextRank 算法也是借鉴 PageRank 算法思想,将文档分词、去停用词等根据词之间的邻接关系构建关键词词图,依据投票机制对文档中的关键词进行排名[②]。相比 DocRank、TextRank 算法,TopicRank 没有以文档中的关键词或者词汇为节点,而是以文档的主题为节点,有效改善了 DocRank、TextRank 对文档长度的依赖以及对文档中同义词、近义词处理的缺陷[③]。

本章节仍然采用 TopicRank 这种基于图的主题排序算法,将 TopicRank 从对文档中的主题的排序真正应用于对主题引证网络中的主题排序。在以往的 TopicRank 应用中,多是根据文档中的共现、共享关系来构建双向链接图,从而利用文档内主题之间的投票机制对文档内的主题进行排序。本章节则在由引文网络转换来的主题引证网络中,利用引证即投票的机制对主题引证网络中的主题进行排序。

先验性(Priors)PageRank 最先是由 White 提出来的,其定义了一个先验概率向量 $PR=\{p_1,\cdots,p_{|v|}\}$,该先验概率总和为 1,$p_{|v|}$ 表示节点 v 的相对重要性(prior bias),并且在文章中将每个节点视为同等重要,平分总值 1,即 $p_{|v|}=\frac{1}{|R|}$,之后这种先验性的 PageRank 方法被广泛采用[④]。例如以关于某篇文章的主题为例,如果一篇文章有 4 个主题,那么每个主题对于文章的先验概率就是 0.25[⑤]。如果一篇文章有 10 个相关主题,那么每个主题对于这篇文章的先验概率就是 0.1,也就是说这篇文章的总贡献值为 1,有几个主题就由几个主题来平分其贡献值。在

---

① Marmanis H, Babenko D. Algorithms of the intelligent web[M]. Greenwich: Manning, 2009: 69-120.

② Mihalcea R, Tarau P. Textrank: Bringing order into text[C]//Proceedings of the 2004 conference on empirical methods in natural language processing, 2004: 1-8.

③ Bougouin A, Boudin F, Daille B. Topicrank: Graph-based topic ranking for keyphrase extraction [C]//International Joint Conference on Natural Language Processing (IJCNLP), 2013: 543-551.

④ White S, Smyth P. Algorithms for estimating relative importance in networks[C]//Proceedings of the ninth ACM SIGKDD international conference on Knowledge discovery and data mining. ACM, 2003: 266-275.

⑤ Jensen S, Liu X, Yu Y, et al. Generation of topic evolution trees from heterogeneous bibliographic networks[J]. Journal of Informetrics, 2016, 10(2): 606-621.

PageRank 算法中即为权重，如果 1 篇文章有 10 个主题，那么这篇文章与每个主题之间连线的权重均为 0.1，文章相关主题越多对每个主题的贡献值越小，相关主题越少对每个主题的贡献值越大，如果文章只涉及到一个主题，那么这篇文章与该主题之间的关系权重即为 1，即该文章将全部贡献值给予了该主题，最终将两条关系上的权重进行相乘得最终权重值，如图 4-4 所示。

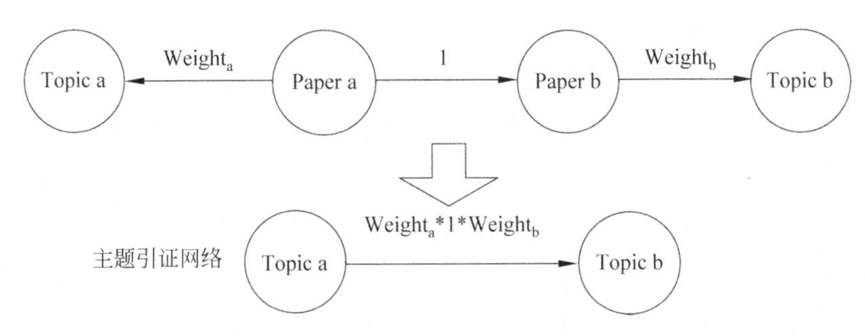

图 4-4　主题引证网络关系权重合成

TopicRank 的计算公式如下：

$$TopicRank(t)=\left[(1-d)+d\sum_{i=1}^{n}\frac{TopicRank(T_i)}{C(T_i)}W(i,j)\right]*n$$

（公式 12）

其中，$TopicRank(t)$表示主题 t 的级别；T_i 表示引证主题 t 的主题；$C(T_i)$表示主题 T_i 引证主题的数目；$\frac{TopicRank(T_i)}{C(T_i)}$为主题 T_i 给予主题 t 的值；d 为随机到一个主题的概率，$W(i,j)$为合成的权重，n 为网络中的节点总数。

本书通过合成权重利用加权、有向 PageRank 算法分别计算 34 个时间片上主题引证网络的相对重要性，并以此作为主题的热度进行分析。由于本计算囊括了 Pubmed central 数据库中所有涉及的主题(MeSH Heading)，主题种类较多，因此在计算完成后，本章节分别从 34 个阶段中各抽取了排名在前 50 的相关主题，组成热度比较靠前的数据池，仅以此数据池中的个别类别为例进行分析。如图 4-5 所示，在大类里面人类(Humans)和动物(Animals)等主题以绝对优势排在前两位，尤其是人类从 2003 年以后就以绝对优势排在第一位，因为对于生物医学、生命科学其研究面向的对象无外乎人和动物，解决人类的相关问题是其主要目标，另外在人类和动物都在 2011 年遇到一个小低谷而后继续攀升，详细走势见图 4-5(A)；在性别大类里面，男性与女性主题步调几乎完全一致，而且女性主题相对重要性在绝大多数情况下都大于男性主题，排在男性主题的前面，详细走势见图 4-5(B)；在年龄大类里，在 1995 年以前，老年人(Aged)、成年人(Adult)、中年人(Middle aged)步调几乎一致，在 1996 年老年人和中年人主题热度更大，1996 以后成年人(Adult)和中年人便以绝对优势排在了前面，并与其他年龄主题的热度拉开距离，在成年人和中年人之后就是老年人，然后是年轻人(Young adult)和青少年(Adolescent)，再者就是儿童(Child)和 80 岁以后老人(Aged, 80 and over)，各个年龄主题的波动趋势比较一致，详细走势见图 4-5(C)；在计算机方面的大类里，自 1997 年以后，算法(Algorithms)、软件(Software)和互联网(Internet)的热度便同步攀升，但是在 2005 年之后，互联网的热度开始下降，而算法和软件主题的热度继续攀升，并在之后以绝对优势排在前面，用户计算机交互(User-computer Interface)的热度在经历 2003 年一个小波动后急速攀升，但是在 2006 年之后便持续下滑，而计算机辅助治疗(Therapy, Computer-assisted/trends)在从 1985 年经历一个漫长的潜伏期后在 2002 年后热度呈直线上升，并在 2018 年成为相关类中热度最高的一个主题，详细走势见图 4-5(D)。

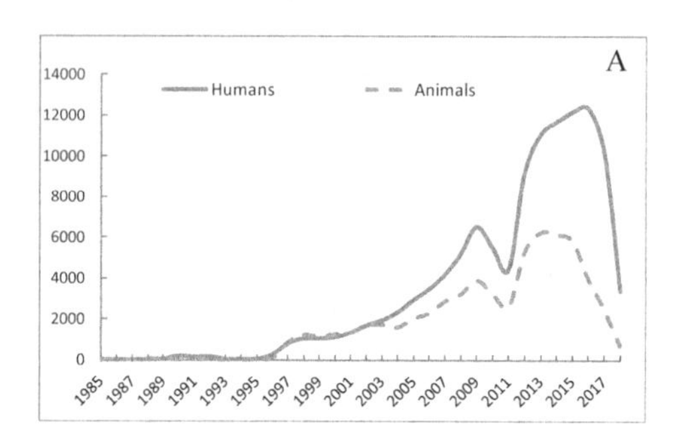

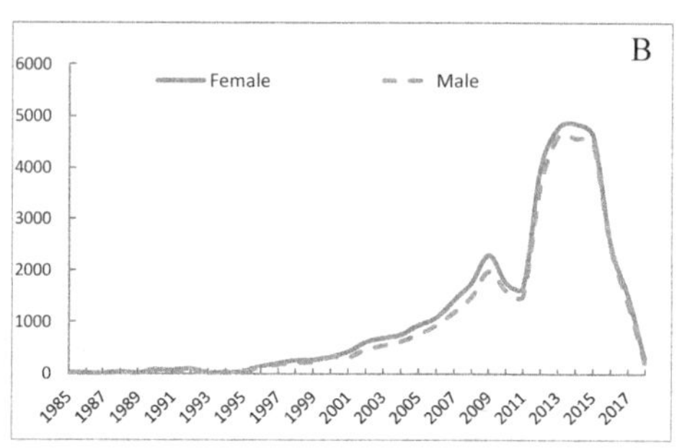

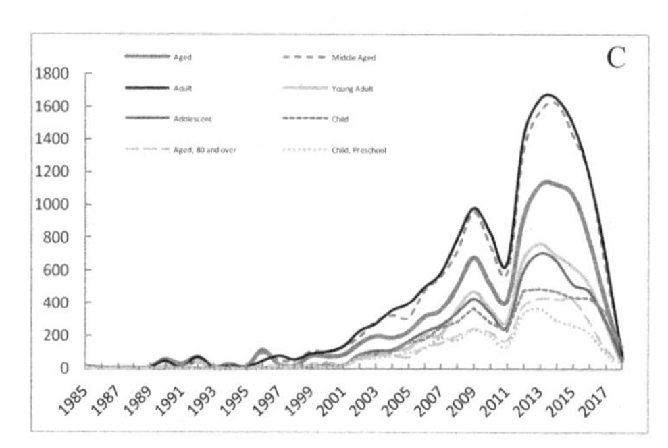

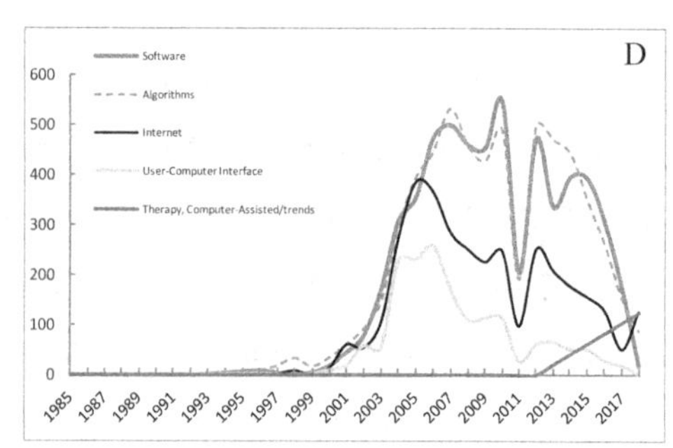

图 4-5　主题热度时序图(部分)

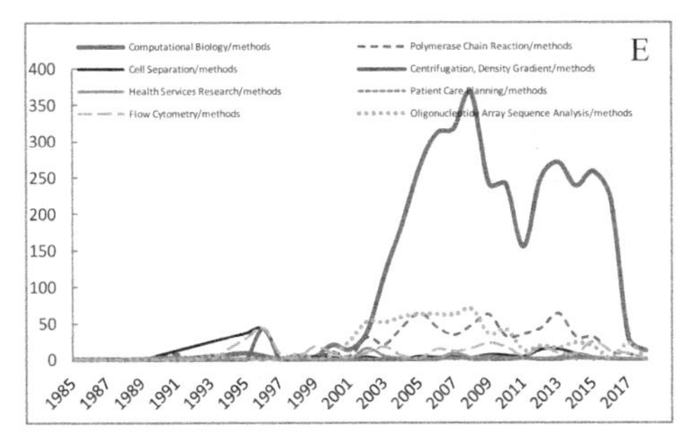

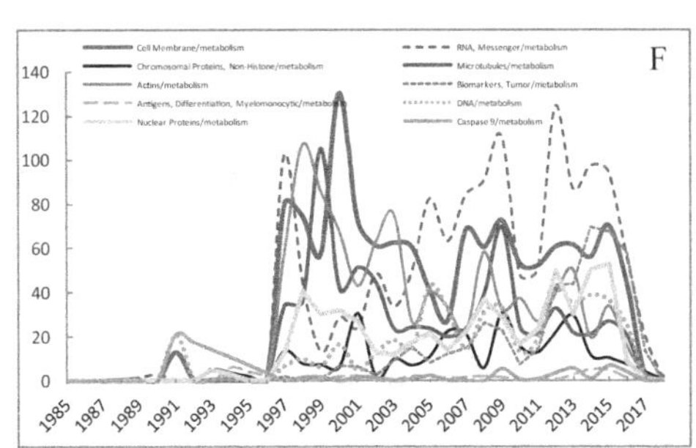

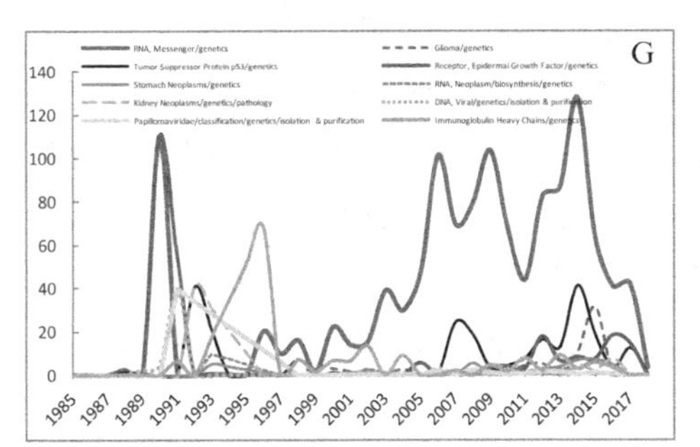

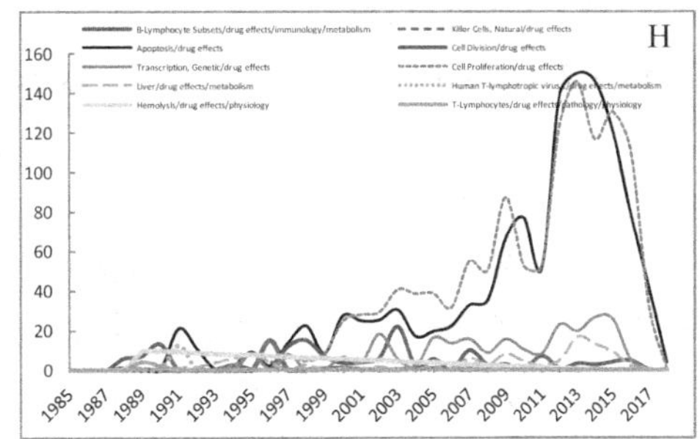

图 4-5(续)

在由各个阶段排名前 50 的主题组成的数据池中,在方法类中,在 1996 年之前热度较为靠前的是细胞分离方法(Cell Separation/methods),在 2002 年以后主要是计算生物学(Computational Biology/methods),然后才是寡核苷酸序列分析(Oligonucleotide Array Sequence Analysis/methods)和聚合酶链反应(Polymerase Chain Reaction/methods),详细走势见图 4-5(E);在新陈代谢(metabolism)类里热度排名较为靠前的是细胞膜(Cell Membrane/metabolism)、RNA 信使(RNA, Messenger/metabolism)、肌动蛋白(Actins/metabolism)、微管(Microtubules/metabolism)等,详细走势见图 4-5(F);在遗传学(genetics)类中排名较为靠前的主要有 RNA 信使(RNA,Messenger/genetics)、受体表皮生长因子(Receptor, Epidermal Growth Factor/genetics)和肿瘤抑制蛋白 p53(Tumor Suppressor Protein p53/genetics)等主题,在 1997 年以前,受体表皮生长因子和免疫球蛋白重链(Immunoglobulin Heavy Chains/genetics)热度排名比较靠前,在 1999 年之后 RNA 信使主题热度便以绝对优势排在最前面,然后是关于肿瘤抑制蛋白 p53 主题的研究,详细走势见图 4-5(G);在药物反应中主要有细胞凋亡(Apoptosis/drug effects)、细胞增殖(Cell Proliferation/drug effects)等主题热度比较高,详细可见图 4-5(H)。

4.4 作者热度计算

4.4.1 作者热度内涵

对作者热度的衡量即对作者影响力的评价，在对作者影响力评价方法中主要有传统的文献统计分析法、引文分析法、h 指数、a 指数、r 指数、ar 指数、p 指数、g 指数、h_w 指数、v 指数、x 指数、合作网络法、引用网络法等[①②③④]。传统的文献统计分析法主要根据作者的论文数、引文数、发表论文所在期刊的影响因子等。H 指数是由 Hirsch 于 2005 年提出，其定义为一位作者的 H 指数等于其发表了 H 篇至少被引用了 H 次的论文，该指数曾一度被认为是通过单一指标评价科学家生产力、影响力的最为公正的排序指标。H 指数虽然准确性明显高于"论文总数""评价引用率"等评价指标，巧妙地将科学家的产出和影响力结合在一起克服单一指标评价的缺憾，但是 H 指数对高被引论文缺乏敏感度，并且其取整数值的规则使得其对普通科研学者的区分度较低，造成大批普通学者的 H 指数完全一样。针对 H 指数的缺点，Egghe 于 2006 年提出了 g 指数，其计算步骤首先是将论文按照被引次数由高到低进行排序，然后计算排序序号的平方，待逐次累加的被引数等于序号平方时则该序号值就为该作者的 g 指数[⑤]。g 指数虽然能够有效反应高被引论文，但是其区分度仍然比较有限，并且计算起来比较烦琐。随后 Parthap(2009)在发文量和引文量关系推理的基础上提出了 p 指数[⑥⑦]。于 2015 年 Bertoli-Barsotti 和 Lando 则提出了 H_w 指数来评价作者。

---

① Hirsch J E. An index to quantify an individual's scientific research output[J]. Proceedings of the National academy of Sciences, 2005, 102(46): 16569-16572.

② Jin B. H-index: an evaluation indicator proposed by scientist[J]. Science Focus, 2006, 1(1): 8-9.

③ Jin B, Liang L, Rousseau R, et al. The R-and AR-indices: Complementing the h-index[J]. Chinese science bulletin, 2007, 52(6): 855-863.

④ Bertoli-Barsotti L, Lando T. On a formula for the h-index[J]. Journal of Informetrics, 2015, 9(4): 762-776.

⑤ Egghe L. Theory and practise of the g-index[J]. Scientometrics, 2006, 69(1): 131-152.

⑥ Prathap G. Is there a place for a mock h-index[J]. Scientometrics, 2009, 84(1): 153-165.

⑦ p 指数：$p=\sqrt[3]{\frac{C}{N}\cdot C}=\sqrt[3]{\frac{C^2}{N}}$（C 表示作者所发表论文的总被引频次，$\frac{C}{N}$ 表示篇均被引率）

上述指标虽然在某种程度上比较能够客观反映作者的影响力，但是这些计算作者影响力的不同指数均基于发文量和被引量的统计分析，对学者之间的引用关系缺乏分析。例如，对于年轻学者可能往往偏向于引用学术大牛的论文，但是对于权威学者在引用时可能就比较慎重，权威学者对其他学者的引用往往更能够代表其他学者工作的水平。在本章节，作者的热度即作者的权威度和流行度，强调作者在同行中的知名度和被认可度。该热度既考量作者的发文量，作者发文越多说明其成果数量越多，也越有被引用的可能，该作者在其研究领域覆盖的面或展现的机会可能就越多，作者的热度可能就比较高，同时又考量作者的发文质量，并且这种质量以是否被其他学者引用来进行客观量化，如果某一学者被其他学者引用的频次较少或者被其他权威的学者引用的频次较少，即使该学者发文量较多但是依然等同虚设，表明该作者被同行认可度较小，相反如果被引频次较高并且被其他权威作者引用频次较高，说明其在同行中的知名度和认可度都较高。本章节将作者之间论文的引用关系转化为作者之间的引用关系，以此客观关系反应作者相互之间的认可和影响，匹配相关权重，采用 AuthorRank 网络方法对学者的热度进行计算和排名。

4.4.2 作者引证网络构建

作者之间没有直接引用关系，但是每篇文章都是由一个或者若干个作者完成，作者之间的引证网络可以通过论文之间的引文网络和论文与作者之间的著述关系构建，如图 4-6 所示，通过 Author-Paper-Paper-Author 这种 Meta-path 路径即可从计量知识图谱中抽取出作者之间的引证网络。同理，本书以 1985 年及之前为第一个时间段，之后以年为单位依次抽取作者之间的相互引证网络。由于作者的热度具有延续性，例如对于前一段时间内的权威作者，其作者的热度很高，过几年作者虽然没有发表太多的比较具有影响力的论文，但是作者原来的权威性依然在那里。并且，同样一篇文章或新的主题，如果出于年轻不知名的学者，那么后期的关注程度可能就比较低，如果该论文或主题是出自于一个领域权威之口，那么势必会受到更多的关注。除非权威作者慢慢不断耗尽其权威值，但是在短时间内其权威性和热度具有时间上延续性，因此本书构建的作者引证网络依然是累加的权重网络，即随着时间的变化引证不断增多，但依然保有原来的引证关系。

如表 4-3 所示，在作者引证网络中，由于一篇文章可能是由多个作者合作完成，因此一条引文关系就会衍生出数倍的作者引证关系，而且两篇文章的作者越多

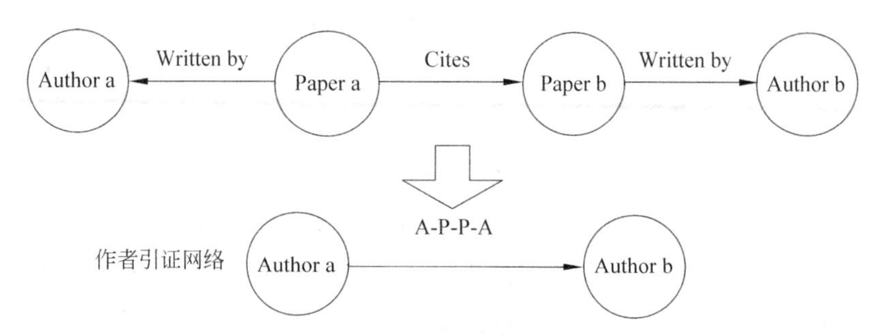

图 4-6 基于 Meta-path 构建的作者引证网络

其引证关系越多，并且作者之间还存在着自引的关系。随着时间的变化，在 2014 年时作者之间的引证关系可以达到上亿条，在 2018 年时达到 421471745 条。

表 4-3 作者引证网络

时间	作者节点(Author)	作者之间的引证关系(Cites)	时间	作者节点(Author)	作者之间的引证关系(Cites)
≤1985	225	645	≤2002	167159	3263687
≤1986	708	2463	≤2003	217559	4146037
≤1987	1259	4701	≤2004	264235	5226703
≤1988	3918	20251	≤2005	329619	6837096
≤1989	6203	38614	≤2006	403394	9183423
≤1990	8049	58080	≤2007	496642	13016546
≤1991	10544	85117	≤2008	608012	19369742
≤1992	13037	114456	≤2009	739646	29988579
≤1993	15425	148798	≤2010	815823	37856673
≤1994	17871	180759	≤2011	878329	40573731
≤1995	19782	210699	≤2012	963470	46766883
≤1996	23293	258877	≤2013	1196422	79192660
≤1997	51287	652824	≤2014	1336849	126529224
≤1998	69218	1132752	≤2015	1454947	212942890
≤1999	82860	1498733	≤2016	1529456	292264374
≤2000	100340	1965816	≤2017	1575109	374713176
≤2001	123880	2502284	≤2018	1591280	421471745

4.4.3 基于 AuthorRank 的作者热度计算

应用于作者排名计算的 PageRank 算法即所谓的 AuthorRank 算法。AuthorRank 算法的核心就是越流行(popular)的作者其排名就应该越靠前。Liu[①]等人(2005)曾用 AuthorRank 的方法分析数字图书馆领域作者的影响力。Deng[②]等人(2012)则将 AuthorRank 算法应用于社区专家检索,根据 AuthorRank 值评价作者在社区中的权威性(Authority)。Zhang 和 Liu[③](2013)将基于先验性的 AuthorRank 同其他出版物排名的方法进行对比后发现该方法优于 PRP 等其他算法。但是 Liu、Deng 等人都是基于合作网络,其分析的更侧重于作者在合作网络中的连通性,即使通过将无向合作网络转化为有向有权重的网络来处理,对于合作网络本身是没有明确的方向性的,因此其对 AuthorRank 的应用势必存在一定的局限性。但是,对于本节基于引文网络构建的作者引证网络则是具有明确方向的,一位作者对其他作者的引用就是对其工作的关注,众多学者都关注的学者通常就会具有比较高的流行度,因此基于 AuthorRank 计算作者的热度是比较合适的。

由于一篇文章可能有多个作者,因此本书依据先验性方法平均分配权重[④],同时依据 Meta-Path 路径合成作者之间引证关系的权重,如图 4-7 所示,论文之间的引文关系权重为 1,对于论文 a 根据作者数量算出先验概率权重 $Weight_a$,对于论文 b 根据论文 b 的作者数量算出先验概率权重 $Weight_b$,再将三条关系权重的乘积作为最终作者 a 与作者 b 之间引证关系的权重。依此权重,本书通过有向加权 PageRank 算法分别输入 34 个时间段上的作者引证网络,计算作者在作者引证网络中的相对重要性,即作者热度。

AuthorRank 的计算公式如下:

$$AuthorRank(a)=\left[(1-d)+d\sum_{i=1}^{n}\frac{AuthorRank(T_i)}{C(T_i)}W(i,j)\right]*n$$

(公式 13)

---

① Liu X, Bollen J, Nelson M L, et al. Co-authorship networks in the digital library research community[J]. Information Processing & Management, 2005, 41(6): 1462-1480.

② Deng H, King I, Lyu M R. Enhanced models for expertise retrieval using community-aware strategies[J]. IEEE Transactions on Systems Man & Cybernetics Part B, 2012, 42(1): 93-106.

③ Zhang J, Liu X. Full-text and topic based authorrank and enhanced publication ranking[J]. 2013, 393-394.

④ Strumia A, Torre R. Biblioranking fundamental physics[J]. Journal of Informetrics, 2019, 13(2): 515-539.

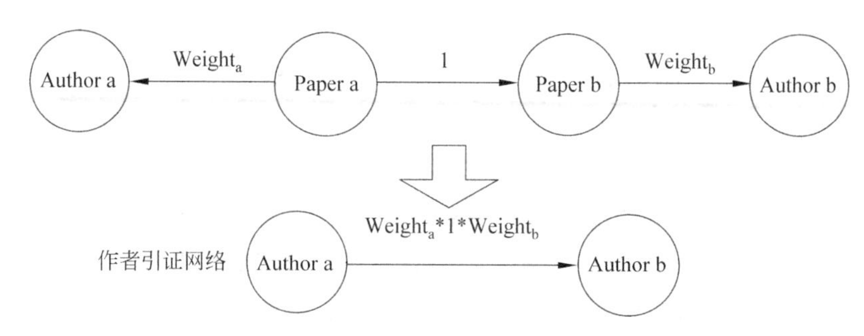

图 4-7　作者引证网络关系权重合成

其中，$AuthorRank(a)$表示作者 a 的级别；T_i 表示引证作者 a 的作者；$C(T_i)$表示作者 T_i 引证作者的数目；$\frac{AuthorRank(T_i)}{C(T_i)}$为作者 T_i 给予作者 a 的值；d 为随机到一个作者的概率，$W(i,j)$为合成的权重，n 为网络中的节点总数。

以各个时间段内排名前 30 的作者为例，作者热度变化模式主要有迅速上升逐渐下降式、潜伏然后上升式、直接下降式、跌宕起伏式等。详情如图 4-8 所示，从作者的热度时序图中可以看出有的作者在 1～4 年内会迅速达到自身热度的顶峰，之后便逐渐下降，即呈现迅速上升逐渐下降的走势(A)；有的作者会经历 5～10 年甚至更久的潜伏期，在潜伏期内热度平平，但是经过漫长的潜伏期后期热度会迅速飙升，甚至成几何级别增长，即呈现潜伏后上升的走势(B)，表明有的学者的学术工作可能短时间内不被大众引用和关注，但是在经历长期的检验和验证后也会被大众所认可，并逐渐成为流行或者权威学者，对于此类学者的工作在前期需要加以支持，否则此类学者可能等不到成为流行学者或者权威学者的那个时间点，因此在学术领域实行的两个聘期的预聘制是具有较强的理论性的，两个聘期 6 年的时间给予了学者一定的潜伏期以便其后期勃发和被认可；有的作者在初期即为其热度的顶峰，之后的时间内完全处于下降的状态，直至淹没在众多的学者中(C)，对于此类学者在前期较好把握了学术研究的前沿，但是在后期随着新兴研究主题的出现其原先的研究的领域影响力逐渐下降，并且其自身可能也没有再找到新的前沿并作出自己的科研贡献，因此这些学者从开始时的最高点逐渐淹没在众多的学者中表现平平；有的学者其热度跌宕起伏(D)，在初期几年内达到热度的初步顶峰，之后开始起起伏伏，既可能在众多学者中表现平平也会从一般学者中脱颖而出再次达到热度的一个顶峰，学术研究是一个不断探索的过程，越是对前沿问题和研究把握的比较好，越容易成为流行学者或权威学者，但是有些学科主题可能在一段时间内不被大众学者所引用或认可，但是在后期可能会被认可并成为研究的热点，此时原先长期从事这项研究的学者也就成为了此领域研究的比较具有影响力的学者，选择学术研究方向有风险，但是比较具有价值的长期研究后期也一定会受到广泛关注并释放出其影响力。

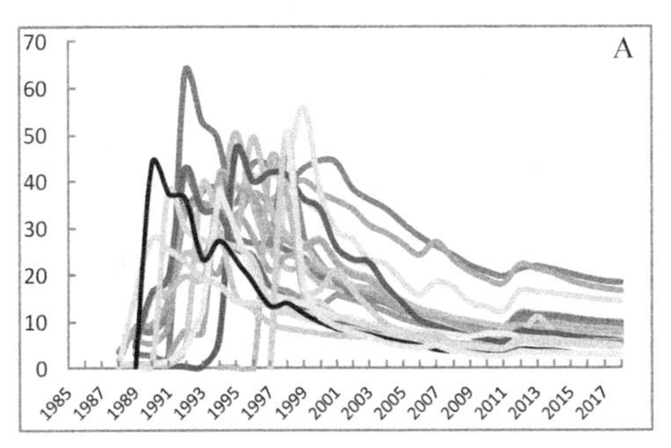

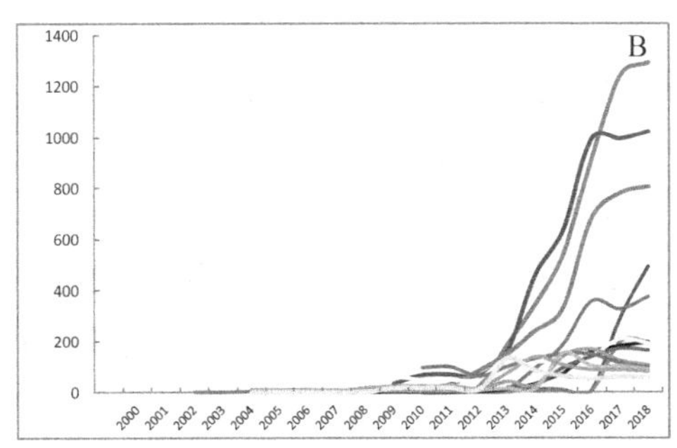

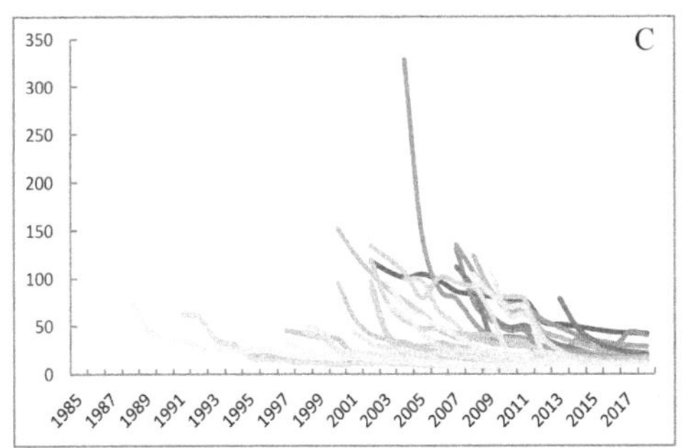

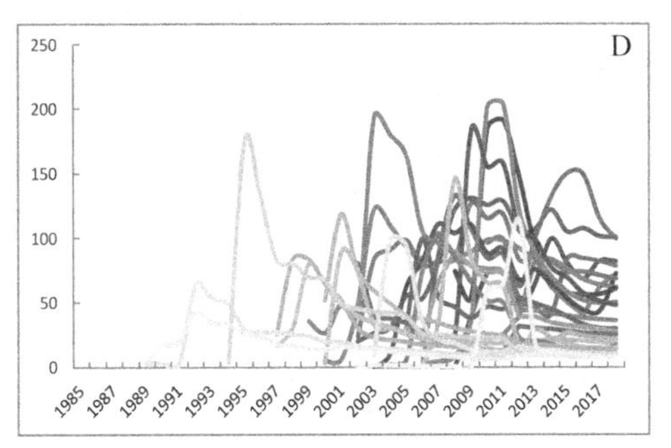

图 4-8　作者热度时序图(部分)

4.5　期刊热度计算

4.5.1　期刊热度内涵

期刊热度是指期刊受关注的程度，期刊的发文量多、发文质量优则受关注程度就高，其热度就高，期刊热度受其自身的发文量、被引量影响，但是期刊热度不同于期刊影响因子(Journal Impact Factor, JIF)、期刊质量因子(Quality Index, QI)、文章影响分数(Article Influence Score, AI)、期刊总被引、期刊即年指数、期刊影响广度、期刊基金论文比例、期刊引用半衰期等期刊评价指标[①②]。期刊影响因子是指期刊前两年发表的论文在评价当年的被引用总次数与期刊前两年发表的论文总数比[③],去除了发文量对期刊评价的影响,即期刊不仅要总被引量大,而且平均到每一篇论文上的被引量也要大,相反如果平均单篇论文被引量较低则期刊的影响因子就会下降[④]。期刊热度则更倾向于在发文量的基础上综合期刊的总被引量,期刊发文量大,同时期刊的被引量也大,则期刊的热度较大。相反,如果某个期刊的发文量比较大,但是被引量很小,则表明期刊的发文质量有待提高,虽然发表了很多文章,但是被领域认可的程度较低,后期没有学者去关注该期刊并引用期刊上的论文,因此被引量代表着期刊的受关注的程度,当然如果两个期刊的平均单篇论文被引量相同,则发文量越多的期刊其热度越高,因为在保证被引率的同时,如果既发表了很多论文,而且每篇论文的被引量又很高,则说明期刊向外辐射的广度和深度都比较大,既有数量又有质量说明期刊的热度较大。

4.5.2 期刊引证网络构建

期刊之间没有直接引证关系,但是每篇文章都发表在一本期刊上,期刊之间的引证关系可以通过论文之间的引文关系构建,如图 4-9 所示。每一篇论文都发表在唯一一本期刊或其他出版物上,这种发表关系是唯一的,论文之间具有引证关系,论文之间的引证转化为期刊之间的引证就是将期刊上所有论文之间的引证转换为期刊之间的引证,利用 Venue-Paper-Paper-Venue 这种 Meta-path 路径即可从计量知识图谱中抽取出期刊之间的引证网络。期刊在时间上具有延续性,前一年受关注较多的期刊更容易被下载、阅览和引用,即前期热度较大的期刊在下一年的热度也更容易较大,因此期刊热度具有时间方面的延续性。因此,在构建各个时间段上的期刊引证网络时采用累加的方法,即在 2010 年的引证网络是所有时间早于

---

① Lim A, Ma H, Wen Q, et al. Journal-Ranking. com: An online interactive journal ranking system [C]//Proceedings of the National Conference on Artificial Intelligence. Menlo Park, CA; Cambridge, MA; London: AAAI Press; MIT Press; 1999, 2007, 22(2): 1723-1729.

② West J D, Bergstrom T C, Bergstrom C T. The Eigenfactor MetricsTM: A Network Approach to Assessing Scholarly Journals[J]. College & Research Libraries, 2010, 71(3): 236-244.

③ 期刊影响因子: $JIF=\frac{\text{期刊 Y1 年和 Y2 年发表论文在 Y 年的被引数}}{\text{期刊在 Y1 年和 Y2 年发表的总文章数}}$(Y1 表示 Y 年的上一年,Y2 表示 Y1 的上一年)

④ Campanario J M, Jesús Carretero, Marangon V, et al. Effect on the journal impact factor of the number and document type of citing records: a wide-scale study[J]. Scientometrics, 2011, 87(1): 75-84.

或等于 2010 的期刊引文关系和节点，在 2018 年的引文网络是所有时间早于或等于 2018 的期刊引证关系和节点，本书以 1985 年及之前为第一个时间段，以年为单位依次抽取期刊之间的累加引证网络，如表 4-4 所示。

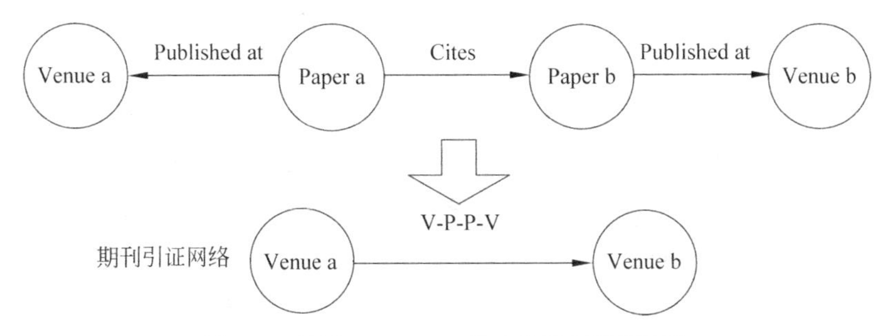

图 4-9　基于 Meta-path 构建的期刊引证网络

表 4-4　期刊引证网络

时间	期刊节点(Venue)	期刊之间的引证关系(Cites)	时间	期刊节点(Venue)	期刊之间的引证关系(Cites)
≤1985	12	165	≤2002	415	139083
≤1986	31	325	≤2003	547	172455
≤1987	36	481	≤2004	716	224908
≤1988	51	1222	≤2005	954	316886
≤1989	62	2070	≤2006	1394	449038
≤1990	64	2861	≤2007	2065	654145
≤1991	69	3961	≤2008	2788	959836
≤1992	75	5208	≤2009	3688	1435150
≤1993	78	6438	≤2010	4335	1792900
≤1994	85	7633	≤2011	4743	2008049
≤1995	89	8703	≤2012	6552	3475244
≤1996	97	10374	≤2013	7821	5483069
≤1997	141	29676	≤2014	8926	8019706
≤1998	161	51075	≤2015	9974	11052226
≤1999	189	67880	≤2016	10978	14635443
≤2000	240	88416	≤2017	11805	18887198
≤2001	325	110913	≤2018	12226	21847114

4.5.3 基于 VenueRank 的期刊热度计算

PageRank 方法已经被广泛应用于期刊排名，参照 TopicRank 等基于 PageRank 方法的命名方法，应用于期刊排名的 PageRank 算法也称作 VenueRank[①]。例如 Xu[②] 等人(2011)以 31 本 OR/MS 期刊为例，验证了基于 PageRank 的期刊排名方法能够有效改善传统的基于引文分析方法的期刊排名。2014 年，Cheang[③] 等人则依据 Journal Citation Rreport(JCR)探索并重新定义自引和他引的权重，并对 31 本 OR/MS 领域的期刊进行排名，其结果与专家意见比较一致。从期刊评价角度，期刊的自引会影响 PageRank 的排名结果，但是从期刊热度排名来看，期刊热度来源于期刊的质量，但不同于期刊质量，因此 VenueRank 比较适合用来计算期刊热度。

由于一篇文章对应一个期刊，因此依据 Meta-Path 路径合成期刊之间引证关系的权重，如图 4-10 所示，论文之间的引文关系权重为 1，期刊与论文之间的发表关系权重也是 1，因此三条关系最终合成的权重仍然是 1，依此权重，本书通过有向加权 PageRank 算法分别输入 34 个时间段上的期刊引证网络，计算期刊在期刊引证网络中的相对重要性，即期刊热度。

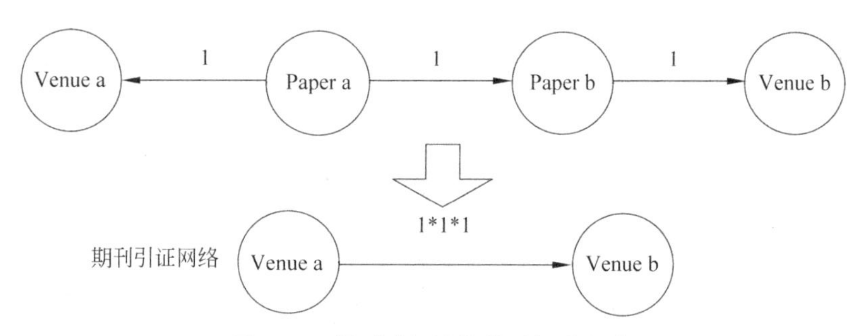

图 4-10　期刊引证网络关系权重合成

① Palacios-Huerta I, Volij O. The Measurement of Intellectual Influence[J]. Econometrica, 2004, 72(3): 963-977.

② Xu Z, Cheang B, Lim A, et al. Evaluating OR/MS Journals via PageRank[J]. Interfaces, 2011, 41(4): 375-388.

③ Cheang, Brenda, Samuel, et al. OR/MS journals evaluation based on a refined PageRank method: —an updateand more comprehensive review.[J]Scientometrics,2014,100(2): 379-361.

VenueRank 的计算公式如下：

$$VenueRank(v)=\left[(1-d)+d\sum_{i=1}^{n}\frac{VenueRank(T_i)}{C(T_i)}W(i,j)\right]*n \qquad \text{（公式 14）}$$

其中，$VenueRank(v)$表示期刊 v 的级别；T_i 表示引证期刊 v 的期刊；$C(T_i)$表示期刊 T_i 引证期刊的数目；$\frac{VenueRank(T_i)}{C(T_i)}$为期刊 T_i 给予期刊 v 的值；d 为随机到一个期刊的概率，$W(i,j)$为合成的权重，n 为网络中的节点总数。

以各个时间段内排名前 50 的期刊为例，期刊热度大概有持续上升式、跌宕起伏式等。详情如图 4-11 所示，在期刊热度时序图中很少有期刊从初始峰值直接下降的，因为期刊不同于论文发表后被引用可以直接成为热点，期刊的热度都是经过一定的时间慢慢积累的，期刊的热度是通过优秀的论文一篇一篇积累的，因此期刊在经过一定的潜伏期或者积累期后期刊热度持续上升，如图 4-11(A)所示。有的期刊在经历较为短暂的积累期后其热度初步达到一个峰值，随之便不断跌宕起伏，如 4-11(B)所示，有的期刊呈现跌宕上升式，有的呈现跌宕下降式。期刊的热度变化相比主题、论文、作者等的热度变化显得更为杂乱、复杂，期刊在短期内的走势是有规律可循的，但是长期来看是受多种因素影响比较复杂的。

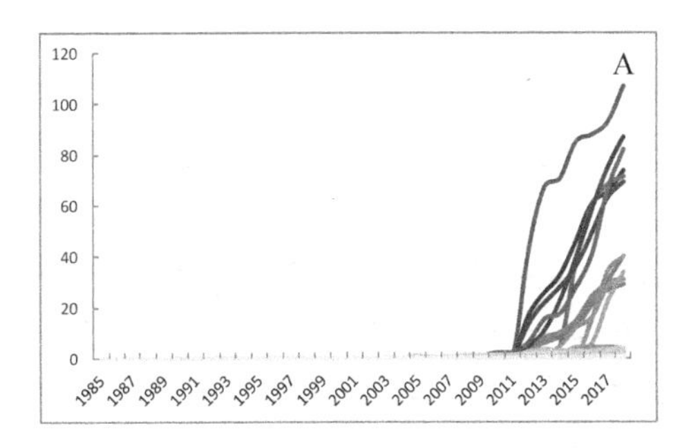

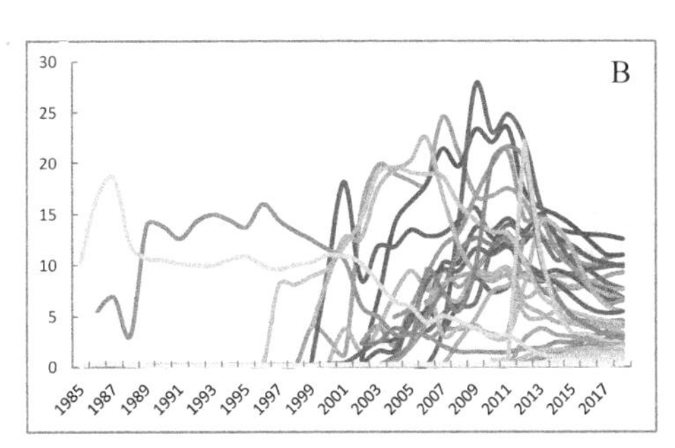

图 4-11　期刊热度时序图(部分)

4.6　本章小结

首先，本章在概述主题、论文、期刊、作者等计量实体利用发文量、下载量、被引量、合作网络、引文网络等统计分析方法计算计量实体热度的基础上，阐述了计量实体热度计算要建立在引文网络的基础上，引用关系是论文相互之间借鉴、辩证的客观反映，是把握主题相互之间延续和发展的有效脉络，是评价期刊覆盖面和影响力的可靠工具，是计算作者相互之间认可度和关注度的依据，引文网络是对计量实体评价的较为可靠和公平的工具，基于引文网络的主题引证网络、作者引证网络、期刊引证网络确保了在进行计量实体热度计算时对质量的把握。

然后，在各个小节中分别在对比高被引论文、下载量、经典文献等与论文热度之间的关系基础上定义了论文热度概念并提出使用 PaperRank 的方法对主论文热度进行计算，在界定学科主题热度和对比基于出现频次和发文量的主题热度算法、DocRank、TextRank 等方法的基础上提出使用 TopicRank 的方法计算主题热度，在对比分析 h 指数、p 指数、g 指数、h_w 指数等学术评价指标基础上界定了作者热度的含义并提出使用 AuthorRank 的方法计算作者热度，在对比期刊影响因子、期刊质量因子等期刊评价方法的基础上界定了期刊热度的含义并提出使用 VenueRank 的方法计算期刊热度。

并且在各个小节分别依据 Paper-Paper 关系以及 Topic-Paper-Paper-Topic、Author-Paper-Paper-Author、Venue-Paper-Paper-Venue 等 meta-path 路径，对 34 个时间片段上的计量知识图谱分别抽取和构建了论文引证网络、主题引证网络、作者引证网络、期刊引证网络等，分别设定或合成各个网上的权重值，分别采用有向加权的 PaperRank 算法、TopicRank 算法、AuthorRank 算法、VenueRank 算法计算各个时间片上的 paper 的热度、topic 的热度、author 的热度、venue 的热度，获得各计量实体热度的时序演化图。

最后，在各个小节中初步探析了 paper、topic、author、venue 等计量实体的热度演化规律。对于 paper，其热度演化模式主要有“睡美人”式、跌宕起伏式、先降后升式、直接下降式等；对于 topic，在没有主题限定词的大类中，Humans 和 Animals 大类以绝对优势排在各主题之首，并且二者步调较为一致，在性别大类里，二者旗鼓相当几乎完全一致，在方法、新陈代谢、基因、药物反应等大类中，演化规律不一，各有其特色；对于 author，其热度演化模式主要有迅速上升逐渐下降式、潜伏然后上升式、直接下降式、跌宕起伏式等；对于 venue，其热度时序图主要呈现出持续上升式、跌宕起伏式两种比较直观的规律，更多的 venue 其热度变化比较随机，需要进一步从深层次挖掘可观的规律。

本章计算的计量实体的热度为后续章节中的主题演化规律探析和主题预测提供了指标和依据，后续将持续以此热度值为量化指标，分析各主题集群内主题之间的演化规律，并在主题热度的时间序列基础上，挖掘主题热度变化在作者、论文、期刊等方面的特征，以此辅助对主题热度的预测。

第五章 学科主题演化分析

在第四章中，本书在计量知识图谱的基础上构建了主题引证网络并计算学科主题的热度，在本章中将以此热度指标来反应主题演化的状态，通过对学科主题在计量知识图谱中的网络结构和文本内容的34次表示学习，分析学科主题的演化结构和演化状态，探析主题集群之间和主题集群自身前后的演化规律，以及主题集群内部各主题之间的演化规律。本章主要研究内容包括对主题演化研究方面和指标的概述，对主题分布情况的统计分析，对学科主题在具有34个时间片的动态计量知识图谱中的网络结构特征和文本内容特征依次分别进行表示学习和向量拼接，在对比t-SNE聚类方法与其他聚类方法的差异后，选择t-SNE方法对学科主题在各个时间片上进行聚类，利用Jaccard系数追踪学科主题在时间片上的变化，分别以Methods类主题、Drug effect类主题、Epidemiology类主题为例，探析其集群之间、集群自身前后以及集群内部各主题之间的演化规律。

5.1 学科主题演化

学科主题演化是指以词语为表征的学科主题在时间维度上的发展变化和新陈代谢过程，不仅包括学科主题随着时间的发展自身状态的演化，还包括学科主题同其他实体之间关系的演化，因此根据学科主题演化中变化的对象，则可以划分为学科主题状态演化(State Evolution)和学科主题关系演化(Link Evolution)。其中学科主题状态演化强调学科主题经历的产生、发展、成熟、衰退、灭亡等生命状态过程,代表着新旧知识的更替;学科主题关系演化强调学科主题之间扩散、引进、迁徙、合并、分裂、收缩等关系变化,代表了知识的交叉融合[①②③]。学科主题演化分析强调对学科主题历史演化路径和演化模式的解析,而学科主题预测强调对学科主题未来变化情况和变化趋势的预测。

目前,学科主题演化分析主要围绕主题热度、结构和内容等方面展开[④]。如表 5-1 所示,主题热度是指主题所拥有的关注度或研究热度,以往的测量方法主要有基于主题频次、发文量和被引量等[⑤⑥]。主题结构(Topic Structure)往往是指主题所在网络的结构,即主题各个部分之间的联系和关系,例如中心度(Centrality)、度(Degree)、密度(Density)、聚类系数(Cluster Coefficient)等主题所在网络的结构指标。主题内容(Topic Content)则是指主题的内部知识单元,主题内容的演化主要是指表征主题的主题词变化情况以及主题词的词义变化情况[⑦]。例如反应主题之间交叉、融合、分裂过程的同一时间片上的主题之间的关联强度、不同时间片上的同一主题的关联强度、主题集群之间的关联强度等相似性指标等,以及根据主题词的语义分类将主题分为研究问题、研究方法和研究技术等[⑧]。

---

① 王春秀,冉美丽.学科主题演化定量分析的理论基础探析[J].现代情报,2008(6):48-50.

② 赵迎光,洪娜,安新颖.主题模型在主题演化方法中的应用研究进展[J].现代图书情报技术,2014(10):63-69.

③ 祝娜,王芳.基于主题关联的知识演化路径识别研究——以 3D 打印领域为例[J].图书情报工作,2016,60(5):101-109.

④ 刘自强,王效岳,白如江.多维度视角下学科主题演化可视化分析方法研究——以我国图书情报领域大数据研究为例[J]. 中国图书馆学报, 2016, 42(6): 67-84.

⑤ 范云满,马建霞.基于 LDA 与新兴主题特征分析的新兴主题探测研究[J].情报学报,2014,33(7):698-711.

⑥ 黄鲁成,唐月强,吴菲菲,等.基于文献多属性测度的新兴主题识别方法研究[J].科学学与科学技术管理,2015,36(2):34-43.

⑦ Chen B, Ying D, Ma F. Semantic word shifts in a scientific domain[J]. Scientometrics, 2018, 117(8): 1-16.

⑧ 刘自强,王效岳,白如江.语义分类的学科主题演化分析方法研究——以我国图书情报领域大数据研究为例[J]. 图书情报工作, 2016(15): 76-85.

表 5-1　学科主题演化研究方面

<table>
<tr><th>方　面</th><th colspan="2">指　　标</th></tr>
<tr><td rowspan="3">主题热度</td><td colspan="2">主题出现频次</td></tr>
<tr><td colspan="2">主题发文量</td></tr>
<tr><td colspan="2">主题被引量</td></tr>
<tr><td rowspan="7">主题结构</td><td rowspan="3">中心性
(Centrality)</td><td>度中心性(Degree Centrality)</td></tr>
<tr><td>中介中心性(Betweenness Centrality)</td></tr>
<tr><td>接近中心性(Closeness Centrality)</td></tr>
<tr><td rowspan="2">度(Degree)</td><td>出度(In-degree)</td></tr>
<tr><td>入度(Out-degree)</td></tr>
<tr><td colspan="2">密度(Density)</td></tr>
<tr><td colspan="2">聚类系数(Cluster Coefficient)</td></tr>
<tr><td rowspan="4">主题内容</td><td colspan="2">同一时间片上的主题之间的关联强度</td></tr>
<tr><td colspan="2">不同时间片上的同一主题的关联强度</td></tr>
<tr><td colspan="2">主题集群之间的关联强度</td></tr>
<tr><td colspan="2">主题词义的变化</td></tr>
</table>

学科主题演化分析方法主要有传统的词频分析法、同被引分析法、共词分析法，以及文本挖掘和主题模型等。目前在国内应用最为广泛的应属共词分析法，该方法多以关键词的共现网络为基础，通过划分时间段，在对网络进行聚类的基础上识别主题或主题群，分析主题的网络结构指标(密度、平均路径、网络直径、聚类系数、平均度)的变化情况以及主题群落之间的演化、冲击和迁徙[①②③④]。相比于比较简单的共词网络，基于共引分析方法的主题演化研究则对数据要求较高，甚至由于对数据的要求，在缺乏庞大完整的引文索引时就会局限共引分析法的应用[⑤]。主题模型则是在单纯的共现、共引关系的基础上增加了一定的语义关系，尝试从语

① 王晓光，程齐.基于 NEViewer 的学科主题演化可视化分析[J].情报学报，2013，32(9)：900-911.

② 程齐凯，王晓光.一种基于共词网络社区的科研主题演化分析框架[J].图书情报工作，2013，57(8)：91-96.

③ 张敏，霍朝光，霍帆帆，等. 国际信息可视化知识族群：演化、聚类及迁徙研究[J]. 情报科学，2016，V34(4)：13-17.

④ 隗玲，许海云，胡正银，等. 学科主题演化路径的多模式识别与预测——一个情报学学科主题演化案例[J]. 图书情报工作，2016，60(13)：71-81.

⑤ 唐果媛.基于共词分析法的学科主题演化研究方法的构建[J].图书情报工作，2017，61(23)：100-107.

义层面揭示主题的变化情况，例如LDA模型、动态主题模型DTM、在线主题模型OLDA、连续时间模型TOT等，其中以LDA模型应用最为广泛①。

在文中，关于主题热度的测量主要是基于引文分析理论开展的PageRank算法计算的主题热度，在主题演化方面主要通过对主题所在的计量知识图谱分别进行网络结构和文本深度表示学习，在完成对主题的向量化表示后，分析主题分布的特征，对主题热度演化情况、主题之间的演化情况展开分析。

5.2 学科主题分布

本书构建的计量知识图谱中共有学科主题(Topic)727481个，其中具有副主题(Qualifier)限定的主题有703582个，没有副主题限定的主题有23899个。主题限定词(Qulifier)则是主题的类，主要来源于80个MeSH限定词(Qualifier)。研究表明，具有主题限定词的主题往往更专注于特殊的含义或者具有更强的语义，例如没有主题限定词的钙(Calcium)则语义众多，涵盖面很广，但是在加上主题限定词后变为Calcium/metabolism则表示在新陈代谢中钙的相关内容。因此本书在分析所有主题的总分布情况后分别分析有副主题限定词的主题分布和无副主题限定词的主题分布。

5.2.1 学科主题的总体分布情况

在学科主题的总分布中，主题出现频次总共为16080831次，平均每个主题出现的频次为22次，平均每篇文章的主题数为23(有的论文没有MeSH标注主题，本数据统计只包括具有MeSH主题的论文)，综合来看，MeSH人工为每篇文章标注的主题词比较多，有待进一步细化。从主题词的分布来看，如图5-1所示的双log坐标分布图，主题频率的分布情况服合幂率分布，即只有少数主题在论文中出现比较多，受到的关注程度较大，多数主题在论文中出现很少，不被人关注，由此反应出了虽然生物医学与生命科学领域涉及到的研究主题众多，但是学者还是比较

① 胡吉明，陈果.基于动态LDA主题模型的内容主题挖掘与演化[J].图书情报工作，2014，58(2)：138-142.

集中在一小部分主题上。

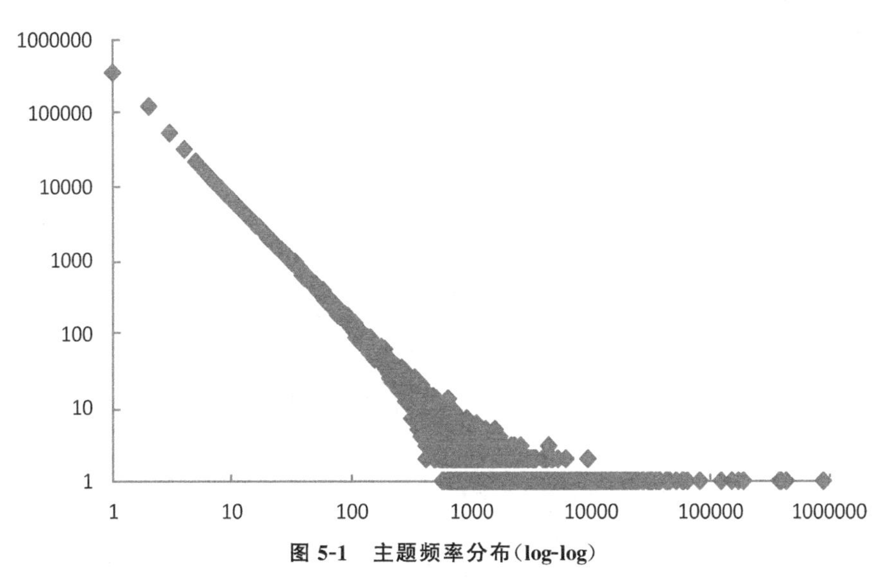

图 5-1　主题频率分布(log-log)

5.2.2　有副主题限定词的主题分布

具有副主题限定词的主题往往具有更强的领域或专注于更小的领域,从具有副主题限定词的主题分布图来看,如图 5-2 所示,具有副主题限定词的主题也服从幂率分布,依然是只有少数具有限定词的主题受到关注,更多的具有限定词的主题是处于一种搁置状态,人们研究的焦点比较集中在部分少数选题方面。其中主题出现的频次为 6607105,平均每个主题出现的次数为 9,出现频次最多的主题就是"Mutation/genetics",频次高达 10041 次,其次依次是"Calcium/metabolism""United States/epidemiology""Anti-Bacterial Agents/pharmacology""RNA, Messenger/metabolism""RNA, Messenger/genetics",频次分别达到 10007 次、9160 次、8991 次、8552 次、8455 次。

5.2.3　无副主题限定词的主题分布

没有副主题限定词的主题往往表示的含义或领域更广,例如无副主题词限定的主题中出现频次最高的就是"Humans",频次达到 902305 次,其次依次是

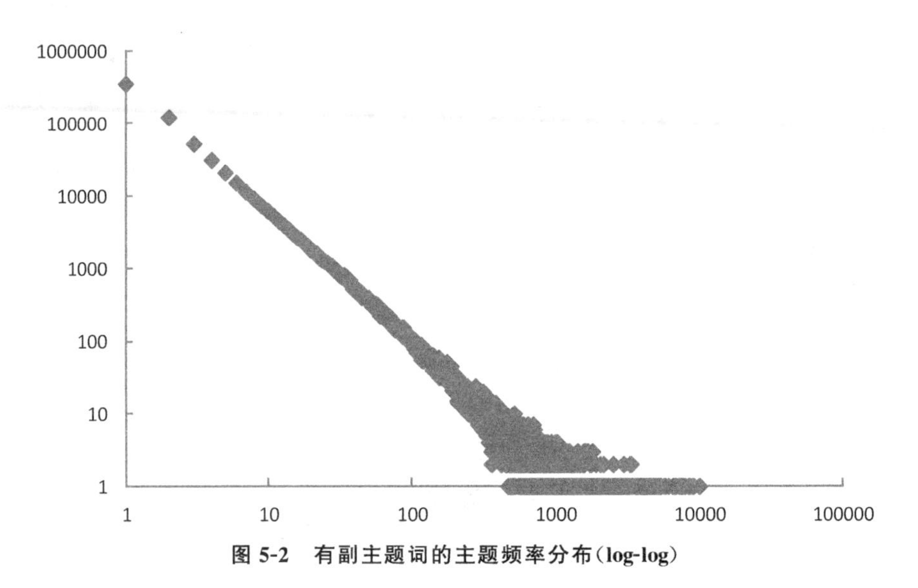

图 5-2 有副主题词的主题频率分布(log-log)

“Animals”“Female”“Male”“Adult”“Middle Aged”等,频次分别达到 434300 次、394202 次、380235 次、189825 次、171986 次。无副主题词限定的主题其分布也服从幂率分布,即只有少数主题受到广泛关注,更多的主题都是处于停滞状态,人们研究的焦点比较集中在少数主题方面,并且无副主题词限定的主题所表现出来的长尾更加分散,如图 5-3 所示。

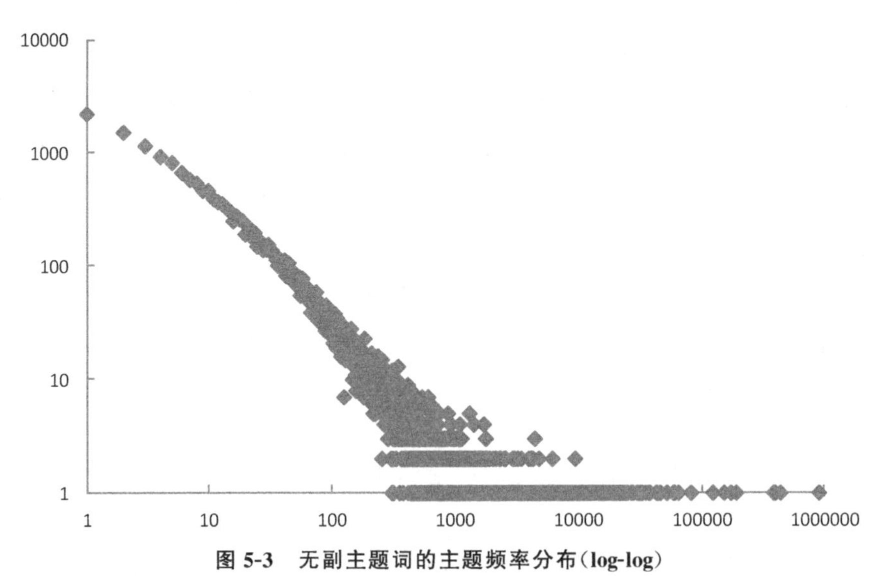

图 5-3 无副主题词的主题频率分布(log-log)

5.3 学科主题表示学习

5.3.1 基于网络结构的学科主题表示学习

(1) 计量知识图谱网络结构对学科主题表示学习的意义

主题(topic)作为计量知识图谱中的一类实体,通过计量知识图谱的结构同其他实体直接或间接连接在一起,其丰富、多样的关系为挖掘主题之间的潜在关系提供了更多的可能。例如图 5-4 中 A 所示,如果 Topic A 与 Topic B 都是关于 Paper A 的主题,那么既然这两个主题同时出现在一篇文章中,相比没有在一篇文章中同时出现的情况,此时这两个主题之间的关系更为紧密。如 B 所示,关于 Topic A 与 Topic B 的 Paper A 与 Paper B 之间有引证关系,相比没有引证关系的两篇文章,此时这两个主题关系可能更为紧密。如 C 所示,关于 Topic A 与 Topic B 的 Paper A 与 Paper B 发表在同一个 Venue 上,相比发表在两个完全不同 Venue 上的情况,此时两个主题更有可能关系比较相近。如 D 所示,关于 Topic A 与 Topic B 的 Paper A 与 Paper B 的作者之间有合作关系,相比作者之间没有合作的情况,作者关于某一主题进行过合作那么这两位作者的研究就存在一定的相似性,此时 Topic A 与 Topic B 更有可能同属一领域或者具有较近的关系。相近计量实体之间的关系,计量知识图谱中关于 Topic A 与 Topic B 的 Paper A 与 Paper B 均同 MeSH 的某些实体具有关系,而 MeSH 之间不同概念、术语之间通过更为复杂的关系连接在一起,假如两篇文章分别于 γ 氧化铁(gamma-ferric oxide)、赤铁矿(hematite)连接在一起,则说明这两篇文章都可能是关于三氧化二铁(ferric oxide)的内容,那么这两个主题很有可能也是关于三氧化二铁的两个主题。计量知识图谱为可能比较相似的主题提供了更多关联的可能性,同时从网络层面折射出主题之间更深层次的关系。因此对计量知识图谱中的主题进行深度表示学习才能够通过主题之间潜在的关系获取主题的特征以及分析主题之间的交融、分离演化情况。

(2) 基于 Node2vec 进行学科主题表示学习

计量知识图谱的网络结构对主题之间关系挖掘具有重要的作用,但是这种网络结构的利用不能单纯依照复杂网络的相关方法,计量知识图谱不是同构网络,不具有同构网络直接依靠关系路径的长短、出度、入度、中介中心性等指标进行分类

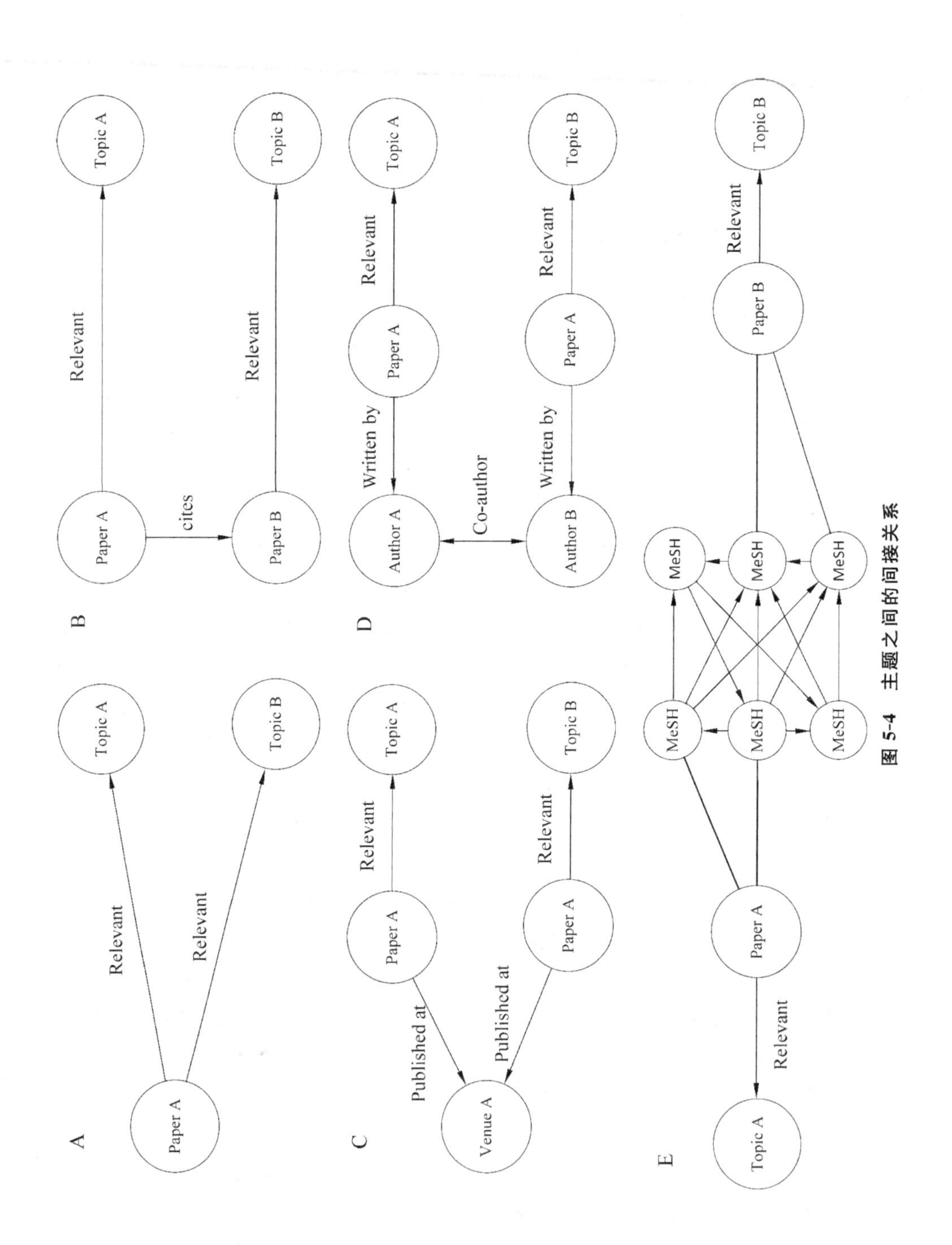

图 5-4　主题之间的间接关系

和挖掘的可行性。节点之间关系类型的不同决定其路径长度没有直接可比性，对于此异构网络结构的挖掘就需要综合考量节点的独特性和关系的语义性。因此，对于这种异构网络的学习就应该像是对文本的学习，每个词汇都是独特唯一的，某个词汇的情景语义由其上下文的独特词汇决定。例如，Wang 和 Liu① 等人构建的包含学生、课程、学院、毕业证等节点类型和 course-student、student-college、college-course、student-student 等关系类型的学生选课情景图(contextual graph)，作者采用了 Node2vec 对此异构网络中学生和课程的特征进行了学习，有效提升了学生与课程这两类节点之间关系的预测。同 Node2vec 相似的网络结构表示学习方法还有 DeepWalk、Line 等，鉴于 Node2vec 的性能和适用性，本书采用 Node2vec 对计量知识图谱进行网络结构表示学习。其过程主要包括实验环境配置、数据准备、计量知识图谱中关系的权重设置、方向设置、模型训练等，详细流程请见图 5-5。

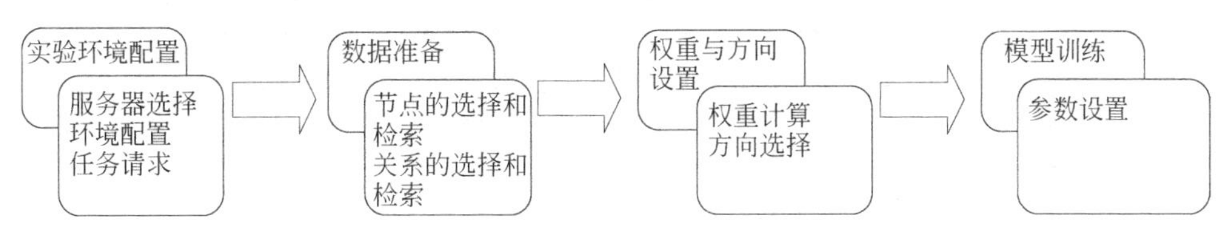

图 5-5 计量知识图谱网络结构表示学习

1) 实验设备

虽然本章是对计量知识图谱中的主题实体的表示学习，但是其利用的是计量知识图谱的所有的实体和关系，利用计量知识图谱整体结构，因此该实验涉及的数据体量较大，涉及包含上亿实体以及上几十亿关系的计量知识图谱，对实验设备的要求也更高。在本章节中的计量知识图谱表示学习借助的是美国 Indian University Blooming 大学的 Carbonate 服务器，印第安纳大学的 Carbonate 服务器是一个拥有超大运行内存支持高性能、数据密集计算任务的计算机集群，Carbonate 服务器拥有 72 个运行内存为 256G 的一般计算节点和 8 个运行内存为 512G 的超大内存节点，每个节点都配备了 12 核的 Intel Xeon E5-2680 CPU 和 480G 的固态硬盘②。该服务器平台为进行计量知识图谱表示学习提供了强有力的保障。

① Yongzhen W, Xiaozhong L, Yan C, et al. Analyzing cross-college course enrollments via contextual graph mining[J]. PLoS One, 2017, 12(11): 1-23.

② About Carbonate at Indiana University[EB/OL]. [2018-10-2]. https://kb.iu.edu/d/aolp.

2）数据准备

本章进行的计量知识图谱表示学习的数据为34个时间片段上的计量知识图谱，利用Neo4j的Python驱动包将34个计量知识图谱节点和关系分别从Neo4j导出来，其中包含Paper、Author、Topic、Venue、MeSH等全部节点类型。鉴于合作关系(Co-author)是作者基于同一篇生成的，而作者都需要经过Paper节点同Topic连接在一起，因此作者基于同一个Paper生成的Co-author关系不会影响主题网络结构的学习，并且此合作关系数据量巨大，增加此种类型的关系势必增加深度表示学习的成本，因此在此章节进行表示学习时忽略作者之间的合作关系。因此，用于表示学习的关系类型主要有Relevant、Published at、Written by、Cites、Mesh-paper以及MeSH内部关系等六种类型，详细的数据请见表5-2。

表5-2 各个时间片段上的计量知识图谱节点和关系数

序号	时间 (Time slices)	论文 (Paper)	主题 (Topic)	作者 (Author)	出版物 (Venue)	节点总数 (Node)	关系总数 (Relationship)
1	≤1985	704457	206439	380779	443	3384368	10994863
2	≤1986	727370	213894	402455	478	3436447	11330791
3	≤1987	751472	221596	425076	522	3490916	11685087
4	≤1988	776943	230365	449248	566	3549372	12080501
5	≤1989	803554	239656	475323	609	3611392	12500327
6	≤1990	830725	249018	502625	659	3675277	12927864
7	≤1991	858924	259478	531435	713	3742800	13390100
8	≤1992	888285	269161	562143	798	3812637	13848505
9	≤1993	918374	280409	594082	871	3885986	14340289
10	≤1994	948904	291282	627345	961	3960742	14840610
11	≤1995	980468	301484	662419	1052	4037673	15346773
12	≤1996	1012751	312981	701752	1165	4120899	15894750
13	≤1997	1046060	328919	745220	1330	4213779	16587427
14	≤1998	1080760	343307	793648	1519	4311484	17291052
15	≤1999	1111825	357129	837203	1640	4400047	17954806
16	≤2000	1149900	385145	892939	1916	4522150	19035187
17	≤2001	1187861	406627	954250	2260	4643248	20014356

续表

序号	时间（Time slices）	论文（Paper）	主题（Topic）	作者（Author）	出版物（Venue）	节点总数（Node）	关系总数（Relationship）
18	≤2002	1228692	425081	1087505	2655	4836183	21005844
19	≤2003	1272872	441780	1210713	3103	5020718	22055008
20	≤2004	1322797	458699	1341638	3736	5219120	23267862
21	≤2005	1383038	476289	1499432	4564	5455573	24774190
22	≤2006	1453009	495385	1682994	5417	5729055	26621650
23	≤2007	1542338	517289	1900148	6460	6058485	29069057
24	≤2008	1670525	547445	2201309	8021	6519550	32603693
25	≤2009	1831883	580765	2558430	9254	7072582	37193661
26	≤2010	1933957	598755	2766946	10163	7402071	40156274
27	≤2011	2165485	628754	3279322	11582	8177393	47164580
28	≤2012	2435870	655743	3782557	12808	8979228	55343092
29	≤2013	2748009	680038	3921300	14046	9455643	64891366
30	≤2014	3093777	700194	4723343	15152	10624716	76915031
31	≤2015	3471593	714437	5590512	16186	11884978	90230192
32	≤2016	3860095	722721	6406621	17164	13098851	104448716
33	≤2017	4230892	726257	7167169	17828	14234396	119262144
34	≤2018	4437413	727179	7587104	18003	14861949	128543798

3）计量知识图谱中关系的权重设置

计量知识图谱包含着复杂的语义关系，从语义层面来讲语义之间关系没有明显的轻重之分，不能将 Relevant 关系的权重设定为 2，而将 Written by 的关系权重设定为 1，虽然对于主题（Topic）Relevant 关系可能更为关键而 Written by 关系相对比较间接，但是语义关系没有直接的权重划分。虽然语义关系没有权重之分，但是语义关系有类型之别。对于同一类型关系势必需要讨论其权重的设定。例如 Paper 与 Topic 之间的关系，如果一篇 Paper 标有 5 个主题，而另外一篇 Paper 只标有 2 个主题，两篇文章均发表在 Science 期刊上，此时这 5 个主题与那 2 个主题在深度上可能就有区别，一篇文章将其所有贡献都贡献给了这 2 个主题，一篇文章的贡献度被 5 个主题摊分，因此，此时拥有 5 个主题的文章与其 5 个主题之间的权重就应该是0.2，而拥有2个主题的文章与主题之间的权重就应该是0.5。以此类推，对于一篇只有1个作者的Science文章与有5个作者的Science文章，前者的Written by关系权重就应该是1，而后者由5个作者共同完成(视排名先后的作者贡献力度相同)的文章与其作者之间的Written by关系权重就应该是0.2。对于Published at这种头结点和尾节点一一对应的关系其权重设定为1。

对于文章之间的引用关系，参照影响因子、高被引论文、H指数等直接根据被引次数(忽略施引文献的总引用数)思想，引文贡献值不受施引文章总引用文章次数的限制，即引用了10篇文章则贡献出去的引文值为10，引文了100篇文章则贡献出去的引文值为100，因此Cites权重不被参考文献总数摊分，即为1。同理，对于Co-author关系，每次产生一条合作关系即作者之间的合作关系权重加1，合作越多则关系越紧密权重越大，不合作权重为0，因此Co-author的权重也为1。对于Paper与MeSH之间的关系，一篇文章与越多的MeSH节点匹配，则文章的贡献被这些节点所瓜分，并不能因为一篇文章与MeSH节点匹配的数量多了而说这些MeSH节点都获得了文章的贡献，同Relevant关系类似，Paper-Mesh的权重由一篇文章匹配到的MeSH节点数决定，总值为1进行均分。在此类权重设定中将Paper假设为贡献的来源，一篇paper贡献值为1，一篇paper的奖励是固定的，参与作者越多平均分配到的奖金越少。对于MeSH中的原有关系MeSH-MeSH默认其权重全部为1，对于主题而言如果其沿着MeSH连接的路径越短则说明其关系紧密，其走的路径越长，说明两者关系愈远，游走的路径长度反应其关系的远近，因此设定MeSH内部关系的权重全部为1，详细权重请见表5-3。

表5-3　面向主题的计量知识图谱关系权重的设定

关　系	权　重
Relevant	依据一篇Paper对应的Topic数平均分配，$\frac{1}{n}$（n为一篇文章含有的主题数）
Written by	依据一篇Paper对应的作者数平均分配，$\frac{1}{m}$（m为一篇文章署的作者数）
Published at	1
Cites	1
Co-author	1
Paper-MeSH	依据一篇Paper匹配到的MeSH节点数平均分配，$\frac{1}{p}$（p为一篇文章匹配到的MeSH节点数）
MeSH-MeSH	1

4）计量知识图谱中关系的方向设置

本章的出发点是利用计量知识图谱的网络结构探析主题之间的关系和规律，其面向的是主题(topic)。因此，无论是具有明确方向的引文关系以及明确没有方向的 co-author 关系，还是人工定义的 Written by、Published at、MeSH 内部语义关系以及 Paper 与 MeSH 之间的关系，都是连接主题的途径，主题之间即可以顺着箭头路径方向游走，也可以逆着箭头路径方向游走，总而言之只要主题之间有这种路径可以达阵即表示主题之间存在着某种关系。因此本书设定面向主题关系分析的计量知识图谱网络结构深度表示学习时路径方向设置为无向。

5）模型训练

在明确权重和方向后，本书采用无向有权重的 Node2vec 进行计量知识图谱的深度表示学习，详细代码请见代码附录。本章算法主要是在 Python 语言环境中实现的，借助 NetworkX、Scikit-learn、Word2vec、Gensim 等包和框架。在模型参数方面，本书设定维度为 128 维，游走长度为 80，围绕每个节点进行游走的次数为 20，Window 长度为 10，通过 multiprocessing.cpu_count 调用 Carbonate 服务器单节点的所有线程，如表 5-4 所示。待将 34 个关系文件(edgelist 格式)上传到 Carbonate 服务器后，对服务器发送应用请求，然后进入排队等候。由于 Carbonate 服务器为 IU 学校的公共服务器，请求人数众多，并且本章节的任务对运行内存比较大，所有只能等待拥有 512G 运行的 8 个大节点，任务最大可请求内存为 503G。每个任务在服务器中的训练时间达到 200 个小时，34 个任务排队与训练时间从 2018 年 10 月至 2019 年 2 月，长达 5 个月时间，最终获得近 80 个 G 的 34 个时间片段 128 维特征向量。

表 5-4 Node2vec 参数设置

参 数	设 置 值
Number of dimension	128
Length of walk	80
Number of walk	20
Graph is directed	undirected
Graph is weighted	weighted
Window_size	10
workers	multiprocessing.cpu_count()
Number of epochs	1
p	1
q	1

5.3.2 基于文本内容的学科主题表示学习

(1) 计量知识图谱文本对于学科主题表示学习的意义

计量知识图谱的网络结构通过在主题之间建立的各种直接或间接关系为探析主题之间的潜在关系提供了可能,但是计量知识图谱是基于前人抽取或鉴定的知识图谱中的语义关系来建立连通关系,虽然具有较强的语义性,但是对于主题在特定领域的研究以及在具体论文中的表现则有待进一步加强。对于特定时间上的主题含义的理解势必需要突破已有的语义关系,从主题内容的角度深度理解特定时刻的主题。如果说利用计量知识图谱网络对主题之间关系的挖掘是基于已有的语义关系和图论(Graph Theory)进行的,那么利用计量知识图谱中主题的内容属性通过主题在文章中的具体表现来折射主题之间关系的方法则是基于内容的方法(Content-based)[①]。

(2) 基于 Doc2vec 进行学科主题表示学习

基于内容方面进行的学科主题分析主要有 LDA 模型、LSA 模型、TF-IDF、词袋向量(Bag-of-words)模型等传统方法以及 Word2vec、Doc2vec 等深度表示学习方法。深度表示学习方法在对语义的理解方面较优于传统的文本向量表示方法。Campr 和 Jezek 曾就 LSA、LDA、TF-IDF、Word2vec、Doc2vec 等模型在文档自动摘要提取方面的性能进行了对比,在平均得分方面 Doc2vec 模型明显高于前面几个模型[②]。Lee 和 Yoon 曾就词袋向量模型、词嵌套模型和 Doc2vec 模型在 O2O 网站产品自动分类方面的研究进行了对比,研究结果表明对于同样的分类器利用 Doc2vec 提取的特征训练出的结果要明显优于利用其他模型提取的特征训练出的结果[③]。Markov[④] 等人在作者特征提取方面的研究也证明了基于神经网络的深度表示学习方法远胜于传统的特征提取方式。除此之外,Doc2vec 模型也被广泛用

① Ding Y. Community detection: Topological vs. topical[J]. Journal of Informetrics, 2011, 5(4): 498-514.

② Campr M, Ježek K. Comparing semantic models for evaluating automatic document summarization [C]//International Conference on Text, Speech, and Dialogue. Springer, Cham, 2015: 252-260.

③ Lee H, Yoon Y. Engineering doc2vec for automatic classification of product descriptions on O2O applications[J]. Electronic Commerce Research, 2018,18(3): 1-24.

④ Markov I, Helena Gómez-Adorno, Juan-Pablo Posadas-Durán, et al. Author Profiling with Doc2vec Neural Network-Based Document Embeddings [C]//Mexican International Conference on Artificial Intelligence. Springer, Cham, 2016(10062),117-131.

于情感分析(Sentiment Analysis)[①②③]、异常评论识别(detecting abnormal comments)[④]、课程推荐(Course Recommendation)[⑤]、网络攻击(Cyber Attack)[⑥]、基于选择性剪接预测(Alternative Splicing Prediction)[⑦]等研究中,尤其是在图情领域关于学术成果主题的新颖性测度[⑧]、文档自动摘要[⑨]、专利相似度检测[⑩]、期刊选题识别[⑪]等研究。鉴于Doc2vec优越的性能,本书选用Doc2vec对主题的文本进行表示学习,其详细流程图图5-6所示。

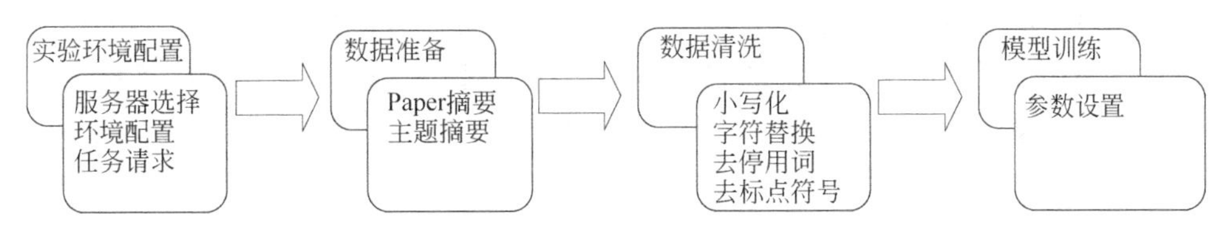

图5-6 主题文本表示学习流程

① Tsapatsoulis, Nicolas, and Constantinos Djouvas. Opinion mining from social media short texts: Does collective intelligence beat deep learning[J]. Frontiers in Robotics and AI, 2018(5): 1-14.

② Arslan Y, Dilek Küçük, Birturk A. Twitter Sentiment Analysis Experiments Using Word Embeddings on Datasets of Various Scales[C]//International Conference on Applications of Natural Language to Information Systems. Springer, Cham, 2018, 40-47.

③ Bilgin M, Senturk I F. [IEEE 2017 International Conference on Computer Science and Engineering (UBMK)-Antalya, Turkey (2017.10.5-2017.10.8)] 2017 International Conference on Computer Science and Engineering (UBMK)-Sentiment analysis on Twitter data with semi-supervised Doc2Vec[C]//International Conference on Computer Science & Engineering. IEEE, 2017: 661-666.

④ Chang W, Xu Z, Zhou S, et al. Research on detection methods based on Doc2vec abnormal comments[J]. Future Generation Computer Systems, 2018(86): 656-662.

⑤ Ma H, Wang X, Hou J, et al. Course recommendation based on semantic similarity analysis[C]//2017 3rd IEEE International Conference on Control Science and Systems Engineering (ICCSSE). IEEE, 2017: 638-641.

⑥ Mimura M, Tanaka H. Long-Term Performance of a Generic Intrusion Detection Method Using Doc2vec[C]//2017 Fifth International Symposium on Computing and Networking (CANDAR). IEEE Computer Society, 2017, 456-462.

⑦ Oubounyt M, Louadi Z, Tayara H, et al. Deep learning models based on distributed feature representations for alternative splicing prediction[J]. IEEE Access, 2018(6): 58826-58834.

⑧ 逯万辉,谭宗颖.学术成果主题新颖性测度方法研究——基于Doc2Vec和HMM算法[J].数据分析与知识发现, 2018,2(3): 22-29.

⑨ 贾晓婷,王名扬,曹宇.结合Doc2Vec与改进聚类算法的中文单文档自动摘要方法研究[J].数据分析与知识发现, 2018,2(2): 86-95.

⑩ 曹祺,赵伟,张英杰,等.基于Doc2Vec的专利文件相似度检测方法的对比研究[J].图书情报工作, 2018,62(13): 74-81.

⑪ 阮光册,夏磊.基于Doc2Vec的期刊论文热点选题识别[J].情报理论与实践,2019,42(4): 107-111.

1）实验环境的配置和数据准备

在数据选择方面本书选用文章的摘要作为每篇文章研究的语料库，因为摘要是对文章的高度概括和总结，其囊括了一篇论文的所有核心要点，一篇论文的研究目的和初衷、研究主题、研究过程、研究结论以及创新点都会在摘要中阐述出来，研究表明基于摘要的文本特征学习要优于基于全文的特征学习①，因此本书选择摘要作为全文研究内容的语料库。根据主题与 paper 之间的相关（Relevant）关系，n 篇文章可能都与某一个主题相关，那么这 n 篇文章的所有摘要即为主题的摘要，依此从 Neo4j 中检索出所有主题的相关论文的摘要属性信息，建立主题——摘要一一对应的关系。

2）数据清洗

相比普通词汇，生物医学与生命科学词汇的格式是比较复杂的，如果数据清洗不慎就会损坏某些特殊词汇的完整性。例如对于 TGF-β、miR-29a、3’-UTR、cytochrome b561（CYB561）、miRNA-146a 等生物和医学知识元，对于此类数据如果直接剔除数字符号，该词汇所代表的意思就发生了变化，如果直接清洗掉引号（’）其含义也发生了变化，如果直接根据标点符号切割与剔除，词汇的完整性势必会被破坏，因此本书将“’”“％”“＃”“＜”等特殊符号采取保留的方式进行处理，对于 nltk 原带的停用词汇进行严格审查筛选后再加以借用。依照文本小写化、特殊字符替换保留、去停用词、去标点符号等顺序进行。

3）模型训练

本书使用的实验设备仍然为印第安纳大学的服务器，只是本次请求的节点无需较大的内存，只请求常规节点对 34 个时间片上的 34 个模型分别进行训练，以同一个时间片上的所有主题文本为总语料库，对每个主题进行文本表示学习。在训练时，本章选用 DM 模型进行训练，以便抓住生物医学与生命科学领域的稀有词汇所表达的特殊意义；dm_mean 为 0，对上下文向量进行相加；dm_concat 为 1，将上下文向量与段落向量进行级联拼接；dbow_words 为 0，只对段落向量进行训练，即只对主题向量进行训练；windows 为 20，；min_count 为 1，选用在文档中出现的所有频率的词汇；sample 为 1e-5，即高频词采样样本数为 1e-5；size 为 150，即主题向量的维度为 150 维，详细模型参数请见表 5-5。

---

① Zhu Y，Yan E，Wang F. Semantic relatedness and similarity of biomedical terms：examining the effects of recency，size，and section of biomedical publications on the performance of word2vec[J]. BMC Medical Informatics and Decision Making，2017，17(1)：87-95.

表 5-5 Doc2vec 参数设置

参　　数	设 置 值
dm	1(使用 DM 模型进行训练)
dm_mean	0
dm_concat	0
dbow_words	0
windows	20
workers	multiprocessing.cpu_count()
hs	1(HS 方法)
min_count	1
sample	1e-5
size	150

5.4 学科主题聚类和演化分析

基于网络结构特征和文本特征拼接的学科主题聚类。在本章第 3 节已经抽取出关于主题的计量知识图谱网络结构特征和文本特征,在此节采用两类特征拼接的方式进行相关模型训练和聚类。在多种类型特征组合方面的研究,Ma[①] 等人曾将用户的自我网络特征和用户文档信息特征结合在一起,整合网络结构特征和文本特征进行跨平台用户识别(User identification),其结果显示两类特征的整合将准确率提升了 10%,多种特征的整合在模型参数变化的鲁棒性和整体性能方面相比其他单一类型特征都是最优的[②]。借鉴前人特征拼接的方法,本节将关于主题的网络结构特征数据和文本特征数据进行拼接。

① Ma J, Qiao Y, Hu G, et al. Balancing User Profile and Social Network Structure for Anchor Link Inferring across Multiple Online Social Networks[J]. IEEE Access, 2017: 12031-12040.

② Kim D, Seo D, Cho S, et al. Multi-co-training for document classification using various document representations: TF - IDF, LDA, and Doc2Vec[J]. Information Sciences, 2018(477): 15-29.

5.4.1 聚类方法概述与选取

(1) t-SNE 降维可视化方法

机器学习领域中的降维方法一般都是借助某种映射函数将高维空间中的数据点映射到低维空间中,这种映射函数具体包括线性的和非线性两种,对于线性映射函数其方法就是求得一个可以将高维数据转换为低维数据的变换矩阵,例如 PCA(Principla Component Analysis)、LDA(Linear Discriminant Analysis)等,对于非线性映射函数则主要是通过将高维数据在维度空间的局部关系在低维重新排列从而得到低维数据,例如 LLE(Locally Linear Embedding)、t-SNE(t-Distributed Stochastic Neoghbor Embedding)等,其中 t-SNE 在降维可视化方面应用目前最为广泛。t-SNE 是一种基于流行学习的非线性降维算法,最早由 Maaten① 等人提出,是在 Stochastic Neighbor Embedding(SNE)基础上改进版②③。研究表明,t-SNE 算法这种基于局部的流行学习非线性降维算法对于高维数据能够进行有效的聚类,具有较好的聚集性并且各类之间具有较为清晰的轮廓和分界。

(2) t-SNE 与其他聚类方法的对比分析

本书选用 t-SNE 进行降维可视化是在对比 t-SNE 降维聚类和基于相似矩阵网络聚类结果和性能基础上进行的。相似矩阵是一类以节点为实体或概念,以相似度为关系的权重和强弱所构建的矩阵。相似矩阵是聚类的基础,无论是利用 SPSS 进行聚类,还是通过导入相似矩阵构建同构节点网络进行聚类,都是基于矩阵中节点之间的关系强度。在本节,以 1985 年时间片上的关于方法方面的 68 个主题为例,如图 5-7 所示,图中左为基于相似矩阵构建的网络聚类,其利用的是网络模块化聚类方法(Modularity Class)④,其结果显示当解析度(resolution)系数为 0.5 时,模块化系数只为-0.011,聚类个数为 8 个,当解析度系数为 1 时,模块化系数只为 0,只有 1 个类,并且即使在保持相同的解析度系数时,聚类个人也完全不同,

---

① Maaten L, Hinton G. Visualizing data using t-SNE[J]. Journal of machine learning research, 2008 (9): 2579-2605.

② Hinton G E, Roweis S T. Stochastic neighbor embedding[C]//Advances in neural information processing systems, 2003: 857-864.

③ 陈挺,李国鹏,王小梅.基于 t-SNE 降维的科学基金资助项目可视化方法研究[J].数据分析与知识发现,2018,2(8): 1-9.

④ Lambiotte R, Delvenne J C, Barahona M. Dynamics and Modular Structure in Networks[J]arXiv preprint arXiv, 2008(812): 1-32.

因此可以看出基于相似矩阵进行的网络聚类具有一定的随机性,并且不够稳定。当利用 t-SNE 流行非线性降维聚类时,如图 5-7 中右所示,其聚类个数为 9 个,各个类之间具有较好的区分度。

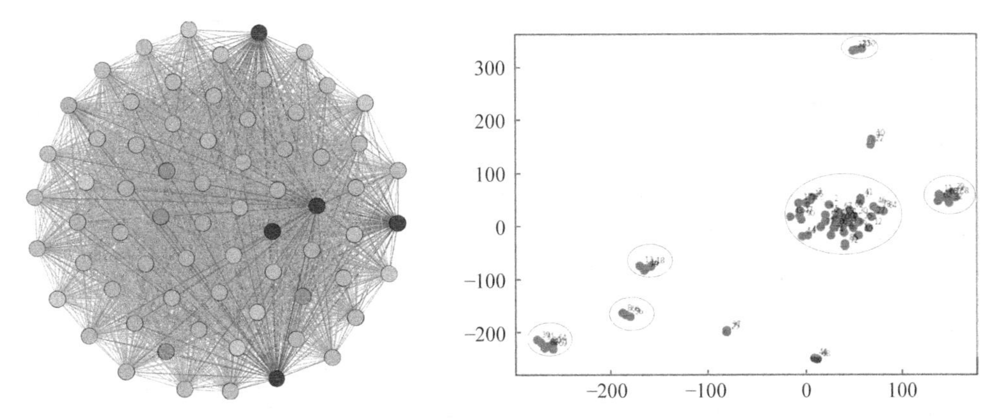

图 5-7 基于相似矩阵聚类和基于 t-SNE 方法聚类

对于 t-SNE 方法,虽然随着其困惑度(perplexity)以及学习率(learning_rate)等参数的变化,其展示出的结果有一定的差距,如图 5-8 所示,分别为学习率为 20 和 90 的情况,不同系数时要么没有完全的分类,即过于拟合,要么各个类之间就有明确的分割区间,如图中所示,聚类个数都为 9 个,各个类之间相隔比较明显,随着系数不同其位置和聚类形状有所变化,但是聚类情况完全是一致的,可见其聚类效果是比较稳定可靠的。

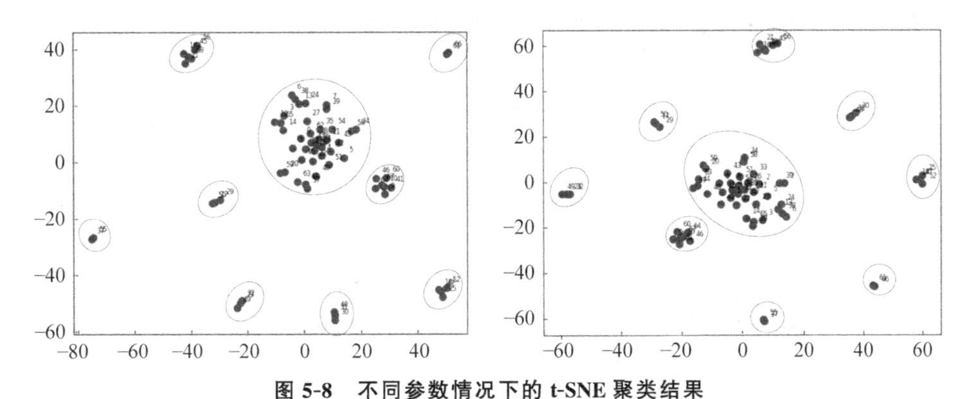

图 5-8 不同参数情况下的 t-SNE 聚类结果

同理,基于相同的数据,分别利用 DBSCAN(DBSCAN)和 Kmeans 进行聚类,DBSCAN 是一种基于密度的聚类方法,其核心思想就是对于构成簇中的每一个对象都以一定的密度阈值同邻近对象邻接[1]。如图 5-9 左所示,利用 DBSCAN 密度算法聚类,无法对其进行有效分类。Kmeans 算法是一种基于距离的无监督学习方法,其根据用户设置随机选取 k 个初始聚类中心,然后以每个中心作为一个簇,根据数据点与中心点的距离将所有的数据点划分到不同的簇中,然后更新中心点,不断重复此过程,直到簇中心的节点不再变化[2]。如图 5-9 右所示,各个簇之间没有较为清楚的划分区间,聚类个数也较为不稳定,综上所述利用 Kmeans 距离算法无法有效对主题进行聚类。综合考虑基于相似矩阵网络模块化方法、基于密度的 DBSCAN 方法、基于距离的 Kmeans 算法和基于 t-SNE 算法聚类的优劣,本章选取 t-SNE 方法对主题进行聚类分析。

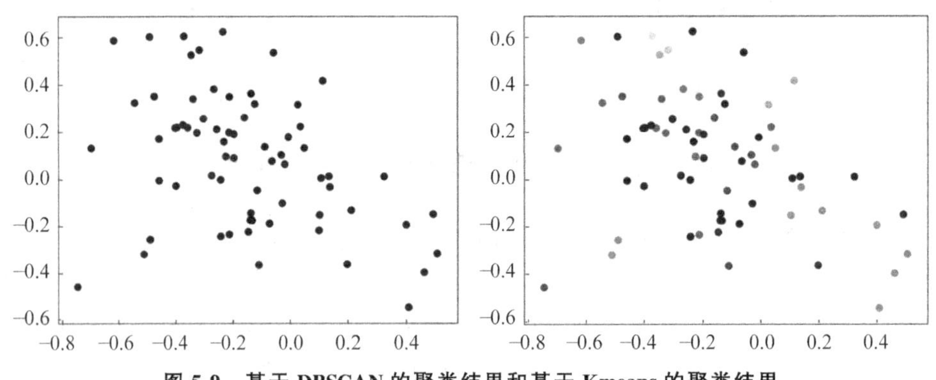

图 5-9　基于 DBSCAN 的聚类结果和基于 Kmeans 的聚类结果

5.4.2　基于 Jaccard 系数的相似度计算方法

Jaccard 系数是一种比较有限集合相似度的方法,其核心思想在于比较两个集合的交集在其并集中所占的比例,如下公式所示,集合 A 与集合 B 的 Jaccard 系数即为集合 A 和集合 B 的交集与集合 A 和集合 B 并集的比值[3]。鉴于 Jaccard 系数的简洁

---

① Ester M, Kriegel H P, Xu X. A density-based algorithm for discovering clusters a density-based algorithm for discovering clusters in large spatial databases with noise[C]//International Conference on Knowledge Discovery & Data Mining, 1996: 226-231.

② Kanungo T, Mount D M, Netanyahu N S, et al. An Efficient k-Means Clustering Algorithm: Analysis and Implementation[J]. IEEE Transactions on Pattern Analysis & Machine Intelligence, 2002, 24(7): 881-892.

③ Real R, Vargas J M. The Probabilistic Basis of Jaccard's Index of Similarity[J]. Systematic Biology, 1996, 45(3): 380-385.

有效性，其被广泛应用于文本相似度计算、聚类、关联强度计算等多个方面[①②]。

$$Jaccard(A,B) = \frac{|A \cap B|}{|A \cup B|} \quad \text{（公式 15）}$$

对于不同时间片集群之间的前后关系，本章采用 Jaccard 系数对前后两个时间片上的集群进行相似度计算。t-SNE 方法能够有效对高维数据进行降维可视化，但是其只能基于一同训练出来的主题向量，对于前后两个时间片段的主题向量，其训练不是一起进行的，因此不同时间片上的向量没有直接可比性。但是各个主题集群之间，基于共同包含的主题，其前后有一定的交集，前后时间片上集群之间的交集构成了主题集群之间的协同演化关系，例如某一主题集群的分裂、继承、融合等。如图 5-10 所示，在 2010 年时间片段上有主题集群 1，在 2011 年时间片段上也有其主题集群 1，对于这两个不同时间片段的主题集群他们之间是否有继承的关系，如果两个集合之间有共同的主题，即后一时间片段上的主题集群是在前一时间片主题集群上的继承。如果没有交集，则表示两个主题之间没有任何关系。

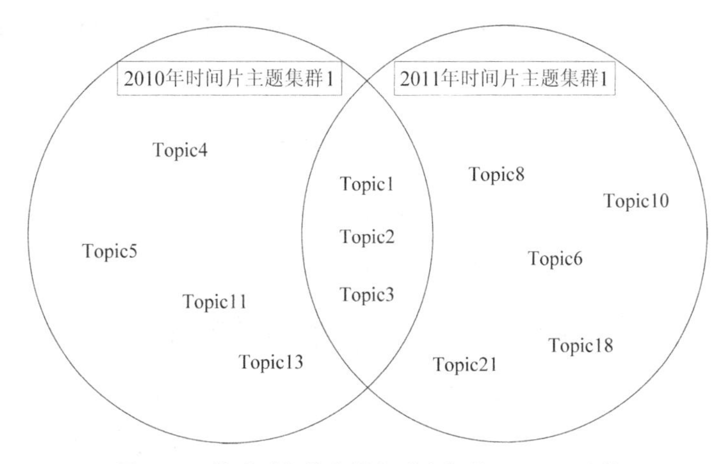

图 5-10　前后时间片主题集群之间的 Jaccard 系数

在本章，依据不同时间片上主题集群之间的交集，采用 Jaccard 系数对前后时间片上的主题集群进行相似度计算，前后主题集群相似度高说明主题集群的继承关系较强，前后主题集群相似度低说明两个集群之间没有交叉融合的关系，以此类推，揭示主题集群的协同演化关系。

---

① Small H. Co-citation in the scientific literature: A new measure of the relationship between two documents[J]. Journal of the American Society for information Science, 1973, 24(4): 265-269.

② 黄福，侯海燕，胡志刚.五种关联强度指标对研究前沿时间特征的识别[J].情报学报，2018,37(6):561-568.

5.4.3 Methods 类主题演化规律

本书构建的计量知识图谱囊括了70多万个主题，并分别训练了这些主题在34个时间片上计量知识图谱中的网络结构特征和文本特征，在此，本节以主题中关于方法类(Methods)的研究主题为例，通过筛选将在2018年排名在前100的关于方法类的主题单独列出来，分别分析这些最热的关于方法方面的主题的动态演化情况以及主题之间的演化情况。

(1) 主题集群之间的演化

通过t-SNE对主题向量进行降维聚类，如图5-11所示，由于本书构建的计量知识图谱囊括34个时间片段，在本章为方便对其进行展示只选择出1985、2000、2010、2017年四个时间片段进行分析，在1985年时间片段时关于methods的主题共有9个集群，在2000年时变为10个集群，2010年与2017年均为11个主题集群。以2017年为例，集群1(cluster1)的成员为液体色谱法(Chromatography Liquid)、串联质谱法(Tandem Mass Spectrometry)、质谱分析法(Mass

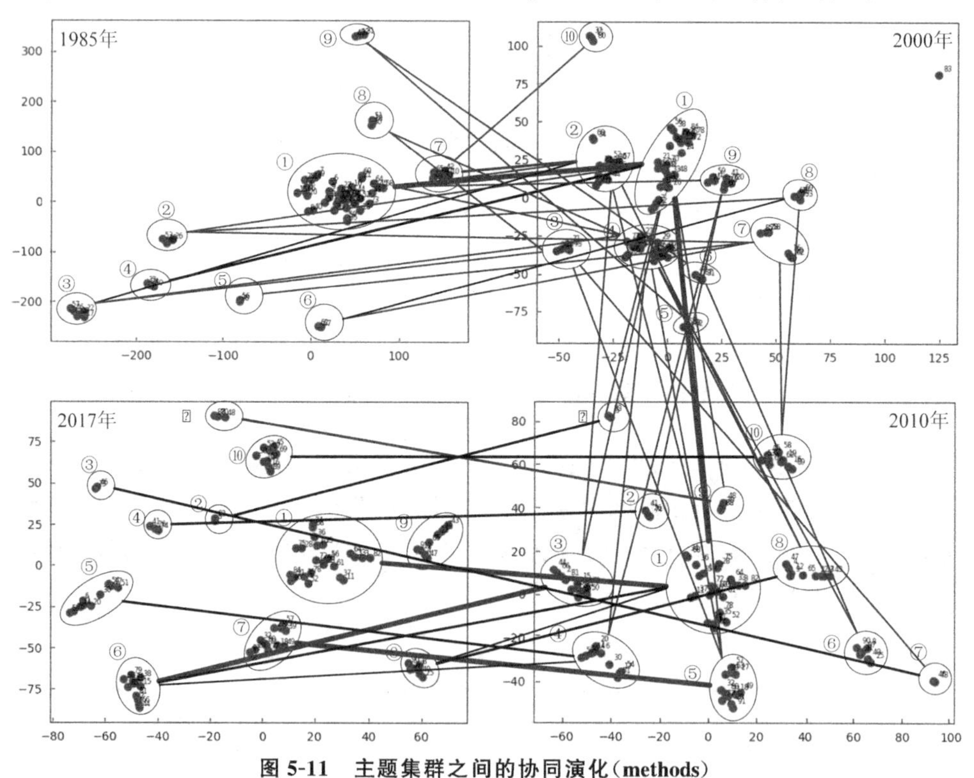

图5-11 主题集群之间的协同演化(methods)

Spectrometry)(Enzyme-Linked Immunosorbent Assay)、全基因组关联分析(Genome-Wide Association Study)、基因检测(Genetic Testing)、基因组学(Genomics)、基因表达谱分析(Gene Expression Profiling)、计算生物学(Computational Biology)、蛋白质相互作用的映射(Protein Interaction Mapping)、转染(Transfection)、序列对比(Sequence Alignment)、蛋白质序列分析(Sequence Analysis Protein)、寡核苷酸阵列序列分析(Oligonucleotide Array Sequence Analysis)等;集群 2(cluster2)包括的主题有实时聚合酶链反应(Real-Time Polymerase Chain Reaction)和逆转录酶聚合酶链反应(Reverse Transcriptase Polymerase Chain Reaction);集群 3(cluster3)包括图像增强(Image Enhancement)与图像计算机辅助解释(Image Interpretation Computer-Assisted)等,综合考量各个主题集群内部关联性较强,聚类结果比较准确。

基于 Jaccard 系数,计算每个时间片上的主题集群同上一个时间片上的主题集群之间的相似性关系,如表 5-6 所示,2017 年片段上 cluster1 与 2010 年片段上 cluster1 的 Jaccard 系数为 1,表明两个主题集群完全相同,2017 年的 cluster1 完全继承了 2010 年的 cluster1,同理 2017 年片段上的 cluster2、cluster3、cluster4、cluster6、cluster7、cluster9、cluster11 分别完全继承了 2010 年片段上的 cluster11、cluster7、cluster2、cluster3、cluster5、cluster8、cluster9,同时表明在 2010 年到 2017 年这个阶段主题集群之间的交叉融合活动较少,随着时间的变化,集群之间的沟通交流较为稀疏,演化较弱。相反,在 2000 年到 2010 年这个时间段,主题集群之间的关系较为密切,交叉融合演化较为剧烈,有 cluster1 与 cluster1 的继承关系,既有 cluster2 分裂为 cluster3、cluster5、cluster8 等裂变行为,又有 cluster7 和 cluster8 合并为 cluster10 等合并行为。在 1985 年到 2000 年这个时间段,主题集群之间更多的是裂变重组的过程,两个大 cluster1 内部既有部分成员分裂出去,又有新的成员加入进来,1985 片段上的 cluster2、cluster3、cluster6、cluster8、cluster9 等既分裂开去,又在 2000 片段上的 cluster7、cluster8、cluster2 重组在一起,分裂与重组并存。各个主题集群之间的详细协同演化情况请见图 5-11。

表 5-6 关于 methods 的各主题集群不同年份之间的 Jaccard 系数(部分)

2017 年与 2010 年的 Jaccard 系数			2010 年与 2000 年的 Jaccard 系数		
2017 年	2010 年	Jaccard 系数	2010 年	2000 年	Jaccard 系数
cluster1	cluster1	1	cluster1	cluster1	0.282051
cluster2	cluster11	1	cluster2	cluster9	0.222222

续表

2017 年与 2010 年的 Jaccard 系数			2010 年与 2000 年的 Jaccard 系数		
cluster3	cluster7	1	cluster3	cluster1	0.193548
cluster4	cluster2	1	cluster3	cluster2	0.190476
cluster5	cluster4	0.818182	cluster4	cluster9	0.384615
cluster6	cluster3	1	cluster5	cluster5	0.25
cluster6	cluster4	0.05	cluster6	cluster6	0.5
cluster7	cluster5	1	cluster7	cluster3	0.4
cluster8	cluster1	0.034483	cluster8	cluster2	0.15
cluster8	cluster6	0.714286	cluster8	cluster4	0.125
cluster9	cluster8	1	cluster9	cluster1	0.115385
cluster10	cluster10	0.888889	cluster10	cluster7	0.363636
cluster11	cluster9	1	cluster10	cluster8	0.444444

(2) 各集群内部主题之间的演化

在不同时间片段上，主题之间通过衡量彼此之间关系的远近聚类在一起，随着时间的变化集群之间会有继承、分裂、融合、重组等变化，在每个集群内部各个主题之间因为某种关系聚在一起，但是各个单个主题的热度演化情况是否存在着某种契合，为揭示集群内部主题之间的演化关系本章根据聚类结果，分别对各个集群内的主题热度进行分析。以 2017 年的集群聚类结果为例，各个主题内部成员的热度演化情况如图 5-12 所示，在关于 methods 的主题集群中，成员之间层次不一，对于成员数量较多的集群其内部主要有 1～2 个主要热点主题占据着绝对优势，然后又有中间层次主题在积蓄着力量，最后是热度较低的位于基层的主题。对于成员数量较少的集群，其成员之间在发展趋势方面存在一定程度的相同，在某些拐点和阶段保持着比较一致的趋势。整体而言，关于 methods 的主题集群内部比较分散，层次不一，既有可能多种方法同时成为热度主题，又存在同时低落的情况，集群内部成员之间的互补情况较少，由此可见在生物医学与生命科学领域某种方法的发展会带动其他方法的应用和进展，这也恰好符合生物医学与生命科学领域的研究涉及到众多学者不同部分工作的合作以及在各个部分各种不同方法的应用。

(3) 演化规律总结

综上所述，关于 methods 的主题，其集群在 1985 年到 2000 年阶段时继承与裂变占据主导地位，在 2000 年到 2010 年时继承与融合占据主导地位，在 2010 年到

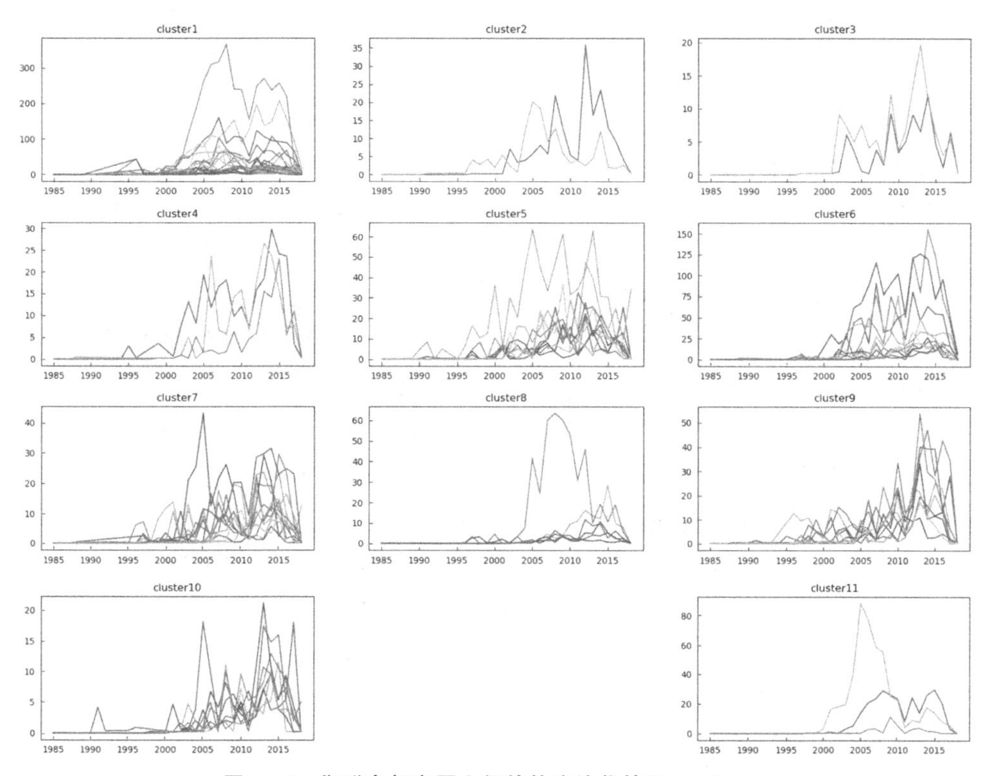

图 5-12　集群内部主题之间的热度演化情况(methods)

2017 年时则是完全继承占据着绝对优势，整体表现为其继承性很强，从侧面也揭示出在生物医学与生命科学领域方法性研究具有较强的持续性和延续性，集群内部成员多在某一领头成员主导下与之一同发展，层次不一，但多数一荣皆荣，一损俱损，互利但不互补，同生共灭。

5.4.4　Drug effect 类主题演化规律

(1) 主题集群之间的演化

同理，以 Drug effect 类的主题为例进行分析，从 34 个时间片段中抽出 1985 年、2000 年、2010 年、2017 年四个时间片段，对其进行聚类分析。结果显示，在 1985 年片段上，关于 Drug effect 的主题有 7 个集群，2000 年时变为了 6 个，在 2010 年时变为 8 个，2017 年时再次合成 7 个集群。在 1985 年时，集群主要有两个大群，其余均为小群，并且集群之间关系比较疏散；在 2000 年时集群之间的规模差距较小，分布比较均匀，集群之间的关系也比较紧密；在 2010 年时集群则分布更为均匀,但是集群之间的关系则变得十分疏远;在 2017 年时集群主要集中在 5 个大群,并且 5 个大群分布更为均匀,集群之间的关系十分紧密,当然此时也有更多的小主题疏远大集群独立存在。

以 Drug effect 类主题在 2017 年时间片上的聚类为例,其集群 1(cluster1)主要包括病毒复制(Virus Replication/drug effects),酶活化(Enzyme Activation/drug effects)、肿瘤负荷(Tumor Burden/drug effects)、淋巴细胞激活(Lymphocyte Activation/drug effects)、信号传导(Signal Transduction/drug effects)、动作电位(Action Potentials/drug effects)、MAP 激酶信号系统(MAP Kinase Signaling System/drug effects)、细胞增殖(Cell Proliferation/drug effects)、细胞粘合(Cell Adhesion/drug effects)、细胞凋亡(Apoptosis/drug effects)、细胞自噬(Autophagy/drug effects)等;集群 2(cluster2)包括的主题有能量代谢(Energy Metabolism/drug effects)、细胞坏死(Cell Death/drug effects)、心肌收缩(Myocardial Contraction/drug effects)、细胞生存(Cell Survival/drug effects)、蛋白结合(Protein Binding/drug effects)、巨噬细胞(Macrophages/drug effects/metabolism)、神经原(Neurons/drug effects)、基因表达(Gene Expression/drug effects)、基因表达调控(Gene Expression Regulation/drug effects)、基因表达调控发育(Gene Expression Regulation Developmental/drug effects)等,从各个主题包含的主题来看,基于 t-SNE 的聚类效果比较准确。

基于 Jaccard 系数,计算每个时间片上的主题集群同上一个时间片上的主题集群之间的相似性关系,如表 5-7 所示,在 2017 年片段上,cluster1 部分继承了 2010 年片段上的 cluster1、cluster5、cluster6,其中与 cluster1 的系数最大达到 0.2,表明主要继承了 cluster1 的成员;2017 年片段上的 cluster2 也是部分继承了 2010 年片段上的 cluster1,并兼并了来自 cluster4、cluster5 等部分成员;cluster4 则绝大部分继承了 2010 年片段上的 cluster4 以及来自 cluster3 的少数成员;cluster5 主要继承了 2010 年片段上的 cluster6,cluster6 则很大程度上兼并了 2010 年片段上的 cluster3、cluster7、cluster8,在 2010 年到 2017 年这两个片段之间,融合活动相比分裂活动更多,虽然有部分分裂,但是更多的是融合过程。在 2000 年到 2010 年这两个片段之间,继承成分比较大的主要有 2010 年片段上的 cluster8 与 2000 年片段上的 cluster5 以及 cluster4 与 cluster3,其他集群则更多的重组,此时的分裂与融合频率比较一致,因此此时更多是分裂与融合并列的重组过程。在 1985 年到 2000 年这两个片段之间,除了 2000 年片段上的 cluster5 以 0.625 的系数绝大部分继承了 1985 年片段上的 cluster3,其他集群活动主要是两个大集群的分裂然后与其他小集群的融合过程,集群规模相对上一个阶段分布变得较为均匀。各个主题集群之间的详细协同演化情况见图 5-13。

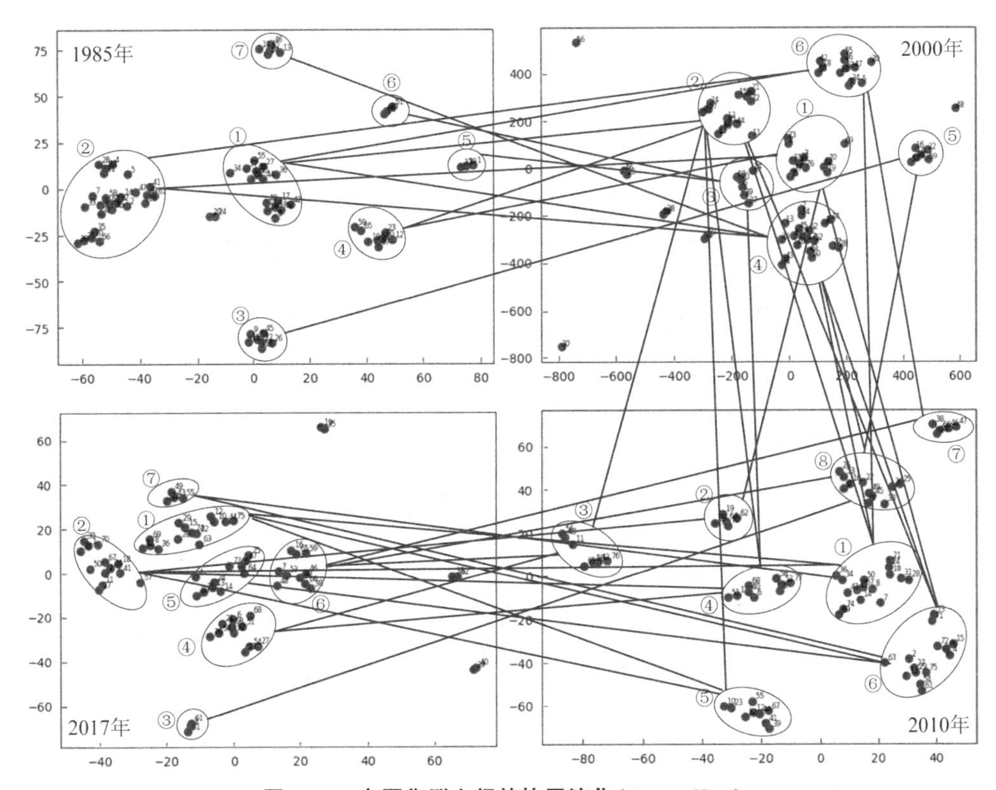

图 5-13 主题集群之间的协同演化(Drug effect)

表 5-7 关于 Drug effect 的各主题集群不同年份之间的 Jaccard 系数(部分)

2017 年与 2010 年的 Jaccard 系数			2010 年与 2000 年的 Jaccard 系数		
2017 年	2010 年	Jaccard 系数	2000 年	1985 年	Jaccard 系数
cluster1	cluster1	0.2	cluster1	cluster1	0.038462
cluster1	cluster5	0.15	cluster1	cluster2	0.115385
cluster1	cluster6	0.166667	cluster1	cluster3	0.047619
cluster1	cluster8	0.041667	cluster1	cluster4	0.148148
cluster2	cluster1	0.208333	cluster1	cluster6	0.217391
cluster2	cluster2	0.125	cluster2	cluster1	0.230769
cluster2	cluster3	0.052632	cluster2	cluster4	0.052632
cluster2	cluster4	0.1	cluster3	cluster1	0.058824

续表

2017 年与 2010 年的 Jaccard 系数			2010 年与 2000 年的 Jaccard 系数		
cluster2	cluster5	0.1	cluster3	cluster2	0.111111
cluster2	cluster6	0.038462	cluster3	cluster5	0.083333
cluster3	cluster1	0.055556	cluster3	cluster6	0.055556
cluster3	cluster6	0.0625	cluster4	cluster1	0.052632
cluster3	cluster8	0.076923	cluster4	cluster2	0.1
cluster4	cluster3	0.133333	cluster4	cluster3	0.25
cluster4	cluster4	0.357143	cluster4	cluster4	0.090909
cluster4	cluster6	0.090909	cluster4	cluster6	0.05
cluster5	cluster1	0.08	cluster5	cluster1	0.052632
cluster5	cluster2	0.066667	cluster5	cluster2	0.1
cluster5	cluster4	0.052632	cluster5	cluster3	0.071429
cluster5	cluster6	0.25	cluster5	cluster6	0.05
cluster5	cluster7	0.066667	cluster6	cluster1	0.136364
cluster5	cluster8	0.047619	cluster6	cluster2	0.173913
cluster6	cluster3	0.214286	cluster6	cluster4	0.208333
cluster6	cluster7	0.25	cluster6	cluster6	0.04
cluster6	cluster8	0.166667	cluster7	cluster6	0.133333
cluster7	cluster1	0.052632	cluster8	cluster1	0.047619
cluster7	cluster5	0.083333	cluster8	cluster4	0.130435
cluster7	cluster6	0.058824	cluster8	cluster5	0.416667
cluster7	cluster8	0.071429	cluster8	cluster6	0.045455

(2) 各集群内部主题之间的演化

以 2017 年的集群聚类结果为例，各个主题内部成员的热度演化情况如图 5-14 所示。在关于 Drug effect 的主题集群内部，既有 1～2 个主题以绝对的优势一同升降，也有其基层主题同其保持着共同的升降趋势；成员内部既有几个主题抱团协同升降，也有几个主题抱团与其背向而驰；有以不同层次的热度保持在共同的升降趋势，也有以不同层次的热度保持着相反的升降趋势。整体而言，集群成员之间可以一同成为热点主题以相互促进或互补的形式存在着，也有集群内某一主题热度上升其他主题则下降同一集群内的主题以相生相克、竞争的形式存在着。此时表明，在生物医学与生命科学领域关于具体领域的研究，有些研究主题是与领域内其他主题的相互促进互补，而有些研究主题则可能是其他角度或相反的方向展开，因此会削弱其他主题的研究热度。

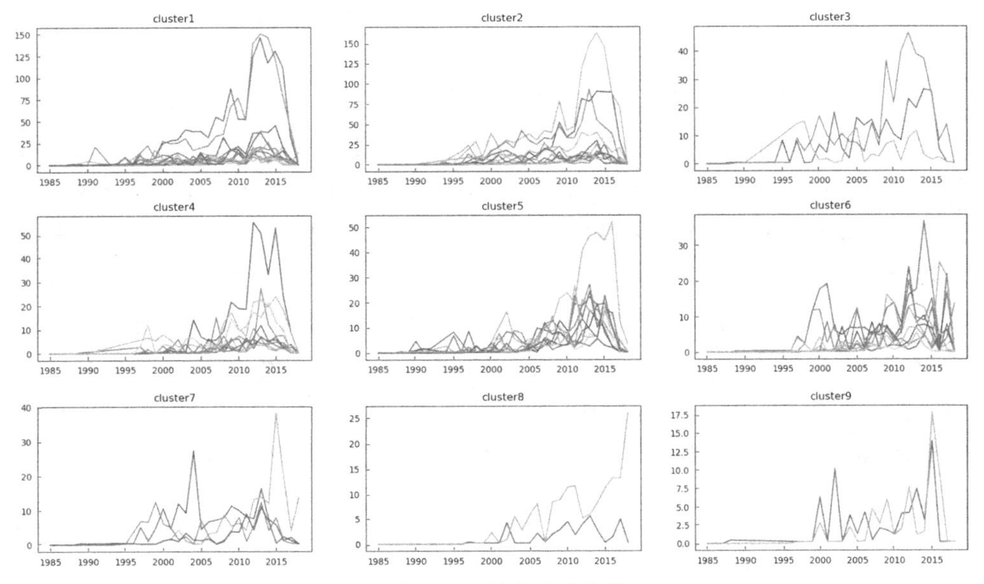

图 5-14　集群内部主题之间的热度演化情况(Drug effect)

(3) 演化规律总结

综上所述，关于 Drug effect 的主题，其集群在 1985 年到 2000 年阶段时主要是大分裂小融合，从不均匀分布趋向均匀分布，在 2000 年到 2010 年时主要是分裂与融合并举的重组，在 2010 年到 2017 年时则主要是融合，从疏远的集群关系变得紧密，相比方法性的研究其继承性较弱。关于 Drug effect 内容方面研究的集群变化反应了在各个具体领域不同主题研究从某一个小领域游走到其他小领域，最终使得众多小领域全部集中在一起，各个领域的分裂与融合更好地促进了领域的集中发展。在集群内部，成员之间主要是互补和竞争的关系，成员之间要么是相向共同发展，要么是背向削弱。

5.4.5　Epidemiology 类主题演化规律

(1) 主题集群之间的演化

在 Epidemiology 类主题的集群成员中，以 2017 年为例，其集群 1(cluster1)主要包括日本流行病(Japan/epidemiology)、印度流行病(India/epidemiology)、中国

流行病(China/epidemiology)等;集群 2(cluster2)主要包括美国流行病(United States/epidemiology)、欧洲流行病(Europe/epidemiology)、艾滋病病毒感染流行病(HIV Infections/epidemiology)等;集群 3(cluster3)主要包括心血管疾病流行病学(Cardiovascular Diseases/epidemiology)、高血压流行病学(Hypertension/epidemiology)等;集群 4(cluster4)主要包括肥胖症流行病学(Obesity/epidemiology)、糖尿病流行病学(Diabetes Mellitus/epidemiology)、吸烟流行病学(Smoking/epidemiology)等主题。综合考量各个主题集群,例如中、日、印度的流行病学可能比较相近,美国、欧洲关于艾滋病流行病可能比较相近,心血管疾病流行病学与高血压流行病学则更为相近,因此可以看出关于 Epidemiology 的主题集群聚类结果比较准确。

如图 5-15 所示,在 1985 年时间片段上,主要有 4 个集群,2000 年时有 7 个集群,在 2010 年与 2017 年也都保持着 7 个集群。在 1985 年时,所有主题成员主要集中在 2 个大的集群上,此时集群之间关系比较疏远,并且集群内部成员之间也较为分散;在 2000 年时集群分布变得较为均匀,集群之间关系变得比较紧密;在 2010

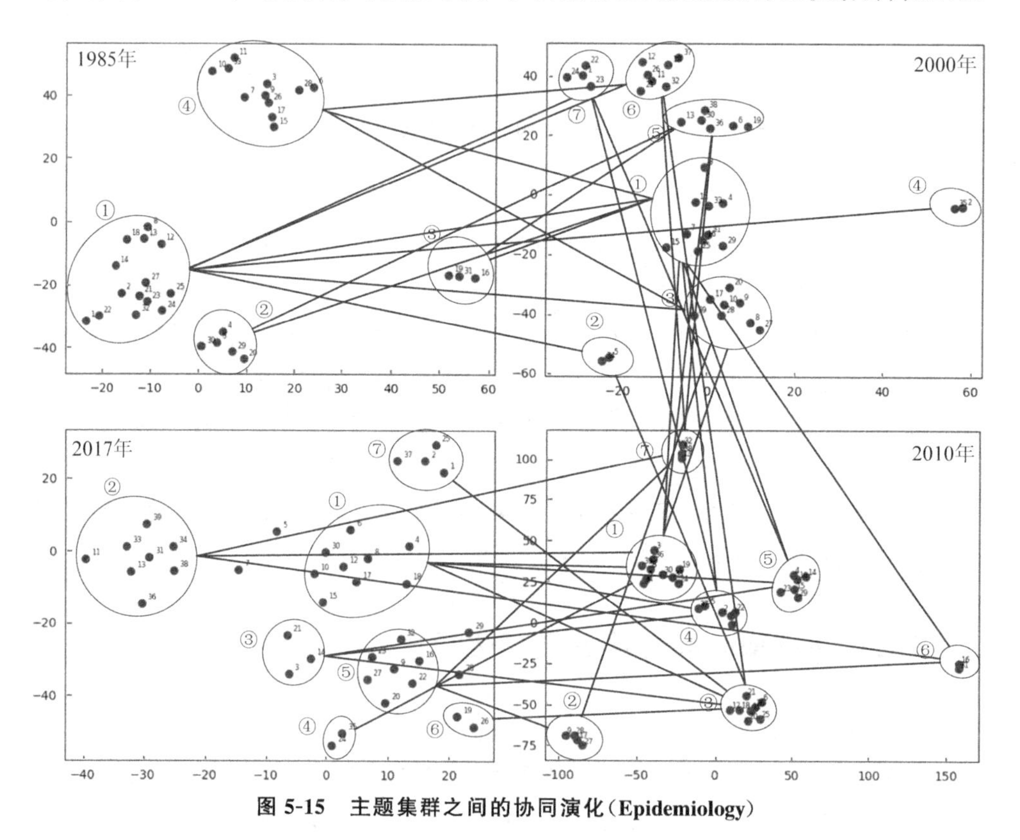

图 5-15　主题集群之间的协同演化(Epidemiology)

年时集群分布则变得更为均匀，集群之间变得疏远，但是集群内部却十分紧密；在2017年时，集群变得十分分散，相对比较均匀的集群此时再次集中在2个大的集群上，集群内部关系变得十分疏散，但是集群之间关系变得十分紧密，所有成员之间的关系整体变得比较均匀。

基于Jaccard系数，计算每个时间片上的主题集群同上一个时间片上的主题集群之间的相似性关系，如表5-8所示，在2017年片段上cluster1主要来源于2010年片段上的cluster3、cluster4和cluster5，是对上一时间片上的三个集群的融合，cluster2则类似2010年片段上的cluster1与cluster7的融合，cluster3则来自2010年片段上cluster3、cluster4与cluster5分裂出去成员的融合，更多的是融合重组过程；cluster5则主要是对cluster2、cluster6与cluster7三个小集群的融合；cluster6与cluster7则完全是2010时间片段上集群的分裂。在2000年到2010年这两个时间片段之间，除了2010年片段上的cluster2、cluster3分别主要继承了2000年片段上的cluster3、cluster6，此时这两个时间片段之间是融合与分裂活动并驾齐驱，分裂与融合并举。但是在1985年到2000年这两个时间片段之间，则更多是分裂活动，主要是两个大的集群的分裂，大的集群除了部分被继承，更多的是分裂开来融进不同的小的集群。各个主题集群之间的详细协同演化情况请见图5-15。

表5-8 关于Epidemiology的各主题集群不同年份之间的Jaccard系数（部分）

2017年与2010年的Jaccard系数			2000年与1985年的Jaccard系数		
2017年	2010年	Jaccard系数	2000年	1985年	Jaccard系数
cluster1	cluster1	0.117647	cluster1	cluster1	0.090909
cluster1	cluster3	0.214286	cluster1	cluster2	0.153846
cluster1	cluster4	0.25	cluster1	cluster3	0.181818
cluster1	cluster5	0.25	cluster1	cluster4	0.235294
cluster2	cluster1	0.285714	cluster2	cluster1	0.066667
cluster2	cluster6	0.111111	cluster3	cluster1	0.1
cluster2	cluster7	0.222222	cluster3	cluster2	0.083333
cluster3	cluster3	0.1	cluster3	cluster4	0.266667
cluster3	cluster4	0.125	cluster4	cluster1	0.066667
cluster3	cluster5	0.125	cluster5	cluster1	0.052632
cluster4	cluster1	0.090909	cluster5	cluster2	0.1

续表

2017 年与 2010 年的 Jaccard 系数			2000 年与 1985 年的 Jaccard 系数		
cluster5	cluster2	0.222222	cluster5	cluster3	0.125
cluster5	cluster6	0.125	cluster5	cluster4	0.0625
cluster5	cluster7	0.111111	cluster6	cluster1	0.235294
cluster6	cluster3	0.111111	cluster6	cluster4	0.125
cluster7	cluster3	0.090909	cluster7	cluster1	0.285714

(2) 各集群内部主题之间的演化

仍然以关于 Epidemiology 主题的 2017 年的集群聚类结果为例，各个主题内部成员的热度演化情况如图 5-16。从各个集群内部成员的热度时序图可以看出，在成员较多的集群内仍然是以某一主题占据着强势地位，其他主题则保持协同跟进的趋势；成员之间既有以不同热度层次一同升降，即有些主题升降幅度较大，有些主题幅度较小，但是其趋势同步，又有某一主题升降其他主题尾随延迟升降的情况，即某一主题升降后，另一主题延迟 2～3 年后升降，升降幅度一致。同时成员之间还有共同升降，但是升降幅度交叉的情况，即在前一段时间某一主题升降幅度较大，在后一时间段则另一主题升降幅度较大，但是主题之间的升降步调是一致的。整体而言，关于 Epidemiology 的主题集群内部成员之间以升降幅度不同、升降趋

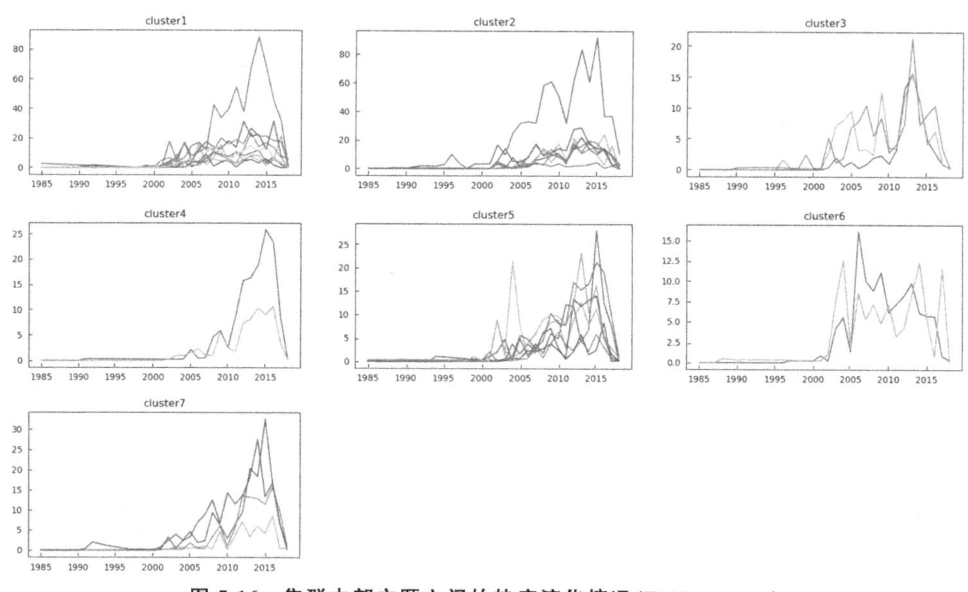

图 5-16　集群内部主题之间的热度演化情况(Epidemiology)

势和步调一致情况居多，有少数是升降幅度相同、步调不一致升降延缓的情况。

（3）演化规律总结

综上所述，关于 Epidemiology 的主题，其集群在 1985 年到 2000 年阶段时主要是大分裂小融合，集群分布从不均匀变得较为均匀，集群之间的关系从疏远变得较为紧密，在 2000 年到 2010 年时主要是分裂与融合并举的重组，集群分布变得更为均匀，集群之间的关系也变得更为紧密，在 2010 年到 2017 年时则主要是融合重组，集群分布变得十分不均匀，再次集结在 2 个大的集群上，并且集群内部关系关系疏远，但是集群之间的关系整体变得紧密起来。从 Epidemiology 的主题上可以看出，原先流行病更多集中在某一种疾病和区域内，区域和疾病之间的关系疏远，但是在 2017 年关于 Epidemiology 的研究整体关系比较集中，此时表明关于 Epidemiology 的研究区域性已经弱化，疾病之间也已经弱化，受世界经济发展和交通影响，流行病研究已经是全球化共同问题。集群内部，各个成员之间主要有升降幅度不同、升降趋势和步调一致与升降幅度相同、步调不一致升降延缓两种情况居多。从 Epidemiology 各个主题的含义来看，对于 Epidemiology 关于各个不同区域（例如 Japan/epidemiology、India/epidemiology、China/epidemiology）的研究，其一致性和延缓性都是科学存在的，例如印度的流行病可能初期是在印度地区暴发，而后传入中国、日本等其他地区，关于此病的研究也会随着流行病的蔓延依次在不同地区展开。抑郁症（depression）在 2000 年时与美国流行病（United State/Epidemiology）关系较近，在 2010 年与日本流行病（Japan/epidemiology）则更为相近，在 2017 年时更靠近意大利流行病（Italy/ Epidemiology）。关于 epidemiology 的主题集群演化有效折射出了随着时间的发展流行病各病种在各个区域的历史发生情况。

5.5 本章小结

本章在概述主题演化的主要研究内容和常用方法的基础上，详细阐述了计量知识图谱中的网络结构和文本内容对主题表示学习的意义和重要性，提出了整合主题在计量知识图谱中的网络结构和文本内容的主题关系挖掘方法，强调利用主题在计量知识图谱中的网络结构特征和文本属性特征，在定义计量知识图谱关系权重和方向的基础上，分别采用有权 Node2vec 和 Doc2vec 分别对网络结构特征和文本特征进行深度表示学习，经过数据准备、数据清洗、模型训练等步骤后获得关于主题的特征向量。在特征向量拼接的基础上，对主题的演化规律进行探析。

在充分对比基于密度的 DBSCAN 算法、基于距离的 Kmeans 算法和基于相似矩阵模块化算法(Modularity Class)与 t-SNE 降维聚类算法的基础上，鉴于 t-SNE 的稳定性和可靠性绝对采用 t-SNE 算法对各个时间片上的主题进行聚类，以热度排名前 3000 的主题为例，根据主题限定词(Qualifier)分别选取了关于 method 的技术方面研究、关于 drug effect 的内容方面研究、关于 epidemiology 的范围方面研究等主题进行示例分析，并借助 Jaccard 系数来衡量主题集群随着时间发展的前后演化关系，以 1985 年、2000 年、2010 年、2017 年四个时间片为例，对主题集群之间、集群前后、集群内部的演化情况分别进行分析。

从集群之间的演化方面来讲，方法性研究(methods)集群之间的继承性更强，反应了在生物医学与生命科学领域方法性研究具有较强的持续性和延续性；内容性研究(drug effects)集群主要以小规模抱团形式在多个集群之间进行游走，最终使得众多集群关系反而更加紧密，各个小领域的分裂与融合更好地促进了领域的集中发展；范围性研究(epidemiology)集群则有着随着时间发展的随机性。在时间方面，从 1985 年到 2000 年阶段，methods、drug effects、epidemiology 等集群都表现出了大分裂、小融合的共同趋势；从 2000 年到 2010 年阶段，methods 集群表现出继承与融合并举的形态，而 drug effects、epidemiology 则都表现出了融合与分裂并举的重组形态；从 2010 年到 2017 年阶段，methods 集群则表现出更强的完完全全继承的形态，drug effects、epidemiology 集群则表现出融合的形态。

从集群内部主题之间的演化方面来讲，methods 集群内部成员则多在某一领头成员主导下与之一同发展，层次不一，互利不互补，同生共灭；drug effects 集群内部成员之间主要是互补和竞争的关系，成员之间要么是相向共同发展，要么是背向削弱；epidemiology 集群内部各个成员之间主要有升降幅度不同、升降趋势和步调一致与升降幅度相同、步调不一致升降延缓两种主要情况。集群内部成员之间的相关性关系为预测单个主题的未来发展提供了一定的团体基础，集群内部其他成员的行为可能折射出某一成员的也会发生的行为，其共同作为一个团体存在，其团体的走势在某种程度上有助于对单一个体的预测。

第六章

学科主题热度预测

在第四章中，本书在计量知识图谱的基础上分别构建了引文网络、主题引证网络、作者引证网络、期刊引证网络，并依据 PageRank 的核心思想计算出了各计量实体的热度，在本章中将以此热度指标来代表各计量实体所处的状态，通过对学科主题热度的预测实现对学科主题演化状态的预测，并依据对计量知识图谱的 34 次表示学习，为每一个学科主题挖掘其分别在 34 个时间片上的一定邻域范围内的相关其他计量实体，并将这些计量实体的热度值作为学科主题预测的特征，从而训练时间序列模型开展对主题热度的预测。本章主要研究内容包括对主题热度预测的概述，在解析池化模型的机理后利用训练出的 34 个计量知识图谱特征向量，结合欧氏距离为每一个主题在 34 个时间片上分别进行特征选择，以 3000 个学科主题为例，以主题自身的热度时间序列和特征的热度时间序列为基础，分别利用 SVM、ARIMA、SVM 与 ARIMA 的整合进行预测，以静态时的预测结果和主题自身 ARIMA 预测结果为 Baseline，对比分析随着时间序列的增长动态计量知识图谱对主题热度预测准确性的提升以及加入特征后预测误差的变化。

6.1　学科主题热度预测

学科主题热度预测是一种在定义热度的基础上开展的主题定量预测，是开展主题预测的一个视角。主题预测针对的主要是计量领域的学科主题，通过定性或定量的方法阐述学科主题未来的走势，涵盖学科主题未来扩展、收缩、发展、消亡等状态变化，以及学科主题热度、强度等量化指标的变化。关于主题预测的研究主要围绕定性和定量两个角度展开。

关于主题的定性预测一般多通过演化轨迹的走势情况，预判主题未来会以何种状态发展以及保持什么样的活跃度，从主题的具体含义预判某一主题时候会与其他主题进行交叉、融合等。例如隗玲[①]等人借助 NEview 工具对情报学科主题的共词网络进行社区划分，以冲积图的形式展示主题的状态，此类研究都需要结合自身以及专家意见对学科和主题的认知预判主题社区未来的扩张、收缩、合并、发展、消亡等情况。也有学者利用主题新颖度、发文量指标、被引量指标形成新兴主题的探测曲线并根据新兴主题与基线主题的趋势预测主题的走势。

主题定量预测往往需要首先定义主题的热度，例如茅利锋[②]等人依据主题热度将主题划分为热门主题、普通主题、冷门主题三个状态，从而依据马尔科夫模型构建三个状态之间的转移概率矩阵，但是其预测的结果只是主题大致的在三个状态之间的变化，并且其选择的主题只有 20 个。当然，也有将主题预测问题转化为网络链路预测问题展开研究，通过构建主题共现网络，从网络角度预测未来主题之间共现的可能性，例如宫雪和崔雷以医学主题词共词网络为例，通过计算公共近邻、最短路径等值将对主题的预测转化为分类问题，利用朴素贝叶斯、SMO、J48 决策树等算法进行分类预测[③]。

关于计量方面的主题热度预测研究比较少，但是在舆情、社交媒体等方面的话题热度预测研究较多。例如裴可锋等人在定义话题的热度的基础上，将非平稳话题热度时间序列分解离散化成具有一定规律的时间序列组合，从而进一步利用神经网络、支持向量机、ARIMA 等方法进行拟合预测[④]。社交媒体上的话题具有较强的时序性，随着话题在微博、微信、Twitter、Facebook 等社交媒体中出现，受用户的社交网络结构和话题的内容属性等方面影响，话题能在顷刻之间成为全民关注的焦点形成强大的舆论场，如果不能迅速有效地处理这种舆论危机就会导致一系列危机事件。相反，计量方面的主题则相对没有很强的时序性，并且其时序性是一个很漫长的过程，知识演化是科学猜想和辩证的长期过程，因此单纯的借鉴社交媒

---

① 隗玲，许海云，胡正银，等.学科主题演化路径的多模式识别与预测——一个情报学学科主题演化案例[J].图书情报工作，2016，60(13)：71-81.

② 朱东华，万冬，汪雪锋，等.科学基金资助主题的演化路径分析与预测——以科技管理与政策学科为例[J].北京理工大学学报(社会科学版)，2018，20(2)：51-57.

③ 宫雪，崔雷.基于医学主题词共现网络的链接预测研究[J].情报杂志，2018，37(1)：66-71.

④ 裴可锋，陈永洲，马静.基于 DTPM 模型的话题热度预测方法[J].情报杂志，2016，35(12)：52-57.

体话题预测方面的经验来预测主题势必存在一定的弊端。因此在进行主题预测时不仅要借鉴其他领域的预测模型和方法，还应该围绕主题在计量知识图谱中的特殊性挖掘其特征，在利用主题自身时间序列数据进行预测的同时挖掘相应特征辅助对其热度的预测。

6.2 学科主题特征选择

特征选择是一项从众多特征中筛选出最优特征以此来降低特征空间维度的工作，是模式识别、机器学习等方法的重要基础和重要领域研究方向①，一个可行可靠的特征选择策略所筛选出的好的学习样本是训练分类器的关键②。特征选择过程是一个复杂烦琐的特征工程。面对不同的研究内容以及不同研究问题有多种多样的特征选择方法。本节在介绍特征选择的池化模型基础上，以第五章基于 Node2vec 训练的 34 个时间片上的计量知识图谱特征向量为基础，通过欧氏距离围绕每个学科主题筛选相应的 paper、author、topic、venue 特征。

6.2.1 池化模型

池化模型(pooling)开始主要是应用于图像处理，池化模型的目的是在保持旋转、平移、伸缩等不变性基础上减少特征和参数数量。在图像处理时，往往需要对某个区域的特征进行分析和统计，采用一定的规则从众多特征中选取一部分特征或合成一些新的特征，以此来代表这个区域的总体特征，在降低特征维度的同时避免过度拟合，这个区域就叫池化域，这个过程就叫池化③。随着机器学习、深度学习的发展，池化模型逐渐在其他领域得到广泛应用，其中比较常用的池化模型主要有最大池化模型（Maximum pooling)、最小池化模型、总和池化模型（Sum pooling)、均值池化模型（Average pooling)、相关池化模型（Correlation pooling)、

① 计智伟，胡珉，尹建新.特征选择算法综述[J]. 电子设计工程，2011，19(9)：46-51.

② 姚旭，王晓丹，张玉玺，等. 特征选择方法综述[J]. 控制与决策，2012，27(2)：161-166.

③ 刘万军，梁雪剑，曲海成.不同池化模型的卷积神经网络学习性能研究[J].中国图象图形学报，2016，21(9)：1178-1190.

随机池化模型(Stochastic pooling)等,在这里集中介绍将在本章中使用的 Max pooling、Min pooling、Sum pooling、Average pooling 四种池化模型。

(1) 最大池化模型

最大池化模型(Maximum pooling)曾被认为是稀疏编码图像分类的最好池化模型[①],最大池化模型即从池化域中选取最大值的特征点作为代替原特征集的新的特征,假设输入特征图矩阵为 F,子采样池化域为 $m\times m$,偏置为 b_2,池化移动步长为 m,得到的子采样特征图为 S,则其公式如下所示[②③]:

$$S_{ij}=\max_{i=1,j=1}^{m}(F_{ij})+b_2 \qquad \text{(公式 16)}$$

如图 6-1 所示,如果左图为原始的特征矩阵,子采样池化域 2×2(m=2),移动步长为 2(m=2),则从左上角 2×2 的区域中选取其最大值 5,从右上角选取最大值 3,左下角选取最大值 12,右下角选取最大值 5,然后以这四个小区域的最大值组成新的特征矩阵则为 Max pooling。相对于图谱处理,Max pooling 更多地保留了图像的纹理信息,并且采取这种方法可以将 4×4 的特征集合降维到 2×2,有效降低了计算的难度和时间。

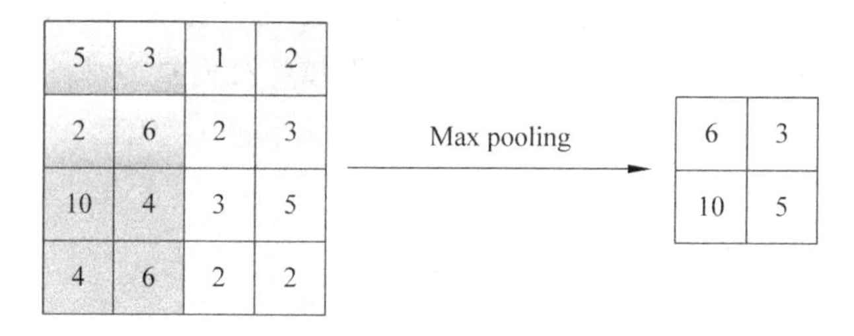

图 6-1　Max pooling

(2) 最小池化模型

最小池化模型(Min pooling)即从池化域中选取最小值的特征点作为代替原特征集的新的特征。同样,假设输入特征图矩阵为 F,子采样池化域为 $m\times m$,偏置为 b_2,池化移动步长为 m,得到的子采样特征图为 S,则其公式如下所示:

---

① Donoho D L. Compressed sensing[J]. IEEE Transactions on information theory, 2006, 52(4): 1289-1306.

② Wang B, Liu Y, Xiao W H, et al. Positive and negative max pooling for image classification[C]// 2013 IEEE International Conference on Consumer Electronics (ICCE). IEEE, 2013: 278-279.

③ Suárez-Paniagua V, Segura-Bedmar I. Evaluation of pooling operations in convolutional architectures for drug-drug interaction extraction[J]. BMC bioinformatics, 2018, 19(8): 29-47.

$$S_{ij} = \min_{i=1,j=1}^{m}(F_{ij}) + b_2 \qquad \text{(公式 17)}$$

如图 6-2 所示，则从左上角 2×2 的区域中选取其最小值 2，从右上角选取最小值 1，左下角选取最小值 4，右下角选取最小值 2，然后以这四个小区域的最小值组成新的特征矩阵则为 Min pooling。Min pooling 代表了池化域内的最小值或最低水平，依据木桶原理，最小值有时候决定了某一对象的最终水平，其效果有时候要优于 Max pooling①。

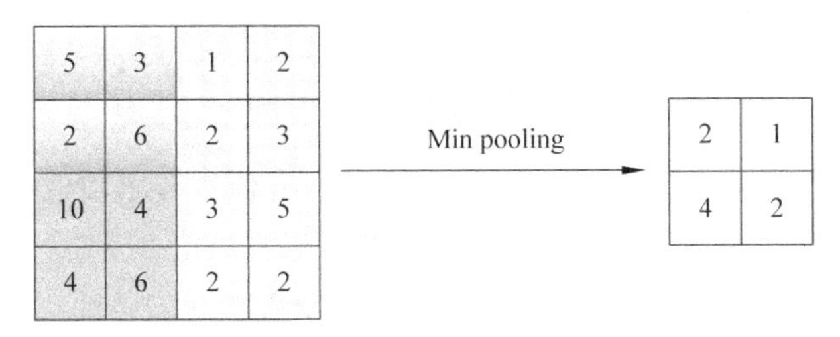

图 6-2　Min pooling

(3) 总和池化模型

总和池化模型(Sum pooling)则是将池化域中所有特征点的特征值求和作为代替原特征集的新的特征。假设输入特征图矩阵为 F，子采样池化域为 $m \times m$，偏置为 b_2，池化移动步长为 m，得到的子采样特征图为 S，则其公式如下所示：

$$S_{ij} = \operatorname{sum}_{i=1,j=1}^{m}(F_{ij}) + b_2 \qquad \text{(公式 18)}$$

如图 6-3 所示，将左上角 2×2 的区域中的所有值进行求和，合并新的值 16，依据右上角 2×2 区域合成值 8，左下角 2×2 区域合成值 24，右下角 2×2 区域合成值 12，然后将这四个合成的新值作为代替原矩阵的新的特征矩阵，此过程就是 Sum pooling。Sum pooling 相比 Max pooling 有时候对一些刺激(Stimulus)是比较敏感的，能够有效反应特征集合中的变化②。

(4) 均值池化模型

均值池化模型(Average pooling)则是对池化域中所有特征点的特征值求均值，并以此代替原特征集，假设输入特征图矩阵为 F，子采样池化域为 $m \times m$，偏置为 b_2，池化移动步长为 m，得到的子采样特征图为 S，则其公式如下所示：

---

① Kang L, Ye P, Li Y, et al. Convolutional neural networks for no-reference image quality assessment [C]//Proceedings of the IEEE conference on computer vision and pattern recognition, 2014: 1733-1740.

② Hamker F H. Predictions of a model of spatial attention using sum-and max-pooling functions[J]. Neurocomputing, 2004(56): 329-343.

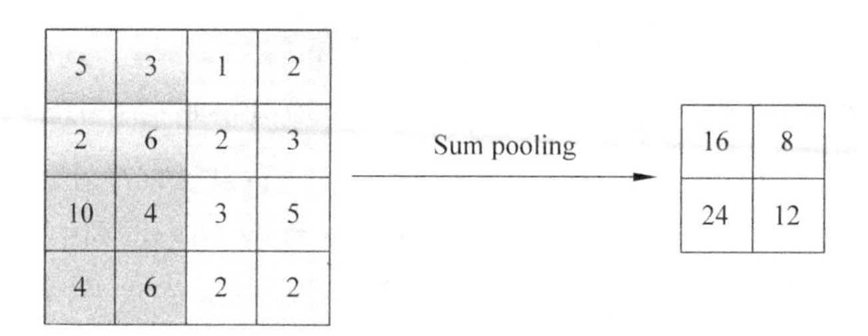

图 6-3　Sum pooling

$$S_{ij}=\frac{1}{m^2}\left(\sum_{i=1}^{m}\sum_{j=1}^{m}F_{ij}\right)+b_2 \qquad \text{（公式 19）}$$

如图 6-4 所示，对左上角 2×2 的区域中的所有值进行求均值，生成新的值 4，依据右上角 2×2 区域生成值 8，左下角 2×2 区域生成值 24，右下角 2×2 区域生成值 12，然后将这四个生成的新值作为代替原矩阵的新的特征矩阵，此过程就是 Average pooling。Average pooling 采用均值的处理方式能够有效降低特征集合中的噪音信号（Noisy signals），保持池化的鲁棒性①。

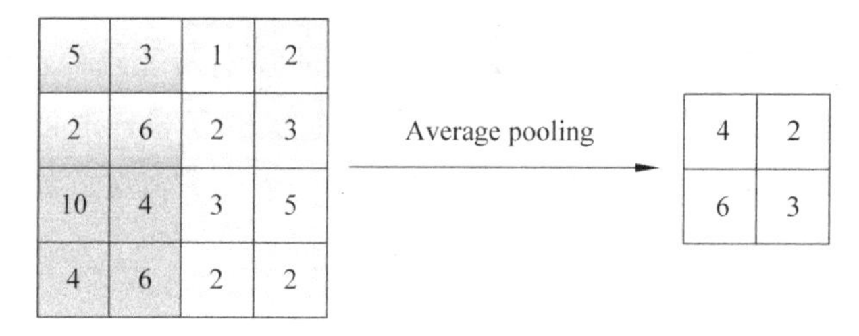

图 6-4　Max pooling

6.2.2　基于 Node2vec 和池化模型的学科主题特征选择

Node2vec 是一种网络结构深度表示学习方法，该方法能够有效从复杂网络中学习出有效的特征，但是 Node2vec 所设计的深度优先和广度优先游走策略则是基于同构网络，对于相同的关系类型和节点类型，游走的路径就是游走的深度和广度，但是对于异构网络尤其是具有复杂语义关系和多种节点类型的计量知识图谱，其所游走时的策略所产生的意义就会有所变化，例如对于同构网络节点类型只有

① Zubair S, Yan F, Wang W. Dictionary learning based sparse coefficients for audio classification with max and average pooling[J]. Digital Signal Processing, 2013, 23(3): 960-970.

一种,因此其重要程度是相同的,但是对于计量知识图谱,paper 节点与 author 节点的重要程度就没有对比性,因此基于围绕计量知识图谱中实体所游走产生的语义节点序列学习的节点特征就没有直接的可比性。

但是,如果将计量知识图谱中节点和关系看作是同一类型的,从基于同构游走产生语义序列进而学习出的节点特征来反应各类节点之间的距离,根据节点类型的不同以距离为度量工具分别选出围绕某一节点的相同类型的一定数目的节点则是可行的,不同类型节点没有对比性,但是同一类型的节点是可供对比的。例如围绕某一 topic 找出距离其最近的 5 个 topic,topic 与 topic 之间只能通过 paper 节点间接连接在一起,如果某 topic 周围的 paper 节点越多,则表明该 topic 与其他 topic 连接的可能性就越多,相反如果该 topic 周围的 paper 节点很少,即没有论文是关于这一学科主题的,那么该 topic 与其他 topic 的关系势必也会很少,因此基于 Node2vec 学习出的向量可以挖掘出距离该 topic 一定范围或一定数量内的所有 topic。当然 topic 之间也可以通过 author 节点更间接地连接在一起,如果该 topic 周围有更多的作者,那么该 topic 与其他 topic 的距离也就会越近,同理依然可以挖掘出距离该 topic 一定范围和一定数量内的所有 topic。

本书在第五章第三节完成了 34 个时间片上的计量知识图谱的网络结构表示学习,在第五章第三节中是面对相同类型的主题设定的权重、方向等相关系数,训练出面向主题的计量知识图谱节点特征向量对于挖掘主题之间的关系以及聚类具有较好的效果。Node2vec 无法识别节点和关系类型的差异,但是如果只选择同一类型的节点进行对比则具有一定的可比性。因此,如果按照节点的类型依次分别选取同一类型的节点进行比对则可以筛选出符合某种要求的不同类型的特征节点。因此在本章节继续使用在第五章第三节训练出的计量知识图谱节点特征向量,以欧氏距离[①]为衡量工具,围绕每一个 topic 在一定阈内分别筛选出 top-n 个 topic 节点、author 节点、venue 节点、paper 节点作为 topic 的特征,辅助对 topic 的预测。

(1) Topic 类型特征选择

Topic 类型特征有助于主题预测,依据在本书的第四章第三节中的主题热度演化分析和第五章第四节中的主题集群内的主题演化规律分析,主题之间存在着这样或那样的关系致使主题在变化时会同其他主题呈现出一定的相关性,例如当算法(algorithm)主题热度上升时,计算机辅助治疗(Therapy, Computer-assisted/

---

① 欧氏距离:$d(x,y)=\sqrt{\sum_{i=1}^{n}(x_i-x_y)^2}$(计算在 n 维空间中两个点的真实距离)

trends)主题的热度也会跟着上升,相同集群内的主题会产生一定的相互影响。因此,对于主题未来趋势的变化,也许不仅仅是主题本身的变化,还有可能是其他主题的变化导致本主题被迫发生变化。

如图 6-5 所示,根据 Node2vec 训练出的向量可以计算主题与其他所有 topic 之间的距离,例如选出距离排名在前五的 topic 节点,在 T1 时间时,距离主题最近的其他主题有 topic1、topic2、topic3、topic4、topic5,此时这几个 topic 热度也都比较低,也都比较小。随着时间的变化,在 T2 时间时,主题周围原先的 topic1、topic2、topic3 等主题热度都增长了变大了,此时受周边主题的影响 topic 也变大了。但是,在 T3 时 topic 周围的其他主题再次变小,此时 topic 热度也跟着变小了。因此,主题的变化可能受周边其他的主题影响,提前识别周边这些主题的变化可能帮助提供对 topic 变化的预测。

鉴于此,本章围绕主题选出 top-n topic,在这些 topic 中再分别依据 max pooling、min pooling、sum pooling、average pooling 方法选出或合成新的特征值作为主题预测的特征。例如,当 $n=5$ 时,依据 max pooling 方法则从三个时间段分别选出值最大的 topic2、topic3、topic1 作为该主题在这三个时间段上的特征;依据 min pooling 方法则分别选出值最小的 topic1、topic5、topic4 作为新的特征;依据 Sum pooling 则分别将三个时间段上的 5 个 topic 值相加作为新的 topic 特征;依据 average pooling 则分别将每个时间段上的 5 个 topic 求均值作为新的 topic 特征。

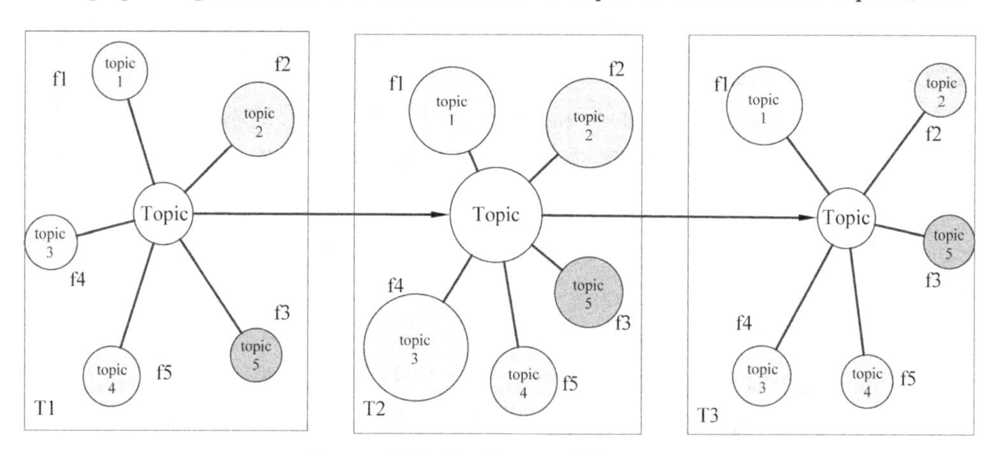

图 6-5　围绕主题的 Topic 特征(top-*n*)

(2) Paper 类型特征选择

Paper 类型特征有助于主题预测,每一个主题的热度都来源于 paper,即与该主题相关 paper 的数目和 paper 的质量。如果关于某一主题的 paper 数量很多,则说明该主题在科研领域受到的关注程度较高，如果关于这一主题的 paper 质量较好，获得了较多引用，则说明该主题被其他主题借鉴或发展了，此时该主题相比其他主题其热度势必较高，影响也较大。如果关于这一主题的 paper 在初期没有被关注，此时该主题热度也会比较低，但是随着时间的发展，如果关于这一主题的 paper 在后期被人发掘，成为领域的基础重要文献，那么说明此时该主题的热度上升了，随着关于主题的 paper 的热度变化，主题热度也会跟着变化。当然，如果前期关于这一主题的 paper 质量都较差，后期突然有一高质量的 paper 涉及这一主题，那么此时主题的热度也会跟着变化。总而言之，主题热度的变化来源于 paper 热度的变化，对 paper 热度的把握有助于对主题热度的预测。

根据 Node2vec 训练出的向量可以计算主题与所有 paper 之间的距离，根据距离可以选出 top-n paper，进而利用池化模型进行新的特征筛选和合成。如图 6-6 所示，例如选出距离排名在前七（$n=7$）的 paper 节点，以 T3 为例，根据 max pooling 方法则选出 paper10 为该主题此时的特征，根据 min pooling 方法则选出 paper7 作为该主题此时的特征，根据 sum pooling 方法则对这 7 个 paper 的热度值求和合成新的值为主题在此时的特征，依据 average pooling 方法则对这 7 个 paper 的热度值求均值生成新的值作为该主题此时的特征，其他时间片段依次类推。

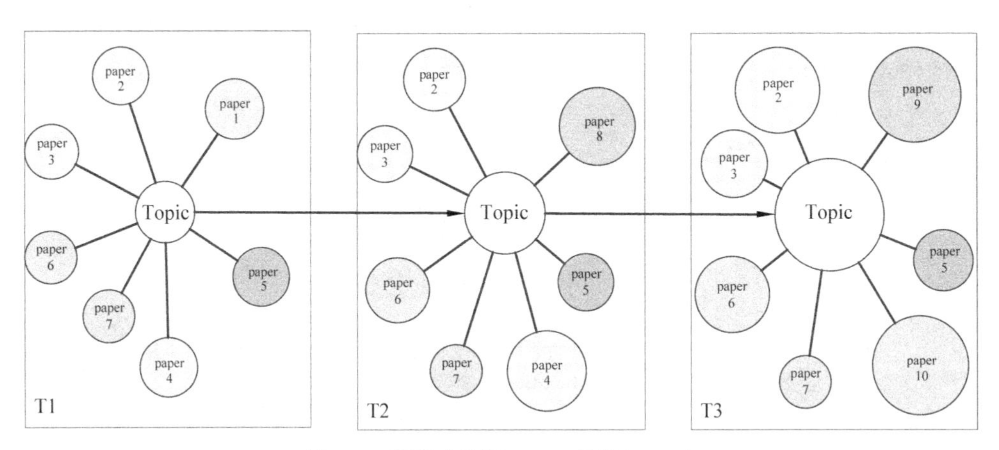

图 6-6　围绕主题的 Paper 特征（top-*n*）

（3）Author 类型特征选择

Author 类型特征有助于主题预测，author 节点通过 paper 节点与主题关联，作者通过撰述 paper 来彰显其对主题的关注，作者可能终其一生都在某一个主题上，也可能涉猎不同的各种各样的主题，但是对于作者限于其自身知识的影响，即使作者涉猎到不同的主题，那么这些主题势必在方法上或者在应用上有一定的相似性，随着科研的发展和需求的变化，作者研究的焦点可能在不断变化，但是其变化也是有一定脉络和关联的。从第四章第四节可以看出，作者的热度有潜伏然后上升式、直接下降式、跌宕起伏式等多种类型，作者自身热度的积累和保持是其权威性和流行性的保持。如果一个主题被一个权威作者所关注，那么该主题就可能获得前所未有的关注，迅速成为热点，因为权威作者的成果本身就是在权威作者自身认可的基础上，权威作者研究的主题甚至是领域的前沿和重点。如果一个主题从周围全是普通热度较低的作者，到周围全是热度很高的大牛，那么此主题此时的热度定然会有所变化。因此，对主题周围作者热度的把握能够辅助对主题的预测。

根据 Node2vec 训练出的向量可以计算主题与所有 author 之间的距离，根据距离可以选出 top-*n* author 节点，进而利用池化模型进行新的特征筛选和合成。如图 6-7 所示，选出距离排名在前六($n=6$)的 author 节点，以 T3 为例，分别利用 max pooling、min pooling、sum pooling、average pooling 生成关于主题在该时间段上的新的特征依次为 author9、author5、5 个作者热度的总和、5 个作者热度的平均值。研究某一主题的作者不同了，主题的热度也会不同。例如，在 T1 时间时，研究该主题的作者都是一般的普通作者，名声比较小，但是在 T2 时间时，author4、author6 可能获得了某种称号或头衔，作者的热度提升了，此时作者原先发表的相关主题在同等条件下就会比其他主题更容易受到关注，此时主题的热度就会跟着上升。在 T3 时间时，原先普通的作者可能还是那么普通，但是此时有大牛学者开始关注到此主题(author9)，那么在大牛学者的带领下该主题就会受到更多的关注，其热度就会飙升。

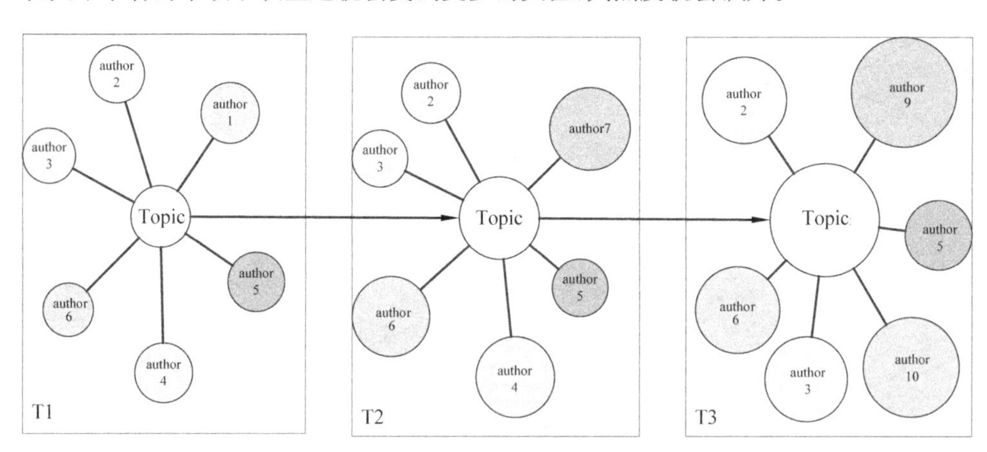

图 6-7　围绕主题的 Author 特征(top-*n*)

(4) Venue 类型特征选择

Venue 类型特征有助于主题预测，venue 是 paper 刊发的载体，paper 又涉及众多的 topic，venue 可以通过影响 paper、author 的形式来影响 topic。venue 根据出版的形式主要有期刊、书籍、会议等类型，对于一篇 paper 如果发表在高质量（高影响因子、高热度）的期刊上，例如 Science 上的一篇 paper，那么这篇 paper 的重要程度就不是一般期刊上的 paper 所能比拟的，这篇 paper 所阐述的 topic 的重要程度也不是一般期刊上论文阐述的 topic 所能比拟的，Science、Nature 等顶级期刊所阐述的主题会受到更多甚至前所未有的关注，此时主题的热度势必飙升。对于顶级会议上的论文，其依然以这种机理和方式影响着主题的热度。并且，Science 期刊上的这篇文章的作者的热度也会跟着飙升，甚至会因为在顶级期刊上发文荣获各种称号和奖励，待作者拿到各种称号和头衔时其后期所申请的类似项目相比而言也会更加容易获得批准，并且作者以前发表的文章都会迅速成为其他学者引用和关注的焦点。因此，对主题周围期刊的把握可以辅助对主题的预测。

根据 Node2vec 训练出的向量可以计算主题与所有 venue 之间的距离，根据距离可以选出 top-n venue 节点，进而利用池化模型进行新的特征筛选和合成。如图 6-8 所示，选出距离排名在前五（$n=5$）的 venue 节点，以 T3 为例，分别利用 max pooling、min pooling、sum pooling、average pooling 生成关于主题在该时间段上的新的特征依次为 venue9、venue2、5 个 venue 热度的总和、5 个 venue 热度的平均值。主题周围的 venue 变化了，topic 也会跟着变化。例如在 T1 时间时关于主题的 venue 热度值都比较小，此时 topic 的热度值也比较小，在 T2 时间时主题开始发表在高热度的期刊上（venue7），此时 topic 的热度值也会获得提升，在 T3 时间时主题周围原先热度值较小的期刊现在变成了高热度高质量期刊（venue4），同时又有新的更权威的期刊刊发此主题的文章，那么主题的热度当然再次飙升。

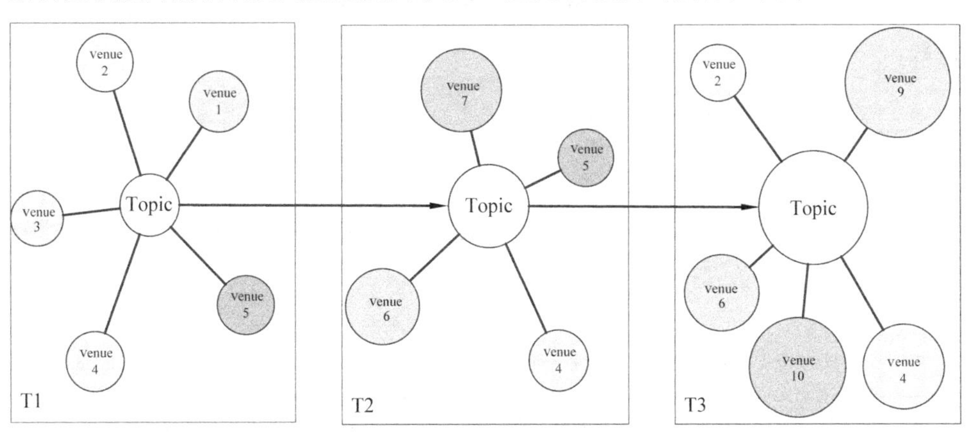

图 6-8　围绕主题的 Venue 特征（top-*n*）

6.3 基于 SVM 的学科主题热度预测

支持向量机(SVM)凭借其将向量映射到高维空间并在高维空间建立最大间隔超平面或间隔线的方式以及在解决小样本、非线性以及高维数据识别等方面的优势,作为一种高效简易的分类和回归方法并广泛应用于预测、聚类、分类等问题的研究中。例如金融方面的时间序列预测、交通流预测、机器学习、模式识别、文字识别、计算机视觉、工业工程等领域,涉及医学、生物学、物理学、化学、社会学等方方面面[①②]。在支持向量机方法改进方面,提出的相关改进或优化模型主要有基于最小二乘法的支持向量机、模糊支持向量机、基于粗糙集的支持向量机、基于完全二叉树的支持向量机、基于可扩展的支持向量机、基于单分类的支持向量机等[③]。

将支持向量机用在回归方面则为支持向量机回归(SVR),主要包括线性支持向量机回归和非线性支持向量机回归。其回归的预测色核心思想是给定样本训练集$(x_1,y_1),(x_1,y_1),\cdots,(x_1,y_1)\in R^n\times R$,设定该训练集的样本概率为$P(x,y)$,其回归函数即为$F=\{f\mid f(x)=w^{\mathrm{T}}\Phi(x)+b,w\in R^n\times R\}$,引进结构风险函数$R_{\mathrm{reg}}=\frac{1}{2}\|w\|^2+C*R_{\mathrm{emp}}^{\varepsilon}[f]$(其中$\|w\|^2$为描述函数$f$复杂度项,$C$为常数,其作用在于在经验风险和模型复杂度之间取折中)和不灵敏损失函数ε[④](不惩罚偏差小于ε的项,增加回归的鲁棒性),将回归预测问题转化为求解二次型规划问题:

$$\min \frac{1}{2}w^{\mathrm{T}}w+C\sum_{i=1}^{l}(\zeta_i+\zeta_i^{\,*})$$

$$\text{s.t.}\begin{cases}y_i-w^{\mathrm{T}}x_i-b\leqslant\varepsilon+\zeta_i\\ w^{\mathrm{T}}x_i+b-y_i\leqslant\varepsilon+\zeta_i^{\,*}\quad(\zeta_i,\zeta_i^{\,*}\text{ 为松弛变量})\\ \zeta_i,\zeta_i^{\,*}\geqslant 0\end{cases}\qquad(\text{公式 }20)$$

---

① 鲍漪澜.基于支持向量机的金融时间序列分析预测算法研究[D]. 大连:大连海事大学,2013.

② 王凡.基于支持向量机的交通流预测方法研究[D]. 大连:大连理工大学,2010.

③ 刘方园,王水花,张煜东.支持向量机模型与应用综述[J].计算机系统应用,2018,27(4):1-9.

④ $|y-f(x)|_{\varepsilon}=\begin{cases}0, & |y-f(x)|\leqslant\varepsilon\\ |y-f(x)|-\varepsilon, & \text{其他}\end{cases}$

支持向量机回归函数中满足 Mercer 条件的核函数 $K(x, x_i)=\Phi^{\mathrm{T}}(x)\Phi(x_i)$ 可辅助支持向量机在不知具体非线性具体变换形式下实现算法的非线性化，其常用核函数有多项式核函数、径向基核函数(RBF)、Sigmoid 核函数等，在本章主要采用的是径向基核函数。

6.3.1 问题描述

在第四章根据引文网络、Meta-path 构建并计算出了 topic、paper、author、venue 等热度时间序列，topic 的热度本身就是一个时间序列，在本书中此时间序列划分的单位刻度是年，因此其时间序列就是各个主题每年的变化情况。学科主题是一个不断演化的过程，随着时间的发展新的主题兴起，老的主题可能褪去，学者研究的主题都是随着时代发展不断深化、细分、改革、变化的，学者的焦点也会从一个主题迁移到其他主题。主题的变化在时间维度可能具有某种趋势，例如上升下降等，因此可以直接根据 topic 的时间序列进行回归预测，探索其是否具有某种的规律以及其可预测性程度的大小。

同时根据本章第二节中的相关池化模型、Node2vec、欧氏距离等可以分别筛选 topic 在 paper、author、venue、topic 等类型方面的特征。topic 热度的变化可能不仅仅反映在其自身，作为其热度来源的 paper 以及与其极其相关的 author、venue 和其他 topic 可能在某种程度会反映或透露出主题未来的走势。因此 paper、author、venue、topic 等可以作为主题预测的辅助特征，通过支持向量机回归方法寻找主题自身以及与其他特征因素之间的最优函数。

6.3.2 研究设计

(1) 数据准备

在本节以随机抽取带有主题限定词的 3000 个主题为例，根据特征向量、欧氏距离计算筛选距离每一个主题最近的一定数量的特征，限于在早期阶段涉及主题的 venue 数量较少，因此本节在 34 个时间片段上分别选取 5 个 venue 特征，10 个 paper 特征，5 个 author 特征，5 个 topic 特征，以主题的 34 个时间段的时间序列数据为目标，以 4 类特征的 34 个时间段的时间序列数据为特征集，如表 6-1 所示为 1 个主题的时间序列和采用 max pooling 方法筛选出的 paper、author、venue、topic 等特征的时间序列。以此为例，再分别采用 min pooling、sum pooling、average pooling 的方法筛选出 4 类特征，直至准备好 3000 个主题的这些特征序列数据。

表 6-1　主题时间序列和特征时间序列(样例)

时间	Topic1	Feature1 (paper)	Feature2 (author)	Feature3 (venue)	Feature4 (topic)
1985	0.377142	0.377142	0.377142	0.377142	0.377142
1986	0.374367	0.506247	0.380197	0.458698	0.380197
1987	0.371593	0.635351	0.383252	0.540255	0.383252
1988	0.368818	0.764456	0.386307	0.621811	0.386307
1989	0.366043	0.893561	0.389362	0.703368	0.389362
1990	0.363269	1.02267	0.392417	0.784924	0.392417
1991	0.360494	1.15177	0.395473	0.866481	0.395473
1992	0.646466	0.366872	0.404871	0.948037	0.398528
1993	0.932438	0.739011	0.449248	1.02959	0.401583
1994	1.21841	1.11115	1.13224	1.11115	0.404638
1995	1.50438	3.54954	1.06658	0.992742	0.407693
1996	1.79035	0.347845	1.00092	0.839729	0.350414
1997	2.07633	0.445453	0.93526	0.686716	0.293134
1998	2.3623	0.543062	2.3623	0.533704	0.235855
1999	2.64827	0.64067	2.64827	0.380691	1.05784
2000	0.227678	0.738279	0.738279	0.227678	0.227678
2001	0.231288	0.532822	1.5172	0.231195	0.231288
2002	2.01434	0.327366	17.8812	0.234713	8.74796
2003	1.50652	0.234555	4.30085	3.64345	2.30843
2004	3.24076	0.225398	17.2144	4.27886	0.838552
2005	2.24669	0.78064	8.10301	0.951086	1.86031
2006	2.0722	6.07674	10.6416	4.77412	3.95425
2007	0.793665	4.12489	13.8934	3.63886	5.95183
2008	6.9744	3.48015	11.8907	9.60867	8.93432
2009	7.68201	1.33424	20.1289	4.84914	10.0078
2010	4.82518	3.93229	15.8184	9.2034	9.70231
2011	8.33925	1.27975	18.9744	2.60582	7.94365
2012	14.1546	6.40249	16.0342	12.189	12.0672

续表

时间	Topic1	Feature1 (paper)	Feature2 (author)	Feature3 (venue)	Feature4 (topic)
2013	20.4957	4.80224	26.729	7.01365	23.2051
2014	11.7047	2.59068	21.3253	5.46424	10.5025
2015	5.7426	14.4677	21.3049	10.0042	16.2842
2016	13.1054	3.47868	18.5111	4.55255	5.12263
2017	17.0876	0.898203	17.6605	1.8687	2.92661
2018	0.257937	0.257937	0.979056	0.257937	0.979056

(2) 数据处理

本章分别对比在没有特征时主题自身时间序列的预测效果以及在分别加入paper、author、venue、topic特征后主题时间序列的预测效果。首先只用一个时间片段预测下一个时间片段,然后再用前2个时间片段去预测下一个时间片段,接着再增加一个时间片段用前3个时间片段去预测下一个时间片段,依次逐次增加时间序列的长度,分析随着所用时间序列的长度的增加预测效果的变化情况。对比分析在只用一个时间片段即静态预测主题与用多个时间片段即动态预测主题的效果。对于每一种池化方式生成的特征集合都按照以下步骤进行训练、测试,如图6-9所示:

1) 数据输入。首先输入前后2个时间片段上的主题和特征数据,用前一时间片上的数据预测后一时间片上主题的变化,即静态预测,并以此作为Baseline。

2) 数据集划分。本实验将所有主题划分为训练集和测试集,两者比例为3∶1,即75%数据为训练集,25%的数据为测试集。

3) 选择核函数,调整参数,预测主题在下一个时间片的值。

4) 利用RMSE、MAE评估预测的准确率。RMSE代表根均方误差,是预测值与实际值偏差的平方与预测次数比值的平方根。MAE代表平均绝对误差,是预测值与实际值RMSE和MAE的值越小,表示模型预测精度越高,两者的计算公式请见脚注①②,本节以3000个主题预测误差的平均值为最终预测的误差,记录此时的评估结果。

5) 重复上述过程,n最大可为34。在$n=2$时,表明只用了前一个时间片的数

① 平均绝对误差:$MAE=\frac{1}{n}\sum_{i=1}^{n}|\widetilde{x}_i-x_i|$($\widetilde{x}_i$表示预测的结果,$x_i$表示实际值)

② 根均方误差:$RMSE=\sqrt{\frac{1}{n}\sum_{i=1}^{n}(\widetilde{x}_i-x_i)^2}$($\widetilde{x}_i$表示预测的结果,$x_i$表示实际值)

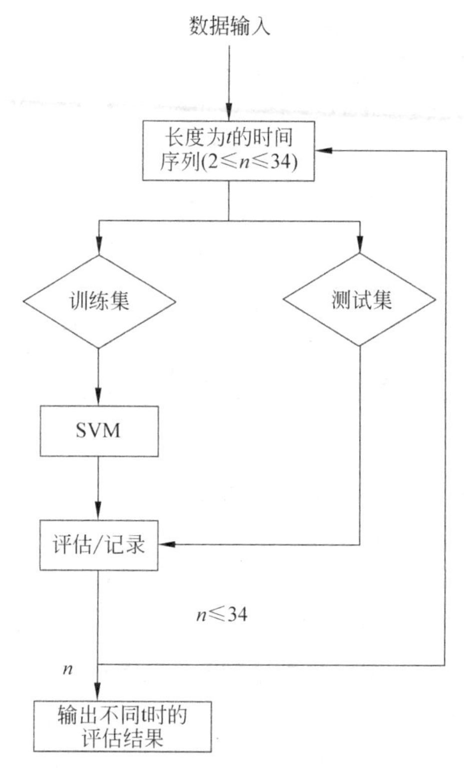

图 6-9 基于 SVM 的主题预测

预测了主题在后一个时间片上的值，此时为静态预测，所输入数据没有时间序列；在 $n=3$ 时，表明用了前两个时间片上的数预测了主题在后一个时间片上的值，此时开始有较短的时间序列；$n=34$，则表明选用了前 33 个序列预测主题在最后一个时间片段上的值。

6.3.3 结果分析

依据四种池化模型分别选择或合成新的特征集合，依据图 6-9 的过程进行训练、测试、记录。待完成后即可得随着训练时使用时间序列长度的增加，根均方误差与平均绝对误差的变化情况，从而评估不同池化模型、不同长度时间序列、不同类型特征对主题预测的效果。

(1) Max pooling 方法下的误差分析

如图 6-10 所示，为 max pooling 方法下，随着时间序列长度的变化分别添加不同类型特征时主题预测的误差变化情况。从图中可以看出，在 Max pooling 方式

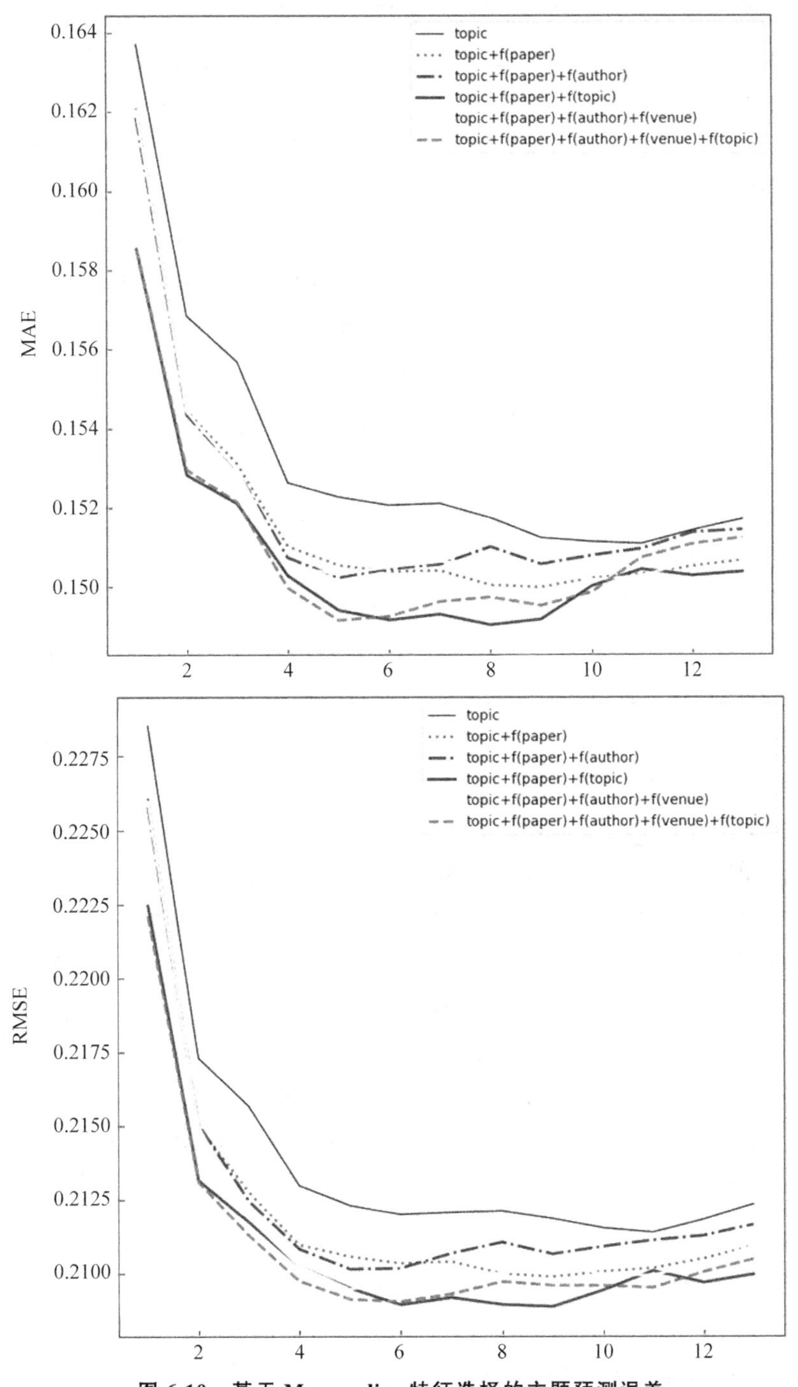

图 6-10　基于 Max pooling 特征选择的主题预测误差

下，随着所用数据时间序列长度的增加，有特征与没有特征的时间序列预测误差都显著变小，当静态预测时($t=1,n=2$)，无论是加入哪种类型特征，主题预测的误差均比动态时的误差要大，但是在用静态计量知识图谱预测主题热度时，加入其他特征也是可以降低误差的，因此可见其他特征对主题热度预测是有用的。同时，在 $t\leqslant 8$ 时，时间序列长度越长，预测误差越小，但是当 $t>8$ 时，误差则会随着时间序列的增长再度变大，这表明用于预测主题的时间序列需要控制在一定的区间，不宜过长。

并且，在时间序列长度相同的情况下，加入任何组合的特征后预测误差都要小于没有特征辅助的单纯依靠主题自身序列预测的误差。对比分析分别加入 paper、paper＋author、paper＋topic、paper＋author＋venue、paper＋author＋venue＋topic 四种特征组合时的误差，可以看到在 $t\leqslant 5$ 时 paper＋author＋venue＋topic 特征组合的效果最好，但是在 $t\geqslant 6$ 时，paper＋topic 特征组合的效果最好，并且其在 $t=8$ 时误差最小，此时 MAE 为 0.1490，RMSE 为 0.2089。

(2) Min pooling 方法下的误差分析

如图 6-11 所示，为 Min pooling 方法下，随着时间序列长度的增加分别加入不同的特征组合其预测的误差变化情况。从图中可以看出，在 Min pooling 方式下，随着时间序列长度的增加 MAE 误差和 RMSE 误差均得到显著降低。当 $t=1(n=2)$时，即为静态计量知识图谱状态下的主题预测，当时间序列长度大于 1 时为动态计量知识图谱状态下的主题预测。从图中可以看出，当用静态计量知识图谱进行预测时，无论加入各种特征组合，误差都一样，当 t 从 1 变为 2 时，误差迅速下降，由此可见基于动态计量知识图谱的主题预测准确性明显优于静态计量知识图谱。

同时，随着其他特征的加入，误差也均有所下降。单纯地加入 paper 特征后误差下降幅度相对较小，加入 paper＋author 特征组合后误差迅速减小，而加入 paper＋author＋venue 的特征组合后误差在 $t>6$ 时反而会升高，由此可见在 6 个时间片后 venue 会成为主体热度预测的噪声。其中 paper＋author＋topic 特征组合的预测效果最好，其在 $t=7$ 时误差最小，此时 MAE 为 0.1136，RMSE 为 0.1538。在 $t>7$ 时误差又会上升，因此在 min pooling 情况下，用于预测主题的时间序列也需要控制在一定的长度内。

(3) Sum pooling 方法下的误差分析

如图 6-12 所示，为 Sum pooling 方法下，随着时间序列长度的增加分别加入不同的特征组合其预测的误差变化情况。从图中可以看出，在 Sum pooling 方式下，随着时间序列长度的增加 MAE 误差和 RMSE 误差均得到显著降低，基于动态计量知识图谱进行的主题热度预测优于静态的主题热度预测。并且在静态($t=1$,

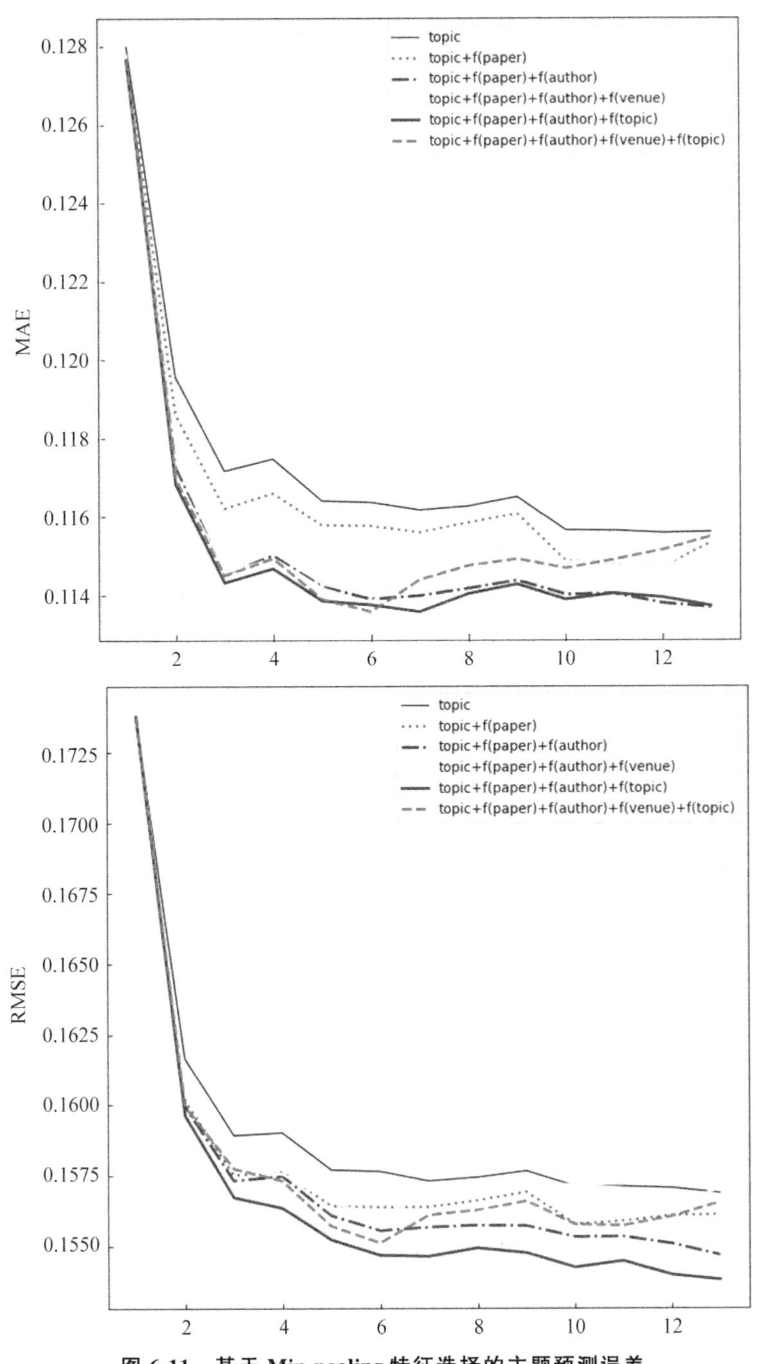

图 6-11　基于 Min pooling 特征选择的主题预测误差

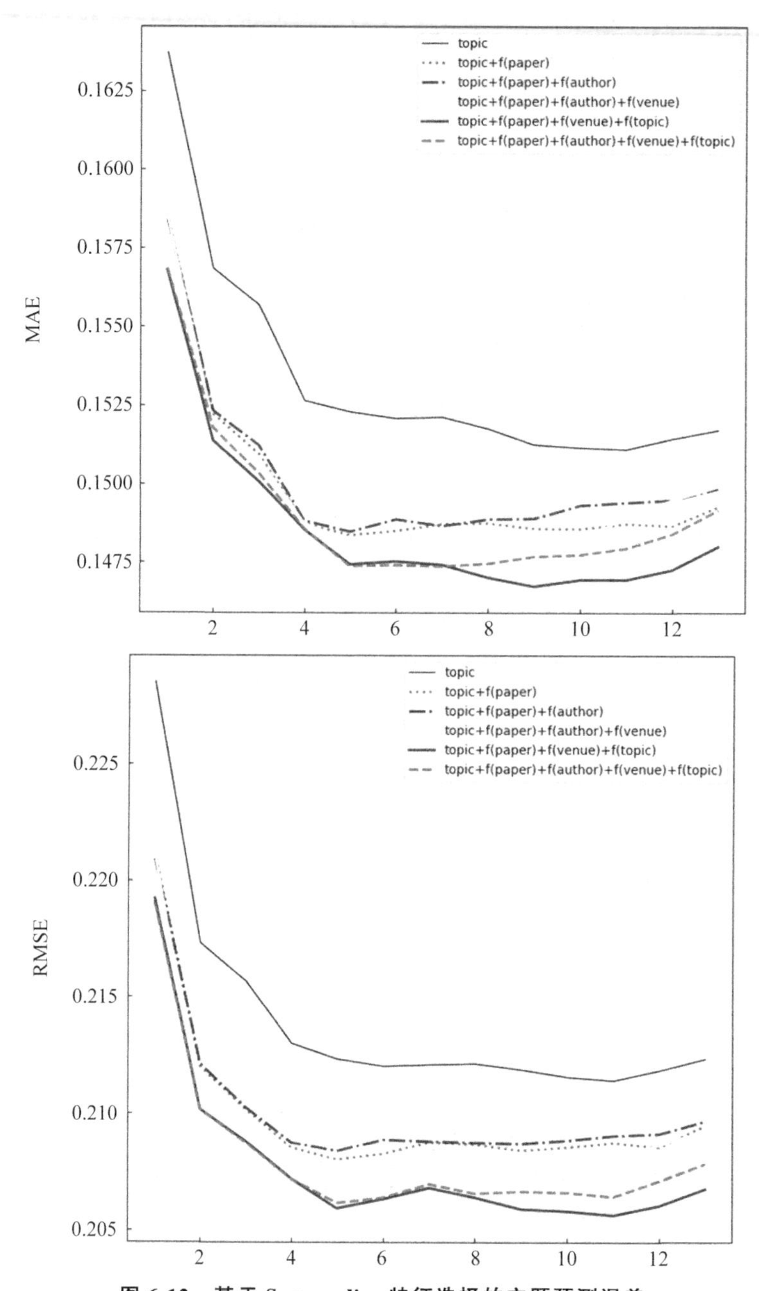

图 6-12 基于 Sum pooling 特征选择的主题预测误差

$n=2$)时，加入特征组合后的误差相对没有特征加入的预测误差也是相对较小的，特征在此种池化模型下也是有利于对主题的预测的。

同时，对比分析分别加入 paper、paper＋author、paper＋author＋venue、paper＋venue＋topic、paper＋author＋venue＋topic 四种特征组合时的误差，可以发现在加入 paper 特征后，预测的误差大幅度下降，但是再加入 author 特征后误差反而变大，因此可见此时 author 成为在 sum pooling 方式下主题热度预测的噪声，在加入 venue 后有所下降。其中 paper＋venue＋topic 的特征组合情况下，预测效果最好，在 $t=9$ 时误差最小，此时 MAE 值为 0.1467，RMSE 值为 0.2055，在 $t>9$ 时误差又再度上升。

（4）Ave pooling 方法下的误差分析

如图 6-13 所示，为 Average pooling 方法下，随着时间序列长度的增加分别加入不同的特征组合其预测的误差变化情况。从图中可以看出，在 Average pooling 方式下，随着时间序列长度的增加 MAE 误差和 RMSE 误差均得到显著降低。而且在 Ave pooling 方式下的误差结果与 Sum pooling 方式下的误差结果几乎完全一致，同样是动态的预测结果优于静态下的结果，并且也以 paper＋venue＋topic 的特征组合情况下得到最好的预测效果，并且此时的 t、MAE、RMSE 与 sum pooling 下的结果完全一致，因此可见在主题特征处理方面，Ave pooling 与 Sum pooling 处理后的效果差距不大。

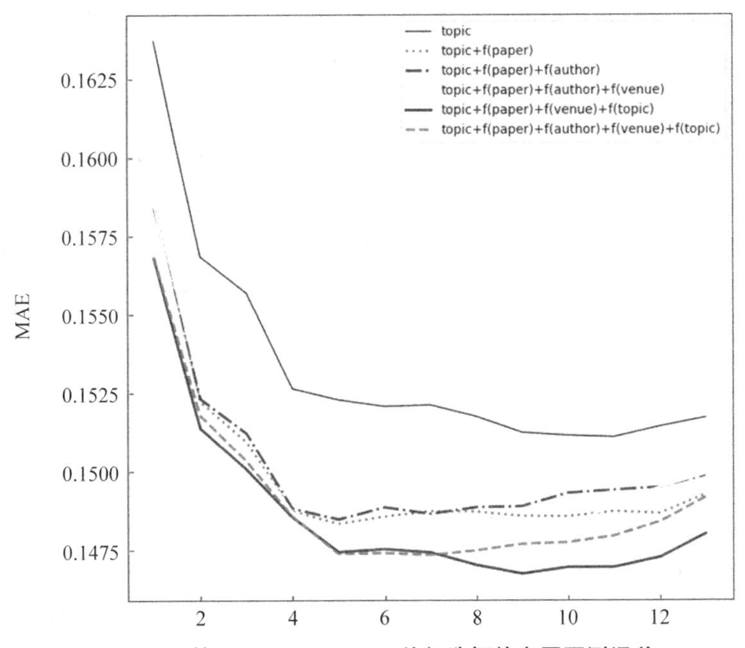

图 6-13　基于 Average pooling 特征选择的主题预测误差

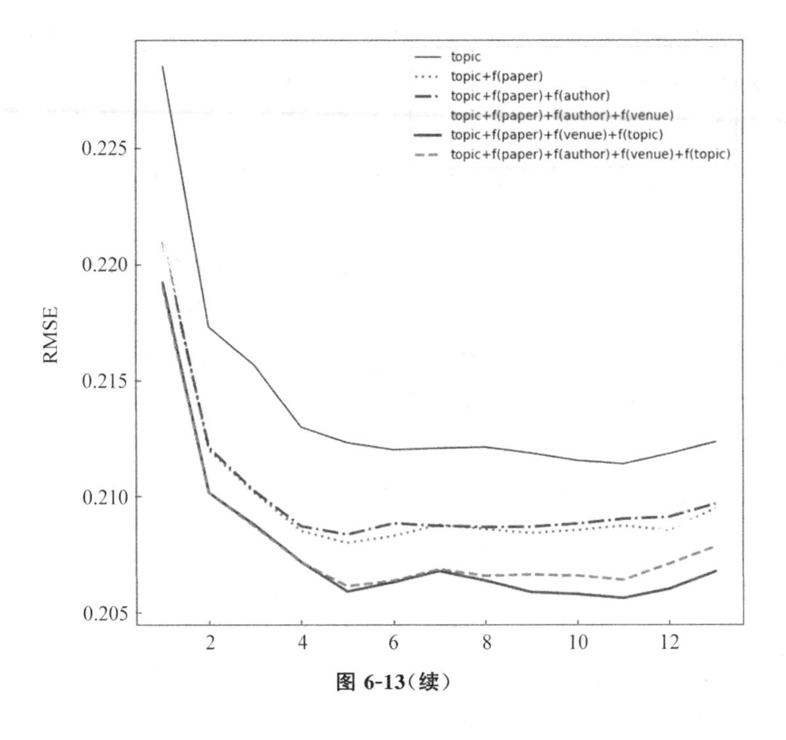

图 6-13(续)

(5) 规律总结

综上所述,无论是在何种池化模型下,基于动态计量知识图谱的主题热度预测效果都是优于静态状态下的预测热度预测的,加入特征后的预测效果优于没有特征辅助的预测效果。在静态状态下,除 Min pooling 模型外,在 Max pooling、Sum pooling、Ave pooling 模型下加入特征是比没有加入特征时的误差要小,由此表明即使在静态计量知识图谱中,加入特征也是有助于对主题热度的预测的。

在动态计量知识图谱状态下,采用 Max pooling 模型时 paper+topic 特征组合的效果最好,采用 Min pooling 模型时 aper+author+topic 特征组合的预测效果最好,采用 Sum pooling 和 Ave pooling 模型时 paper+venue+topic 的特征组合情况下,预测效果最好,综合对比可见 paper、author、venue、topic 等特征都是有利于对主题热度的预测的,其在降低预测误差方面的作用取决于采用何种池化模型。

同时,在动态计量知识图谱状态下,用以预测主题热度的时间序列是不能无限增长的,只有在一定时间区间内的数据才可有效预测主题的热度变化,反之会给预测带来噪声,增大预测误差。在 Max pooling、Min pooling、Sum pooling 与 Ave pooling 池化模型下的最优时间序列长度分别为 8、7、9,由此可见在生物医学与生命科学领域,7~9 年内的 paper、author、venue、topic 数据足够可以有效预测主题未来的热度变化。相反，无论该主题在9年外的发展情况如何，其对判断主题未来变化的意义较小，因此可见对于生物医学与生命科学领域，分析其近9年以内的研究状况可能是把握该领域趋势和现状的有效区间。

6.4 基于ARIMA和SVM的学科主题热度预测

6.4.1 问题描述

在上节利用支持向量机(SVM)在学科主题时间序列数据和特征的时间序列数据基础上预测主题热度的未来走势，随着时间序列的增长和特征的加入，根均方误差和平均绝对误差显著下降，预测精度得到有效提升。支持向量机对于特征与主题之间的关系可能效果较好，但是对于主题本身的时间序列，支持向量机的性能还有待验证。

因此，本章节进一步借助ARIMA时间序列模型，将对主题热度的预测分为基于主题自身时间序列的预测和借助特征与主题之间的关系两部分进行，从主题自身的时间序列中发现规律，检验主题自身时间序列是否满足平稳性要求转化为用自回归移动平均模型进行处理，求其自身变化的自回归项和移动平均数。并且，在此基础上根据计量知识深度表现学习训练出的特征向量，利用欧氏距离分别筛选与主题最近的5个venue、5个author、5个topic和10篇paper，并分别利用max pooling、min pooling、sum pooling、average pooling等池化方法对筛选出的paper、topic、author、venue等特征取值，以主题特征对为基础利用支持向量机在ARIMA预测的基础进行修正，以期进一步提高预测的准确率，减小误差。

6.4.2 研究设计

由于采用的是ARIMA时间序列模型，ARIMA时间序列模型对序列数据的平稳性要求比较高，如果时间序列数据在经过差分等处理仍然无法满足ARIMA的平稳性检验，则将不能采用ARIMA进行预测，因此本节在数据准备时直接构建长度为33的主题时间序列和特征序列，以具有主题限定词的3000个主题为例，将其前33个片段划分为训练集，将最后一个时间片段上的主题值划分为测试集，用

3000 个主题热度预测误差的平均值为最终的预测误差，具体流程如图 6-14 所示。

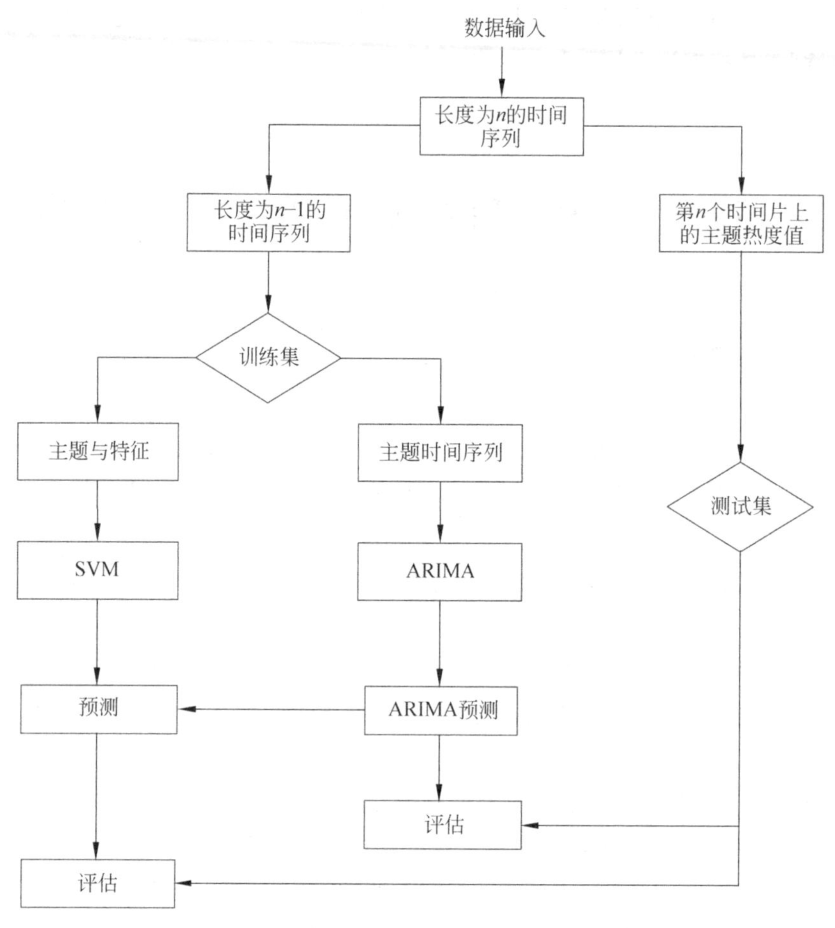

图 6-14　基于 ARIMA 和 SVM 的主题预测

在训练集部分，将主题自身的时间序列划分出来利用 ARIMA 模型进行预测。首先对 3000 个主题的时间序列进行平稳性检验。从第四章节中的主题热度演化图中可以看出主题热度除少数主题比较平稳外，一般都具有一定的上升或下降波动性。限于 3000 个主题分别进行平稳性检验的时间成本较高，本书借用 R 中 tseries 和 forecast 包，利用 Python 生成命令行、抽取结果，以此共同完成 3000 个主题的赋值、查参、拟合、预测、评估等过程。在查参阶段，采用 auto.arima(data, trace = TRUE)方式分别对 3000 个主题时间序列进行参数预估，用 python 编码从 R 分析结果中抽取每个时间序列的差分系数 d、自回归系数 p 和移动平均数 q，然后将参数代入模型中进行拟合，然后进行预测，抽取单基于主题时间序列数据的

ARIMA 预测结果，将此结果转接给支持向量机，同时抽取 3000 个主题的 RMSE、MAE，以 3000 个主题预测误差的平均值为最终的预测误差，对预测性能进行评估。

待利用 ARIMA 模型为每个主题预测出值时，以此主题预测值和主题特征值为数据集，再次利用支持向量机将主题特征值、ARIMA 模型的预测值与最后一个时间片上的真实值划分为训练集和测试集，评估在 ARIMA 基础上的 SVM 的效果，ARIMA 模型基于主题的预测，而支持向量机是对特征值与主题之间关系的衡量，主题沿着自身发展的曲线同时受到来自特征的影响。评估指标依然为根均方误差(RMSE)、平均绝对误差(MAE)，以 3000 个主题预测误差的平均值作为最终误差。

6.4.3 结果分析

(1) 基于 ARIMA 模型的主题预测评估

先利用 ARIMA 模型进行的预测是在没有任何特征数据单纯依靠主题自身发展的时间序列数据基础上进行的预测，借助的是其自身发展在时间维度表现出的规律以及自相关性等。从表 6-2 中可以看出，相比 SVM 模型结果，单纯依据主题自身时间序列和规律预测的误差较大，其中 MAE 值达 0.4222，由此可见主题自身时间序列数据的自相关性和偏自相关性很弱，单纯依据主题的有限数据很难比较准确的预测主题在未来的热度变化。

表 6-2　单纯基于主题自身序列数据的预测评估

	MAE	RMSE	ME
主题	0.4222	0.4222	−0.3905

(2) 结合 ARIMA 和 SVM 模型的主题预测评估

单纯基于 ARIMA 模型进行的预测是在没有任何特征数据单纯依靠主题自身发展的时间序列数据基础上进行的预测，借助的是其自身发展在时间维度表现出的特征以及自相关性等，将此作为 Baseline，分别加入 author、paper、venue、topic、author＋paper、author＋venue、author＋topic、paper＋venue、paper＋topic、venue＋topic、author＋paper＋topic、author＋paper＋venue、paper＋topic＋venue、paper＋topic＋venue、author＋venue＋topic、author＋paper＋venue＋topic 等特征组合时，其预测误差如表 6-3 所示。从 MAE 指标上来看，加入任何一种特征后

的预测误差都要小于单纯依据主题自身序列进行的 ARIMA 预测，由此可见主题在 paper、author、venue、topic 方面的特征对主题热度的预测还是比较有效力的。

同时，在众多特征组合中，加入 paper＋topic＋venue 特征组合后的效果最好，误差最小，在此基础上再加入 author 特征后误差反而更大，在单一特征组合中，加入 venue 后效果相对较好，author 相对较差。由此可见如果利用主题短时间内的特征还是要侧重从该主题的相关论文（paper）、相关主题（topic）、刊载期刊（venue）等方面入手，虽然作者（author）的权威性能够影响主题热度的变化，但是主题热度的变化更大程度上还是要看与该主题相关论文的数量和质量，如果与该主题相关的论文都比较热、影响力比较大，那么该主题热度可能就会变大，更大程度上还是要看主题都发表在哪些期刊上，与期刊数量和质量密切相关，更大程度上还是要看与该主题相关或类似主题的热度，如果相关主题都成为了热点，那么此主题热度也极有可能上升。

表 6-3　结合主题自身序列和特征的预测评估

Feature sets	Ave pooling	Max Pooling	Min pooling	Sum pooling
	MAE	MAE	MAE	MAE
主题＋author	0.3383	0.3393	0.3372	0.3383
主题＋paper	0.3373	0.3376	0.3363	0.3373
主题＋venue	0.3308	0.3343	0.3294	0.3308
主题＋topic	0.3363	0.3362	0.3357	0.3363
主题＋author＋paper	0.3378	0.3392	0.3361	0.3378
主题＋author＋venue	0.3322	0.3362	0.3299	0.3322
主题＋author＋topic	0.3373	0.3377	0.3367	0.3373
主题＋paper＋venue	0.3305	0.3342	0.3287	0.3305
主题＋paper＋topic	0.3356	0.3362	0.3345	0.3356
主题＋venue＋topic	0.3306	0.3338	0.3294	0.3306
主题＋author＋paper＋topic	0.3363	0.3373	0.3359	0.3363
主题＋author＋paper＋venue	0.3317	0.3363	0.3292	0.3317
主题＋paper＋topic＋venue	**0.3303**	**0.3337**	**0.3286**	**0.3303**
主题＋author＋venue＋topic	0.3319	0.3353	0.3295	0.3319
主题＋author＋paper＋venue＋topic	0.3312	0.3350	0.3290	0.3312

6.5 本章小结

本章在概述主题预测定性与定量研究的基础上，介绍了 Max pooling、Min pooling、Ave pooling、Sum pooling 等池化模型，并综合利用在第五章训练出的计量知识图谱特征向量，依据欧氏距离和池化模型，根据主题预测的实际情况和参考方面，在详细分析 topic、author、venue、paper 等特征对于主题热度预测的意义基础上分别进行了特征选择。

在特征选择的基础上，利用支持向量机进一步分别对比分析了在静态计量知识图谱中的主题预测误差情况和在动态计量知识图谱中的主题预测误差情况，以及随着所用主题自身序列和特征序列长度的变化预测效果的变化情况。研究表明无论是在何种池化模型下，基于动态计量知识图谱的主题热度预测效果都是优于静态状态下的预测热度预测的，加入特征后的预测效果优于没有特征辅助的预测效果。同时，即使在静态计量知识图谱中，加入特征也是有助于对主题热度的预测的。在动态计量知识图谱状态下，paper、author、venue、topic 等特征都是有利于对主题热度的预测的，其在降低预测误差方面的作用取决于采用何种池化模型。但是，在动态计量知识图谱状态下，用以预测主题热度的时间序列是不能无限增长的，只有在一定时间区间内的数据才可有效预测主题的热度变化，反之会给预测带来噪音，增大预测误差。

在单纯依据主题自身的时间序列，利用 ARIMA 模型模拟主题自身的自相关性和协相关性进行预测时，误差相对较大，单纯主题自身的发展变化规律在预测主题未来的走势时效力还比较欠缺。但是，在主题自身变化的基础上加入特征后预测的效果也是有所提升的。其中，在短时间内对主题未来热度影响较大的还是该主题被刊载的期刊质量和数量、与该主题相关的论文质量和数量和与该主题相近或类似主题的热度，作者的作用次之。

第七章
总结与展望

7.1 研究总结

如何从海量文献数据中识别出学科主题的变化模式和变化规律并用以指导科学研究是情报学领域研究的重要选题。主题的演化是在政策、作者、期刊、论文等因素综合影响下发展出的产物，只有更加复杂的计量知识图谱才能比较贴近真实的主题发展环境，才能综合主题演化过程中受到的多方面影响，才能揭示出学科主题演化过程中更加客观和全面的机制和规律，才能有效开展对学科主题的预测工作。基于此背景，本书在计量知识图谱构建和其在学科主题演化和预测的应用展开研究，现将本书研究的主要内容总结如下：

(1) 定义并构建了计量知识图谱。在梳理知识地图、概念地图、科学知识图谱等概念基础上明确计量知识图谱的内涵。以生物医学与生命科学领域 PMC 全部数据为例，在经过实体与关系抽取、消歧、匹配、融合等步骤后构建了新型的动态计量知识图谱。其中在作者姓名消歧阶段，本书提出了采用 Doc2vec 深度表示学习方法对作者姓名的名字、文章题目、关键词、摘要、引文、合作者、邮箱、国家、位置、职称以及机构等附属信息进行特征学习，然后利用监督学习方法支持向量对同名作者进行消歧，该方法不仅改善了以往利用不同属性信息分步骤层层消歧的复杂、繁琐度，而且有效提升了消歧的准确率。在计量实体与 MeSH 知识库匹配阶段创新性地使用了 Lucene 全文检索的方法进行实体关联。

(2) 利用引文指标衡量计量知识图谱中计量实体的热度。在定义论文、主题、作者、期刊等计量实体热度的基础上，本书将对热度的衡量回归到引文指标上，通过构建引文网络、主题引证网络、作者引证网络、期刊引证网络等和采用PaperRank、TopicRank、AuthorRank、VenueRank 等方法计算相关计量实体的热度。研究结果初步显示，计量实体热度展现出“睡美人”式、跌宕起伏式、先降后升式、直接下降式等、上升逐渐下降式、潜伏然后上升式、直接下降式、持续上升式、随机发展式等演化规律。

(3) 在动态计量知识图谱基础上整合了主题网络结构特征和主题内容特征进行学科主题演化分析。在梳理主题演化的内涵、研究内容、研究方法的基础上，分析了本计量知识图谱中的主题分布和特征，面向主题演化应用整合了主题在计量知识图谱的网络结构特征和内容特征，在分别进行深度表示学习的基础上对特征向量进行拼接，利用 t-SNE、Jaccard 系数等方法对主题进行聚类，探析了主题集群之间以及主题集群随着时间的发展的演化情况，以及主题集群内部各主题之间的演化规律。其中，在集群之间，主要有较强的继承、小规模抱团、随着时间随机发展等情况，在集群之间大分裂与小融合并举、继承与融合并举，融合与分裂并举等重组形态以及完完全全的继承等形态。在集群内部主题之间，各主题具有多层次、互利不互补、同生共灭、互补、竞争、升降步调和幅度均一致、升降幅度一致步调不一致等特点。

(4) 在动态计量知识图谱基础上挖掘主题演化过程的相关特征辅助学科主题预测。本书梳理了主题预测的内涵和研究视角，介绍了 Max pooling、Min pooling、Sum pooling、Ave pooling 等池化特征选择方法，在阐述 paper、author、venue、topic 等在主题热度预测方面意义的基础上，利用第五章训练出的计算知识图谱网络结构特征结合欧氏距离和池化模型分别筛选出主题在 paper、author、venue、topic 方面的特征，并分别利用 SVM、ARIMA 以及整合 ARIMA 和 SVM 等模型进行主题热度预测，分析静态的主题预测和动态具有时序的主题预测差异，以及随着特征的加入主题预测结果的变化和性能。研究结果表明无论是在何种池化模型下，基于动态计量知识图谱的主题热度预测效果都是优于静态状态下的主题热度预测的，加入特征后的预测效果优于没有特征辅助的预测效果。同时，即使在静态计量知识图谱中，加入特征也是有助于对主题热度的预测的。在动态计量知识图谱状态下，paper、author、venue、topic 等特征都是有利于对主题热度的预测的，其在降低预测误差方面的作用取决于采用何种池化模型。但是，在动态计量知识图谱状态下，用以预测主题热度的时间序列是不能无限增长的，只有在一定时间区间内的数据才可有效预测主题的热度变化，反之会给预测带来噪声，增大预测误差。单纯主题自身的发展变化规律在预测主题未来的走势时其相对效力还比较欠缺，在短时间内对主题未来热度影响比较大的还是该主题被刊载的期刊质量和数量、与该主题相关的论文质量和数量和与该主题相近或类似主题的热度,作者的作用相对次之。

7.2 研究不足与展望

本书基于知识图谱进行的学科主题演化与预测研究存在以下不足:在作者姓名消歧方面,本书主要面向的是生物医学与生命科学领域的 PMC 数据,对于生物医学与生命科学领域作者的研究主题可能比较稳定,研究领域在短时间内相对比较集中,因此在大量作者缺失机构、邮箱、地址等信息时,偏向于研究内容特征学习的作者姓名消歧效果比较好,但是对于其他领域、研究主题比较广泛、跨领域的同名作者消歧效果就有待进一步考证。

在实体热度计算时,本书将热度的根源归结为引文网络,对作者的贡献值采用了平均的方法,未来在生物医学与生命科学领域作者的贡献值是否按照排名顺序区别对待就需要进一步研究,在热度计算时,将引用看作是作者之间认可和关注的衡量指标,引用关系虽然是比较客观的,但是引用关系存在一定的滞后性,新的成果被关注和传播从引用上无法迅速得到反映,未来可依据 Altmetrics 相关指佐证对各种计量实体热度的计算。

在利用计量知识图谱中特征辅助学科主题热度预测时,本书为每个学科主题限定了 5 个 venue 特征、5 个 author 特征、5 个 topic 特征和 10 个 paper 特征,因此预测结果很有可能受到特征覆盖面的影响,未来可以适当扩大特征参照面,分析对比不同特征覆盖幅度情况下对主题预测的精准性,例如用 10~50 个 paper 作为特征,探索对于一个主题多少个 paper 特征为其上限,超过此特征预测结果是否会下降,同时探索主题预测在 venue、author、topic 等特征方面的饱和度。

本书的知识图谱是在 MeSH 知识库的基础上构建的,MeSH 知识库中的实体和关系集中在生物医学与生命科学领域,因此 MeSH 知识库的丰富度和覆盖面将影响到计量知识图谱的广度和深度,未来的计量知识图谱需要将各个领域知识图谱融合在一起,将集中收录生物医学与生命科学文献的 pubmed 数据库和覆盖其他领域的 Web of Science 数据库集中在一起,构建覆盖所有学科和领域的综合计量知识大图。

附录 A　动态计量知识图谱

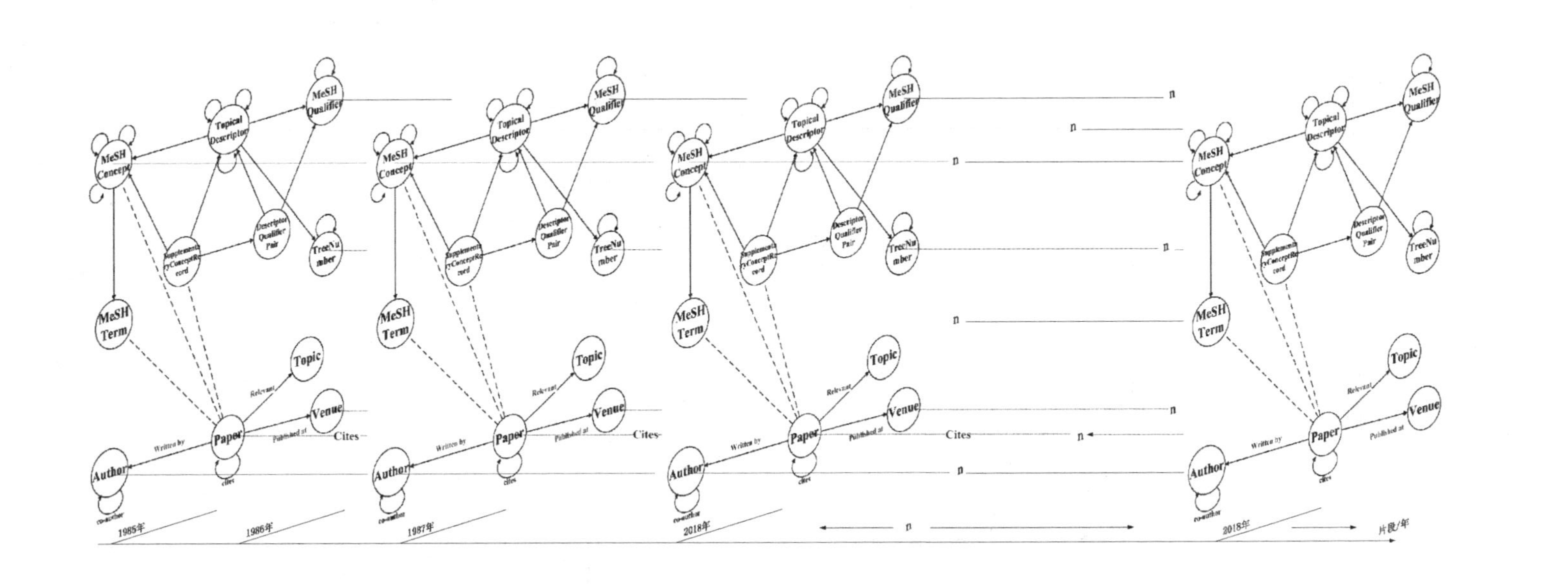

附录B 图表目录

图目录：

表目录：

参 考 文 献

[1] 曹祺，赵伟，张英杰，等.基于 Doc2Vec 的专利文件相似度检测方法的对比研究[J].图书情报工作，2018,62(13)：74-81.

[2] 陈挺，李国鹏，王小梅.基于 t-SNE 降维的科学基金资助项目可视化方法研究[J].数据分析与知识发现，2018,2(8)：1-9.

[3] 程齐凯，王晓光.一种基于共词网络社区的科研主题演化分析框架[J]. 图书情报工作，2013(8)：91-96.

[4] 丁玉飞，关鹏.知识进化视角下科学文献传播网络演化与预测研究及应用[J].图书情报工作，2018,62(4)：72-80.

[5] 宫雪，崔雷.基于医学主题词共现网络的链接预测研究[J].情报杂志，2018,37(1)：66-71.

[6] 官赛萍，靳小龙，贾岩涛，等.面向知识图谱的知识推理研究进展[J].软件学报，2018,29(10)：2966-2994.

[7] 黄福，侯海燕，胡志刚.五种关联强度指标对研究前沿时间特征的识别[J].情报学报，2018,37(6)：561-568.

[8] 柯昊，李天，周悦，等.数据缺失时基于 BP 神经网络的作者重名辨识研究[J].情报学报，2018,37(6)：600-609.

[9] 刘方园，王水花，张煜东.支持向量机模型与应用综述[J].计算机系统应用，2018,27(4)：1-9.

[10] 刘一鸣，杨敏.基于知识生命周期的专业出版社知识服务模式研究[J].出版广角，2018(15)：26-28.

[11] 刘自强，王效岳，白如江.多维度视角下学科主题演化可视化分析方法研究——以我国图书情报领域大数据研究为例[J]. 中国图书馆学报，2016，42(6)：67-84.

[12] 逯万辉，谭宗颖.学术成果主题新颖性测度方法研究——基于 Doc2Vec 和 HMM 算法[J].数据分析与知识发现，2018,2(3)：22-29.

[13] 马费成，郝金星.概念地图在知识表示和知识评价中的应用(Ⅰ)——概念地图的基本内涵[J]. 中国图书馆学报，2006，32(3)：5-9.

[14] 闵超，丁颖，李江，等.单篇论著的引文扩散[J]. 情报学报，2018，37(4)：5-14.

[15] 漆桂林，高桓，吴天星.知识图谱研究进展[J]. 情报工程，2017，3(1)：4-25.

[16] 阮光册，夏磊.基于 Doc2Vec 的期刊论文热点选题识别[J].情报理论与实践，2019,42(4)：107-111.

[17] 涂存超，杨成，刘知远，等.网络表示学习综述[J].中国科学：信息科学，2017，47(8)：980-996.

[18] 王子涵，邵明光，刘国军，等.基于实体相似度信息的知识图谱补全算法[J].计算机应用，2018，38(11)：3089-3093.

[19] 隗玲，许海云，胡正银，等.学科主题演化路径的多模式识别与预测——一个情报学学科主题演化案例[J].图书情报工作，2016，60(13)：71-81.

[20] 吴玺煜，陈启买，刘海，等.基于知识图谱表示学习的协同过滤推荐算法[J].计算机工程，2018，44(2)：226-232.

[21] 杨玉基，许斌，胡家威，等.一种准确而高效的领域知识图谱构建方法[J]. 软件学报，2018，29(10)：39-55.

[22] 翟晓瑞，韩红旗，张运良，等.基于稀疏分布式表征的英文著者姓名消歧研究[J].计算机应用研究，2019，36(12)：3534-3538.

[23] 张荣，李伟平，莫同.深度学习研究综述[J].信息与控制，2018，47(4)：385-397.

[24] 郑玉艳，王明省，石川，等.异质信息网络中基于元路径的社团发现算法研究[J].中文信息学报，2018，32(9)：132-142.

[25] 朱东华，万冬，汪雪锋，等.科学基金资助主题的演化路径分析与预测——以科技管理与政策学科为例[J].北京理工大学学报(社会科学版)，2018，20(2)：51-57.

[26] Aksnes Dag W，Liv Langfeldt，Paul Wouters. Citations，Citation Indicators，and Research Quality：An Overview of Basic Concepts and Theories[J]. SAGE Open，2019，9(1)：21-75.

[27] Alshahrani M，Khan M A，Maddouri O，et al. Neuro-symbolic representation learning on biological knowledge graphs[J]. Bioinformatics，2017，33(17)：2723-2730.

[28] Arslan Y，Dilek Küçük，Birturk A. Twitter Sentiment Analysis Experiments Using Word Embeddings on Datasets of Various Scales[C]//International Conference on Applications of Natural Language to Information Systems. Springer，Cham，2018：40-47.

[29] Berger M，McDonough K，Seversky L M. cite2vec：Citation-driven document exploration via word embeddings[J]. IEEE transactions on visualization and computer graphics，2017，23(1)：691-700.

[30] Bertoli-Barsotti L，Lando T. On a formula for the h-index[J]. Journal of Informetrics，2015，9(4)：762-776.

[31] Bordes A，Glorot X，Weston J，et al. A semantic matching energy function for learning with multi-relational data[J]. Machine Learning，2014，94(2)：233-259.

[32] Börner K，Chen C，Boyack K W. Visualizing knowledge domains[J]. Annual Review of Information Science & Technology，2003，37(1)：179-255.

[33] Brooks T A. Evidence of complex citer motivations[J]. Journal of the Association for Information Science & Technology，2010，37(1)：34-36.

[34] Campr M, Ježek K. Comparing semantic models for evaluating automatic document summarization[C]//International Conference on Text, Speech, and Dialogue. Springer, Cham, 2015: 252-260.

[35] Can E, Amasyalı M F. Text2arff: A text representation library[C]//Signal Processing and Communication Application Conference (SIU), 2016 24th. IEEE, 2016: 197-200.

[36] Chang W, Xu Z, Zhou S, et al. Research on detection methods based on Doc2vec abnormal comments[J]. Future Generation Computer Systems, 2018(86): 656-662.

[37] Cheang, Brenda, Samuel, et al. OR/MS journals evaluation based on a refined PageRank method: —an updateand more comprehensive review.[J]Scientometrics, 2014, 100(2): 379-361.

[38] Chen B, Tsutsui S, Ding Y, et al. Understanding the topic evolution in a scientific domain: An exploratory study for the field of information retrieval[J]. Journal of Informetrics, 2017, 11(4): 1175-1189.

[39] Chen B, Ying D, Ma F. Semantic word shifts in a scientific domain[J]. Scientometrics, 2018, 117(8): 1-16.

[40] Chen C. CiteSpace Ⅱ: Detecting and visualizing emerging trends and transient patterns in scientific literature[J]. Journal of the Association for Information Science & Technology, 2010, 57(3): 359-377.

[41] Cobo M J, López-Herrera A G, Herrera-Viedma E, et al. Science mapping software tools: Review, analysis, and cooperative study among tools[J]. Journal of the Association for Information Science & Technology, 2014, 62(7): 1382-1402.

[42] Dai H, Umarov R, Kuwahara H, et al. Sequence2vec: a novel embedding approach for modeling transcription factor binding affinity landscape[J]. Bioinformatics, 2017, 33(22): 3575-3583.

[43] Ding W, Chen C. Dynamic topic detection and tracking: A comparison of HDP, C-word, and cocitation methods[J]. Journal of the Association for Information Science & Technology, 2014, 65(10): 2084-2097.

[44] Ding Y. Applying weighted PageRank to author citation networks[J]. Journal of the Association for Information Science & Technology, 2011, 62(2): 236-245.

[45] Ding Y. Community detection: Topological vs. topical[J]. Journal of Informetrics, 2011, 5(4): 498-514.

[46] Duan D, Li Y, Li R, et al. RankTopic: Ranking Based Topic Modeling[C]//IEEE, International Conference on Data Mining. IEEE, 2013: 211-220.

[47] Egghe L. Theory and practise of the g-index[J]. Scientometrics, 2006, 69(1): 131-152.

[48] Fang Y, Zhao X, Tan Z, et al. TransPath: Representation Learning for Heterogeneous Information Networks via Translation Mechanism[J]. IEEE Access, 2018, 6(99):

20712-20721.

[49] Fiala D, Tutoky G. PageRank-based prediction of award-winning researchers and the impact of citations[J]. Journal of Informetrics, 2017, 11(4): 1044-1068.

[50] Fu T Y, Lee W C, Lei Z. HIN2Vec: Explore Meta-paths in Heterogeneous Information Networks for Representation Learning[C]//ACM, 2017: 1797-1806.

[51] Ganguly S, Pudi V. Paper2vec: Combining graph and text information for scientific paper representation[C]//European Conference on Information Retrieval. Springer, Cham, 2017: 383-395.

[52] Grover A, Leskovec J. node2vec: Scalable feature learning fornetworks[C]//Proceedings of the 22nd ACM SIGKDD international conference on Knowledge discovery and data mining. ACM, 2016: 855-864.

[53] Habibian A, Mensink T, Snoek C G M. Video2vec embeddings recognize events when examples are scarce[J]. IEEE transactions on pattern analysis and machine intelligence, 2017, 39(10): 2089-2103.

[54] He S, Liu K, Ji G, et al. Learning to Represent Knowledge Graphs with Gaussian Embedding[C]//Proceeding of the 24th ACM international on conference on information and knowledge management, 2015: 623-632.

[55] Hirsch J E. An index to quantify an individual's scientific research output[J]. Proceedings of the National academy of Sciences, 2005, 102(46): 16569-16572.

[56] Hong L, Ahmed A, Gurumurthy S, et al. Discovering geographical topics in the twitter stream[C]//International Conference on World Wide Web. ACM, 2012: 769-778.

[57] Jaeger S, Fulle S, Turk S. Mol2vec: Unsupervised machine learning approach with chemical intuition[J]. Journal of chemical information and modeling, 2018, 58(1): 27-35.

[58] Jensen S, Liu X, Yu Y, et al. Generation of topic evolutiontrees from heterogeneous bibliographic networks[J]. Journal of Informetrics, 2016, 10(2): 606-621.

[59] Ji L, Liu C, Huang L, et al. The evolution of ResourcesConservation and Recycling over the past 30 years: A bibliometric overview[J]. Resources Conservation & Recycling, 2018(134): 34-43.

[60] Jin B. H-index: an evaluation indicator proposed by scientist[J]. Science Focus, 2006, 1(1): 8-9.

[61] Kim D, Seo D, Cho S, et al. Multi-co-training for document classification using various document representations: TF - IDF, LDA, and Doc2Vec[J]. Information Sciences, 2018(477): 15-29.

[62] Kim H J, Jeong Y K, Song M. Content- and proximity-based author co-citation analysis using citation sentences[J]. Journal of Informetrics, 2016, 10(4): 954-966.

[63] Kompridis N. So we need something else for reason to mean[J]. International journal of

philosophical studies，2000，8(3)：271-295.

[64] LeCun Y，Bengio Y，Hinton G. Deep learning[J]. nature，2015，521(7553)：436.

[65] Lee H，Yoon Y. Engineering doc2vec for automatic classification of product descriptions on O2O applications[J]. Electronic Commerce Research，2018,18(3),1-24.

[66] Le Q，Mikolov T. Distributed representations of sentences and documents. In International Conference on Machine Learning，2014，1188-1196.

[67] Lerchenmueller M J，Olav S，Lutz B. Author Disambiguation inPubMed：Evidence on the Precision and Recall of Author-ity among NIH-Funded Scientists[J]. PLoS One，2016，11(7)：1-13.

[68] Levin M，Krawczyk S，Bethard S，et al. Citation-based bootstrapping for large-scale author disambiguation[J]. Journal of the American Society for Information Science and Technology，2012，63(5)：1030-1047.

[69] Li J，Li J，Fu X，et al. Learning distributed word representation with multi-contextual mixed embedding[J]. Knowledge-Based Systems，2016(106)：220-230.

[70] Lin Y，Liu Z，Zhu X，et al. Learning entity and relation embeddings for knowledge graph completion[C]//Twenty-Ninth AAAI Conference on Artificial Intelligence. AAAI Press，2015：2181-2187.

[71] Liu J S，Lu L Y Y. An integrated approach for main path analysis：Development of the Hirsch index as an example[J]. Journal of the Association for Information Science & Technology，2014，63(3)：528-542.

[72] Liu W，Islamaj Doğan R，Kim S，et al. Author name disambiguation for PubMed[J]. Journal of the Association for Information Science and Technology，2014，65(4)：765-781.

[73] Ma H，Wang X，Hou J，et al. Course recommendation based on semantic similarity analysis[C]//2017 3rd IEEE International Conference on Control Scienceand Systems Engineering (ICCSSE). IEEE，2017：638-641.

[74] Ma J，Qiao Y，Hu G，et al. Balancing User Profile and Social Network Structure for Anchor Link Inferring across Multiple Online Social Networks[J]. IEEE Access，2017：12031-12040.

[75] Markov I，Helena Gómez-Adorno，Juan-Pablo Posadas-Durán，et al. Author Profiling with Doc2vec Neural Network-Based Document Embeddings[C]//Mexican International Conference on Artificial Intelligence. Springer，Cham，2016(10062),117-131.

[76] Massucci，Francesco Alessandro，and Domingo Docampo. Measuring the academic reputation through citation networks via PageRank[J]. Journal of Informetrics，2019：185-201.

[77] Mimura M，Tanaka H. Long-Term Performance of a Generic Intrusion Detection Method

Using Doc2vec[C]//2017 Fifth International Symposium on Computing and Networking (CANDAR). IEEE Computer Society, 2017: 456-462.

[78] Montufar G F, Pascanu R, Cho K, etal. On the number of linear regions of deep neural networks[C]//Advances in neural information processing systems, 2014: 2924-2932.

[79] Oubounyt M, Louadi Z, Tayara H, et al. Deep learning models based on distributed feature representations for alternative splicing prediction[J]. IEEE Access, 2018(6): 58826-58834.

[80] Perozzi B, Al-Rfou R, Skiena S. Deepwalk: Online learning of social representations [C]//Proceedings of the 20th ACM SIGKDD international conference on Knowledge discovery and data mining. ACM, 2014: 701-710.

[81] Ponte J M, Croft W B. A Language Modeling Approach to Information Retrieval[C]// ACM SIGIR Forum. ACM, 2017, 51(2): 202-208.

[82] Popper, K. Evolutionary Epistemology[M].Princeton Universily Press, 1995: 78-87.

[83] Popper, K. The logic of scientific discovery[M]. Routledge, 1959: 1-15.

[84] Ristoski P, Rosati J, Di Noia T, et al. RDF2Vec: RDF graph embeddings and their applications[J]. Semantic Web, 2018,10(3): 1-32.

[85] Ronald. Concentration and diversity of availability and use in information systems: a positive reinforcement model[J]. Journal of the Association for Information Science & Technology, 1992, 43(5): 391-395.

[86] Shi J, Gao H, Qi G, et al. Knowledge Graph Embedding with Triple Context[C]//ACM, 2017: 2299-2302.

[87] Shi Y, Zhang W Q, Cai M, et al. Efficient One-Pass Decoding with NNLM for Speech Recognition[J]. IEEE Signal Processing Letters, 2014, 21(4): 377-381.

[88] Silva J M B, Silva F. Feature extraction for the author name disambiguation problem in a bibliographic database[C]//Symposium on Applied Computing. ACM, 2017: 783-789.

[89] Smaili F Z, Gao X, Hoehndorf R. Onto2vec: jointvector-based representation of biological entities and their ontology-based annotations[J]. Bioinformatics, 2018, 34(13): 52-60.

[90] Socher R, Chen D, Manning C D, et al. Reasoning with neural tensor networks for knowledge base completion [C]//International Conference on Neural Information Processing Systems. Curran Associates Inc, 2013: 926-934.

[91] Sohrab M G, Nakata T, Miwa M, et al. EDGE2VEC: Edge Representations for Large-Scale Scalable Hierarchical Learning[J]. Computación y Sistemas, 2017, 21(4): 569-579.

[92] Song M, Kim E H J, Kim H J. Exploring author name disambiguation on PubMed-scale [J]. Journal of informetrics, 2015, 9(4): 924-941.

[93] Song M, Kim S Y, Zhang G, et al. Productivity and influence in bioinformatics: A bibliometric analysis using PubMed central[J]. Journal of the Association for Information

Science and Technology, 2014, 65(2): 352-371.

[94] Strumia A, Torre R. Biblioranking fundamental physics[J]. Journal of Informetrics, 2019, 13(2): 515-539.

[95] Su C, Pan Y T, Zhen Y N, et al. PrestigeRank: A new evaluation method for papers and journals[J]. Journal of Informetrics, 2011, 5(1): 1-13.

[96] Sun Y, Han J, Yan X, et al. Pathsim: Meta path-based top-k similarity search in heterogeneous information networks[J]. Proceedings of the VLDB Endowment, 2011, 4(11): 992-1003.

[97] Sun Y, Norick B, Han J, et al. Integrating meta-path selection with user-guided object clustering in heterogeneous information networks[C]//ACM, 2012: 1348-1356.

[98] Suárez-Paniagua V, Segura-Bedmar I. Evaluation of pooling operations in convolutional architectures for drug-drug interaction extraction[J]. BMC bioinformatics, 2018, 19(8): 29-47.

[99] Swami A. metapath2vec: Scalable Representation Learning for Heterogeneous Networks[C]//ACM SIGKDD International Conference on Knowledge Discovery and Data Mining. ACM, 2017: 135-144.

[100] Szántó-Várnagy A, Farkas I J. Forecasting turning trends in knowledge networks[J]. Physica A Statistical Mechanics & Its Applications, 2018(507): 110-122.

[101] Tang J, Qu M, Mei Q. PTE: Predictive Text Embedding through Large-scale Heterogeneous Text Networks[C]//ACM SIGKDD International Conference on Knowledge Discovery and Data Mining. ACM, 2015: 1165-1174.

[102] Tang J, Qu M, Wang M, et al. Line: Large-scale information network embedding[C]//Proceedings of the 24th international conference on world wide web. International World Wide Web Conferences Steering Committee, 2015: 1067-1077.

[103] Tari L. Knowledge inference[J]. Encyclopedia of Systems Biology, 2013: 1074-1078.

[104] Tsapatsoulis, Nicolas, and Constantinos Djouvas. Opinion mining from social media short texts: Does collective intelligence beat deep learning[J]. Frontiers in Robotics and AI, 2018(5): 1-14.

[105] Veloso A, Ferreira A A, Gonçalves M A, et al. Cost-effective on-demand associative author name disambiguation[J]. Information Processing & Management, 2012, 48(4): 680-697.

[106] Wang C, Song Y, Li H, et al. Unsupervised meta-path selection for text similarity measure based on heterogeneous information networks[J]. Data Mining and Knowledge Discovery, 2018, 32(6): 1735-1767.

[107] Wang D, Song C, Barabási A. Quantifying Long-Term Scientific Impact[J]. Science, 2013, 342(6154): 127-132.

[108] Wang M, Chai L. Three new bibliometric indicators/approaches derived from keyword analysis[J]. Scientometrics, 2018, 116(2): 721-750.

[109] Wang X, Cheng Q, Lu W. Analyzing evolution of research topics with NEViewer: a new method based on dynamic co-word networks [J]. Scientometrics, 2014, 101 (2): 1253-1271.

[110] West J D, Bergstrom T C, Bergstrom C T. The Eigenfactor MetricsTM: A Network Approach to Assessing Scholarly Journals[J]. College & Research Libraries, 2010, 71 (3): 236-244.

[111] White H D, Griffith B C. Authorcocitation: A literature measure of intellectual structure [J]. Journal of the American Society for information Science, 1981, 32(3): 163-171.

[112] White H D, McCain K W. Visualizing a discipline: An author co-citation analysis of information science, 1972-1995 [J]. Journal of the American society for information science, 1998, 49(4): 327-355.

[113] Winnenburg R, Bodenreider O. Desiderata for an authoritative Representation of MeSH in RDF [C]//AMIA Annual Symposium Proceedings. American Medical Informatics Association, 2014, 2014: 1218-1227.

[114] Wu L, Wang D, Evans J A. Large teams develop and small teams disrupt science and technology[J]. Nature, 2019, 566(7744): 378.

[115] Wu Q, Zhang C, Hong Q, et al. Topic evolution based on LDA and HMM and its application in stem cell research [J]. Journal of Information Science, 2014, 40 (5): 611-620.

[116] Xiao H, Huang M, Hao Y, et al. TransG: A Generative Mixture Model for Knowledge Graph Embedding[J]. Computer Science, 2016,7(10): 2316-2325.

[117] Xie Z, Hu L, Zhao K, et al. Topology2Vec: Topology Representation Learning for Data Center Networking[J]. IEEE Access, 2018(6): 33840-33848.

[118] Yongzhen W, XiaozhongL, Yan C, et al. Analyzing cross-college course enrollments via contextual graph mining[J]. PLoS One, 2017, 12(11): 1-23.

[119] Zeng P, Tan Q, Meng X, et al. Modeling Complex Relationship Paths for Knowledge Graph Completion. IEICE Transactions on Information and Systems, 2018 (5): 1393-1400.

[120] Zhai Y, Ding Y, Wang F. Measuring the diffusion of an innovation: A citation analysis [J]. Journal of the Association for Information Science and Technology, 2018, 69(3): 368-379.

[121] Zhang J, Liu X. Full-text and topic based authorrank and enhanced publication ranking [J]. ACM, 2013: 393-394.

[122] Zhang Z, Luo S, Ma S. Acr2Vec: Learning Acronym Representations in Twitter[C]//

International Joint Conference on Rough Sets. Springer, Cham, 2017: 280-288.

[123] Zhou Q, Tang P, Liu S, et al. Learning atoms for materials discovery[J]. Proceedings of the National Academy of Sciences, 2018,15(28): 1-7.

[124] Zhu M,Zhang X, Wang H. A LDA Based Model for Topic Evolution: Evidence from Information Science Journals[C]//International Conference on Modeling, Simulation and Optimization Technologies and Applications, 2017(58): 49-54.

[125] Zhu X, Turney P, Lemire D, et al. Measuring academic influence: Not all citations are equal[J]. Journal of the Association for Information Science & Technology, 2015, 66 (2): 408-427.

[126] Zhu Y, Yan E, Wang F. Semantic relatedness and similarity of biomedical terms: examining the effects of recency, size, and section of biomedical publications on the performance of word2vec[J]. BMC Medical Informatics and Decision Making, 2017, 17 (1): 87-95.